云安全深度剖析：
技术原理及应用实践

徐保民　　李春艳　　编著

机 械 工 业 出 版 社

本书在比较系统地介绍云计算的基础知识、云安全的基本概念及其内涵的基础上，重点讲述了数据的机密性、完整性和可用性，数据的隐私性保护以及云服务的可用性等方面的知识。同时，本书还对云服务风险评估、云安全标准和云测试技术等进行了阐述。

本书内容翔实，通俗易懂，便于讲解和学习，可作为高等院校信息安全、计算机科学与技术等专业的教学用书，也可作为云安全管理工作者及工程技术人员的学习和参考用书。

图书在版编目（CIP）数据

云安全深度剖析：技术原理及应用实践/徐保民，李春艳编著. —北京：机械工业出版社，2016.1（2024.9 重印）
ISBN 978-7-111-53353-5

Ⅰ. ①云… Ⅱ. ①徐… ②李… Ⅲ. ①计算机网络－安全技术

Ⅳ. ①TP393.08

中国版本图书馆 CIP 数据核字（2016）第 062744 号

机械工业出版社（北京市百万庄大街 22 号　邮政编码 100037）

责任编辑：汤　枫　责任校对：张艳霞

责任印制：常天培

北京机工印刷厂有限公司印刷

2024 年 9 月第 1 版·第 6 次印刷

184mm×260mm·16.5 印张·407 千字

标准书号：ISBN 978-7-111-53353-5

定价：49.00 元

凡购本书，如有缺页、倒页、脱页，由本社发行部调换

电话服务　　　　　　　　　　　　网络服务

服务咨询热线：（010）88361066　　机 工 官 网：www.cmpbook.com

读者购书热线：（010）68326294　　机 工 官 博：weibo.com/cmp1952

　　　　　　　（010）88379203　　教育服务网：www.cmpedu.com

封面无防伪标均为盗版　　　　　金 书 网：www.golden-book.com

前　　言

自 2006 年 Google 公司提出云计算概念以来，云计算发展迅速。云计算已经被视为继 Web 2.0 之后，下一波科技产业的重要商机。特别是近年来，随着信息技术的突破和数据科学的崛起，云计算引起了产业界、学术界和政府部门的高度关注。

目前，云计算已经在大多数企业得到普及和应用。其中，伴随着云计算的快速发展，越来越多的用户将数据托管到云端。但是，由于引入虚拟化技术的云计算系统所特有的服务模式以及其前所未有的开放性、复杂性和可伸缩性等特征，传统的安全技术无法完全保证用户托管到云端数据的安全和云计算平台自身的安全。因此，云计算为信息安全领域带来了新的挑战，也为信息系统引入了新的风险。

如今，云安全问题已成为云计算发展的主要障碍之一。许多涉及云计算的安全问题有待解决，如怎样使云服务提供方和使用方之间相互信任、怎样保证云服务没有风险或低风险等。针对云计算面临的这些安全挑战，国内外研究者对一些关键技术进行了相关的研究。但从整体上来讲，关于云计算安全问题的研究刚刚起步，虽然很多组织和机构都在积极地对云计算的安全问题展开研究，但主要是 CSA、NIST 和 Google 等组织与机构所给出的对云计算安全问题的描述和关于云计算安全问题的初步解决方案。

本书全面、系统地对云安全的基本概念、云基础设施安全技术、云安全测试、云服务风险评估方法、数据安全及隐私保护技术等内容进行了深入剖析，对业界云安全实践和云安全标准进行了系统介绍，并给出若干实际例子或思路，具备很强的实践性。全书共包括 10 章，主要内容如下：

第 1 章简要阐述了云计算的产生背景、服务模型、部署模型与面临的问题，并重点探讨了云计算的虚拟化技术、编程模式、数据存储管理和资源调度等若干关键技术。

第 2 章对云计算带来的安全问题进行剖析，并给出了云计算安全的内涵和确保云安全的主流技术，让读者对云安全及其保护技术有一个初步的整体认识。

第 3 章从全局角度分析云基础设施存在的安全问题，并结合云基础设施的安全需求讨论云基础设施安全性的主要关键技术，重点讨论了虚拟化技术及其安全问题和对策。

第 4 章概要论述了云环境下数据在全生命周期中所面临的威胁、相应的安全需求以及针对这些需求可以采取的应对措施。

第 5 章分别从技术、管理和法规角度出发，对数据隐私泄露与保护数据隐私的技术手段及相关法规和管理措施进行全方位的分析。

第 6 章主要对风险概念、风险类别、风险评测方法以及云服务风险评估等方面的内容给出较详细的阐述，为读者分析云服务中可能存在的安全风险和评估云服务的安全性提供参考。

第 7 章介绍安全云应用实践，阐述若干典型云服务提供商在安全云应用中所采用的各种技术解决方案。

第 8 章主要介绍云测试的基本概念和研究现状，同时对云测试目前所面临的挑战、常用的云测试工具以及云测试的解决方案给出论述。

第 9 章围绕云计算安全标准的研究展开，介绍当前主要的云安全标准组织情况，并就它们各自在云计算安全领域的标准研究成果进行概述。

第 10 章对云安全研究的主要方向及云安全研究主流技术的现状和发展趋势进行阐述，使读者能够对当前的研究热点和技术发展动态有一个总体了解。

本书部分内容来自作者所在研究小组的研究成果，此处也参考了大量的业界研究成果和相关技术资料。本书由徐保民制订编写大纲，并负责统稿和定稿的工作。徐保民编写了第 1～7 章，李春艳编写了第 8～10 章和附录。本书的撰写得到机械工业出版社的大力支持，在此一并表示深深的谢意。

由于作者水平有限，书中难免存在不足之处，欢迎各位读者批评和指正。作者的电子邮箱为 xubaomin@gmail.com。

作　者

目　　录

第1章 云计算基础

近年来，一种新的分布式计算模式——云计算在学术界和工业界已经成为热点。被视为 IT 界第三次革命的云计算将带来工作方式和商业模式的根本性改变。然而，云计算到底是什么？它的产生背景是什么？它涉及哪些关键技术？它的发展前景如何？本章将通过对这些问题的阐述，帮助读者对云计算形成一个初步的认识。

1.1 计算模式的演变

利用有限的资源实现效益的最大化始终是计算机科学技术发展和追求的目标之一。例如从基于集群的计算模式发展到网格计算模式，就是一种有效利用有限资源的进步。当前如火如荼的云计算模式，则可以说是一种计算模式的升华。

要了解云计算是什么和不是什么，理解计算模式的演变过程非常重要。所谓计算模式就是指计算机完成任务的一种运行、输入/输出以及使用的方式。在计算技术的发展历史中，随着微处理器技术和计算机网络技术的不断发展，计算模式经过了集中式计算模式、桌面计算模式和分布式计算模式的变迁[1]。

1.1.1 集中式计算模式

自 1946 年 2 月 14 日世界第一台名字叫"ENIAC（埃尼阿克）"的电子计算机在美国宾夕法尼亚大学诞生[2]，到 20 世纪 70 年代初，计算机设备不仅庞大和昂贵，而且异常复杂，没有经过特殊培训的人员几乎无法直接使用计算机。因此，当时只有为数不多的机构才有财力购置数量有限的计算机。这些计算机通常都是单独放在特别的房间里，并由专业人员来操作和维护。

为了节约成本，当时的计算机系统大多以一台主机为核心，用户通过终端设备与主机相连。在主机操作系统的管理下共享主机的硬件资源，包括中央处理器、内存/外存、输入/输出设备等。所有的数据存储和计算都在主机上进行，终端设备只负责接收用户的请求和显示计算结果。这就是集中式计算模式。

集中式计算模式的主要特点是可以同时为多个用户服务，主要缺点如下：

1）主机负担过重，所有的计算和存储都集中在主机上。一旦主机出故障，整个系统都将瘫痪。

2）系统扩展不易，当用户数量不断增加时，必须更换主机，否则系统的服务质量就要受到影响。

3）系统的购置、安装及维护等费用较高，不易普及。

1.1.2 桌面计算模式

随着大规模集成电路技术的发展，计算机的小型化成为可能。20 世纪 70 年代，少数科研机构已开始配置供个人使用的微型计算机。但是，个人计算时代真正开始的标志是 IBM 公司在 1981 年正式推出的全球首台个人计算机 IBM PC[3]。为了推动个人计算机的产业化发展，IBM 公司在 1982 年公开了 IBM PC 的主要技术。自此，个人计算机得以迅速发展，并由此走入寻常百姓之家。

由于许多 PC 和工作站已经具备了过去大型计算机的能力，可以存储大量的数据且能进行相对复杂的计算，而价格却非常便宜，因此计算模式的主流从以一台主机为核心转移到以用户桌面为核心的桌面计算模式，也称为单机计算模式或个人计算模式。

1.1.3 分布式计算模式

到 20 世纪 90 年代，随着个人计算机的蓬勃发展和局域网技术的成熟，用户通过计算机网络共享计算机资源成为可能。计算机网络的发展促使桌面计算模式迅速向分布式计算方向转移。当时，这种新出现的模式被称为 C/S 模式[4]。其中，客户机（Client）是一种单用户工作站，提供与业务应用有关的表现、计算、网络连接和各类接口服务；服务器（Server）是一种共享型的多用户处理机，提供业务所需的计算、网络连接、数据库管理和各类接口服务。C/S 计算模式会把应用程序所要完成的任务分派到客户机和服务器上，并通过它们之间的协调共同完成。

随着 Internet 技术的发展和迅速普及，计算机之间的通信和互联超越了地域的限制，改变了人们传统的获取、交换和处理信息的方式。而万维网和浏览器的出现使得互联网从科研机构走向了大众[5]。自 20 世纪 90 年代中期开始，一种全新的计算模式（即 B/S 模式）逐渐形成并发展起来[6]。在这种模式下，用户工作界面是通过浏览器来实现的，极少部分事务逻辑在前端（Browser）实现，主要事务逻辑都在服务器端实现。B/S 模式简化了客户端的要求，主要计算工作都在服务器端完成，计算又一次开始向服务器端集中。

伴随着高速网络的不断涌现和计算资源的网络化，拥有个人计算机或工作站的广大用户，迫切需要共享分布于网络上丰富的资源，特别是计算资源。这就使得基于网络的分布式计算模式逐步成为主流的计算模式。简单地说，分布式计算就是让很多计算机同时去帮你做事情、进行计算。

由于分布式计算有着巨大的计算潜力、良好的可扩展性和灵活的体系结构，所以它对于解决大型和小型的科学计算问题都是一种非常合适的模式[7]。从学术角度讲，分布式计算是一种把需要进行大量计算的工程数据分割成小块，由多台计算机分别计算，在上传计算结果后，将结果合并然后得出数据结论的科学。

分布式计算的最早形态出现在 20 世纪 80 年代末期的 Intel 公司。Intel 公司利用工作站的空闲时间为芯片设计计算数据集。随着 Internet 的迅速发展和普及，分布式计算的研究在 20 世纪 90 年代后期达到了高潮。目前分布式计算已非常流行。

分布式计算模式的演变历史开始于并行计算，主要经历了集群、网格计算和云计算三大阶段。如图 1-1 所示。从计算模式的发展趋势来看，网格计算和云计算都是随着计算规模和计算能力的日益提高，以及应用范围的扩大和用户数量的剧增而产生的，是技术和应用发展的必然趋势。云计算作为目前出现的一种最新的分布式计算模式，是由传统的多种计算模型和技术发展而来的，已成为众多企业的一种必然选择和趋势。

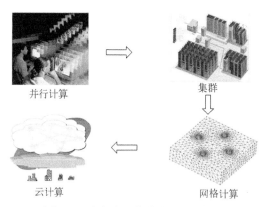

图 1-1 分布式计算模式的发展趋势

并行计算一般是指许多指令得以同时执行的计算模式。在同时执行的前提下，可以将计算过程分解成若干子过程，之后以并行方式来加以完成。并行计算可分为时间上的并行和空间上的并行。时间上的并行是指流水线技术，空间上的并行是指用多个处理器并行地执行计算。任何高性能计算都离不开并行计算技术。

集群是一种并行或分布式多处理系统，该系统是通过将一组松散集成的计算机软件和硬件连接起来作为一个整体向用户提供一组资源。在某种意义上，一个连接在一起的计算机集群对于用户和应用程序而言就像是一个单一的计算机系统。集群系统中的单个计算机通常称为节点，节点可以是连接在一起的，也可以是物理上分散而通过局域网连接到一起的。集群系统通常用来改进单个计算机的计算速度和可靠性。在一般情况下，集群系统比单个计算机（如工作站）的性能价格比要高得多。

20 世纪 90 年代初，网格计算由学术界提出，伴随互联网的兴起而迅速发展。该模式利用 Internet 把分散在不同地域的计算机组织成一台虚拟的超级计算机，每一台参与运算的计算机即为一个节点，整个计算则是由成千上万的节点构筑成一个网格，因而被称为网格计算。网格计算的焦点在于支持跨管理域计算的能力，这使它与传统的集群系统或传统的分布式计算相区别。

云计算是一种通过互联网提供弹性计算和虚拟资源服务的分布式计算模式。它是网格计算、分布式计算、并行计算、效用计算、网络存储和虚拟化等传统计算机技术和网络技术发展融合所产生一种新的商业计算模式。

1.2 理解云计算

近年来，云计算作为一个新的技术趋势已经得到了快速发展。然而，由于业界一直没有对云计算形成一个统一的定义，稀奇古怪的所谓"云计算"产品不断涌现。

1.2.1 云计算的起源

早在 20 世纪 60 年代，美国科学家 John McCarthy 就提出将计算能力作为一种公共设施提供给公众，使人们能够像使用水电那样使用计算资源。

针对此设想，通过将所有的计算资源集中起来，采用类似"效用计算"和"软件即服务"的分布式计算技术为人们提供"随需随用"的计算资源。在此背景下，用户的使用观念会发生彻底的改变，即从"购买产品"到"购买服务"的转变，因为他们直接面对的不再是复杂的硬件和软件，而是最终的服务。用户不需要拥有看得见、摸得着的硬件设施，也不需要为机房配置专门的维护人员等，只需要把钱汇给所需服务的供应商，就会得到所需的服务。

伴随着互联网技术的发展和普及，特别是 Web 2.0 的飞速发展，各种媒体数据呈现指数增长，逐步递增的海量异构媒体数据以及数据和服务的 Web 化趋势使得传统的计算模式在进行大数据处理时，其表现有些力不从心，新的问题不断涌现。比如传统计算模型至少在如下两个方面已经不能适应新的需求：一是计算速度上受限于内核的性能和个数；二是待处理数据量受限于内存和硬盘容量。对此，人们很容易想到，能否将数量可观的计算机连接起来以获得更快的计算速度、更强大的处理能力和存储能力。这种朴素的解决方案可以追踪到分布式计算模式出现之时，只是当时的应用领域局限于科学计算。

针对上述构思的最新解决方案，是在谷歌、亚马逊等著名 IT 企业的大力推动下，为实现资源和计算能力的共享以及应对互联网上各种媒体数据高速增长的势头，所提出的一种以数据为中心的新商业计算模式——云计算[8]。

术语"云"第一次出现是在 20 世纪 90 年代早期，主要是指大型的 ATM 网络，是对因特网的一种隐喻。而首次在学术上使用"云计算"一词的是 1997 年的 Ramnath Chellappa 教授所描述的"云计算是一个动态的计算框架，计算的边界由技术、经济、地区、信息安全需求以及基础服务供应商决定"。

然而，当下流行的"云计算"中"云"的真正发端是在 21 世纪初，是伴随着云计算鼻祖之一的 Amazon 公司于 2005 年所提出的允许小企业和私人租用其所提供的一组包括存储空间、计算能力等资源服务的称为亚马逊 EC2 的出现而出现的。

已经成为当今最流行词汇的"云计算"是由 Google 的前首席执行官 Eric Schmidt 于 2006 年 8 月 9 日在圣何塞（San Jose）举办的全球搜索引擎会议（Search Engine Strategies，SES）上首次提出的。其真正作为一个新兴的技术热门名词被 IT 业开始认可并进入产品化流程始于 2007 年左右。此后，IT 行业各大厂商和运营商纷纷制订相应的战略，新的概念、观点、产品和服务不断涌现。例如 IBM、Google、Amazon、Microsoft 和 Yahoo 等 IT 行业巨头都顺势推出各自的云计算产品和技术。同时，云计算也引起了政界和学术界的普遍关注。目前，世界各国都把云计算作为未来战略产业的重点。比如 2011 年 2 月，美国政府颁布了"联邦云计算战略"，规定"云计算优先（Cloud First）"；日本政府提出"Kasumigaseki Cloud（霞关云计算）"战略；我国"十二五"规划纲要也把云计算列为重点发展的战略性新兴产业。

总之，云计算的出现为信息技术领域带来了新的挑战，也为信息技术产业带来了新的机遇。

1.2.2　云计算的定义

云计算是一种概念性的说法，而非专指某特定的信息系统。对云计算最简单的理解，就是将计算能力提供出来作为一种服务，使企业或个人可以通过因特网取得服务。用户所需要的数据，不用存储在个人计算机上，而是放在网络的"云"上面，在任何可以使用网络的地方都可以使用。云代表了规模庞大的计算能力，由云服务供应商建造大型机房，提供各种软件和应用，让用户随时使用超级计算机的计算能力和最新应用软件，用户却不知道服务器的位置或数据的所在，就像是天上的"云"一般，虚无缥缈又抬头即见。

有人主张将 Cloud Computing 翻译为"云计算"，但也有人将它解读为"云端计算"。"云"即是我们最常使用的因特网；"端"是指使用者端或泛指用户应用网络服务来完成事情的方式。云计算的目标就是没有软件的安装，所有资源都来自云端，使用者端只需要具备连上云端的设备和简单的接口如浏览器即可。因此云计算是一种基于因特网的计算模式，通过因特网上异构、自治的服务为个人和企业使用者提供"随需随用"的计算资源。

维基百科上给出的云计算定义："一种基于因特网的计算新方式，通过因特网上异构、自治的服务为个人和企业使用者提供按需即取的计算。云计算的资源是动态、易扩充套件而且是虚拟化的，通过因特网提供的资源，终端使用者不需要了解云端中基础设施的细节，不必具有相应的专业知识，也无须直接进行控制，只需关注自己真正需要什么样的资源以及如何通过网络来得到相应的服务"。

但是，当谈及云计算的定义时，大多数研究者都会引用美国国家标准与技术研究院（National Institute of Standard and Technology，NIST）的定义[9]："云计算是一种模式，支持根据用户需求通过网络方便地访问可配置的计算资源（如网络、服务器、存储器、应用和服务）的共享池，而该池可通过最少的管理工作或服务供应商干预进行快速配置和交付。"具体来讲，NIST提供的云计算定义中包括了五个基本特征、三个云服务模型和四个云部署模型，如图1-2所示。

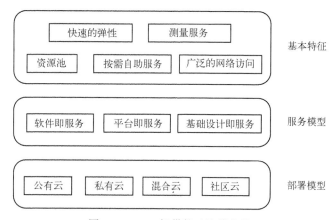

图 1-2　NIST 提供的云计算定义

需要指出的是，由于考虑的角度不同，业界对云计算的提法也稍有不同。IBM、Google和 Amazon 等公司也都从自身角度出发给出了云计算的定义。尽管各自的表述方式和应用特点不同，但云计算的如下特性是可以被明确认同的：

1）硬件和软件都是资源，可以是物理的，也可以是虚拟的，通过互联网以服务的方式提供给用户。

2）资源以分布式共享的形式存在，以单一整体的形式呈现。

3）资源可以根据需要进行动态的扩展和配置。

4）用户按需使用云中的资源，而不需要管理它们。

综上所述，云计算将所有的计算资源集中起来，并由软件实现自动管理，无须人为参与。这使得应用提供者无须为烦琐的细节而烦恼，能够更加专注于自己的业务，有利于创新和降低成本。

1.2.3　云计算的类别

云计算可分为云计算服务和云计算技术。前者的重点是放在提供信息服务给用户，如Salesforce 公司所提供的在线客户关系管理 CRM 服务及 Amazon 公司所提供的在线动态虚拟主机 EC2 服务等云计算解决方案；后者的重点是放在提供高可靠性的信息基础平台，如 IBM

所提供的蓝云数据中心基础建设服务及即时通信软件 Skype 所提供的 P2P 语音计算平台服务等云端计算解决方案。

1.2.4　云计算的特点

由图 1-2 可知，由 NIST 给出的云计算的五个基本特征如下：

（1）按需自助服务　云用户可以按需自动获得计算能力，如服务器时间和网络存储，而无须与服务供应商的服务人员互动，这种方式有别于传统的服务需要借助人力协调改变。

（2）广泛的网络访问　云服务能力通过网络和标准的机制提供，支持各种标准接入手段，包括各种客户端平台如移动设备和笔记本电脑等，也包括其他传统的或基于云服务的使用。目前云端的使用大部分都是通过浏览器进行。

（3）资源池　云服务供应商将其计算资源汇集到资源池中，采用多租户模式，按照用户需要，将不同的物理和虚拟资源动态地分配或重新分配给多个用户使用。资源通常包括存储、CPU、内存、网络带宽以及虚拟机等。即使是私有云，在同一组织内部的不同部门往往也趋向将资源池化。资源池化的目的是在众多用户之间实现资源共享。

（4）快速的弹性　弹性是指系统能够根据用户对资源需求的动态变化，动态地调节物理机的负载，并维持系统性能。云计算中的物理资源在随时发生变化，为了实时保证云服务的性能需求，就需要云计算系统能够及时地捕捉云中资源的变化情况，并能在某些情况下自动对服务占有的资源进行快速扩容、释放和回收。对于用户来说，云端可供应的服务能力近乎无限，且能依据自身的需求，随时按需购买所需的计算能力。

（5）可测量服务　用户购买的服务可以量化并测量。云系统之所以能够自动控制优化某种服务的资源使用，是因为云系统利用了经过某种程度抽象的测量能力，如存储、CPU、带宽或者活动用户账号等。人们可以借此来监视和控制资源使用并产生报表等。

从云计算的概念中还可以得出云计算的特性是大规模、多用户、虚拟化、高可靠性及成本低廉等。

（1）大规模　云计算诞生之初的使命就是使用大量的计算机，解决大数据集处理的问题，并存储海量数据。所以无论是从云计算本身的规模，还是其处理数据的规模，云计算的一大主要特性就是大规模。

目前，Google 公司云数据中心的服务器已经超过百万台，IBM、Amazon 和 Yahoo 等公司的数据中心也有几十万台服务器。企业私有云一般也拥有数百甚至上千台服务器。

（2）多用户　云计算的另一大特性就是将资源分享给许多用户同时使用，其不同于以往的计算模式将特定的资源交付给特定的用户使用。多用户不仅体现在用户数量上，而且体现在用户种类上，不同服务需求的用户也可以同时使用同一个云平台。云计算平台使用虚拟化技术满足不同的用户需求。

（3）虚拟化　虚拟化技术是云计算的核心，云计算的虚拟化主要体现在如下两个方面：①将多台服务器虚拟成统一的资源提供给用户，使用户可以透明地使用所需的资源而不需要关心底层的技术实现细节；②将一个物理资源虚拟成多个虚拟主机提供给不同的用户使用，通过虚拟化来隔离用户。总之，通过虚拟化技术，云计算可以将资源统一成资源池，动态地提供给用户使用。

（4）高可靠性　云服务供应商会尽量采取多种措施来保障其所提供服务的高可靠性，如基于数据多副本的容错技术和自动失效节点检测技术等。越来越多的实例已经表明依靠云数据中心来处理任务比本地计算机更可靠。

（5）成本低廉　由于云计算的特殊容错措施使得其可以采用极其廉价的硬件来构成庞大的云，而云计算所采用的自动化管理技术则显著降低了云数据中心的运营成本。云计算的通用性使得资源的利用率得到大幅提升。对用户而言，云计算不但省去了基础设备的购置运维费用，而且可以按需使用廉价的服务，同时能根据企业成长的需要不断扩展订购的服务，不断更换更加适合的服务，提高了资金的利用率。

1.2.5　云计算的优势

对于没有庞大内部 IT 资源的中小型企业而言，云计算可以让他们专注于业务经营而不是 IT 事务。他们可以利用广泛的计算、存储和网络产品组合优势，经济、高效地随企业的发展和需求进行扩展，同时只需很少的前期资本支出。

对云服务提供商而言，由于云计算服务不需要将软件安装在用户的计算机中，降低了商业软件被破解的风险。然而，把数据移到云端，企业可能面临主管当局审查等方面的挑战，加上有些云端服务业供应商可能未把用户数据完全、彻底地删除干净，而使机密数据外泄。

就目前的情况来看，云计算正在颠覆世界各地企业的 IT 消费方式，采用云计算模式可带来许多好处和优势。比如[10]：

1）节省开支。据统计，信息设备的性能每隔 18 个月更新一倍，企业 IT 设备的采购更新是永无止境的竞赛，对于企业来说是一项庞大的资本支出，为了维持企业竞争力而不得不进行更替。若企业采取云计算，便可以省去巨额的信息设备更新费用，企业只需就其本身所需的服务支付费用给云服务供应商即可。云计算降低的不仅仅是 IT 设备成本，同时更可以降低人事成本和管理成本等多项管理费用。企业只需专注自己擅长的内容，进而提升企业竞争力。

2）应对需求。随着企业不断发展，云计算环境将随之增长。当需求无法预测时，企业可以相应地增加或减少容量，同时只需为所使用的服务付费。这一切都源于云计算的弹性特性。

3）用户无须担心基础设施运维。云计算服务供应商承担对云计算平台和服务进行全天候的监控和维护。除保证云用户的数据安全以外，他们还将随时按云用户的需求提供创新且实用的解决方案。

4）提高安全性与合规性。云主机托管供应商将从基础设施层面增强弹性和灵活性以控制安全风险，并将与用户合作解决合规性和监管要求。

5）减少碳足迹。在数据中心而不是现场进行托管能充分利用最新的节能技术优势。此外，由于云服务供应商在共享基础设施上托管多个客户，他们可以更有效地利用能源、水和空间等资源。

6）资源的有限共享。用户可以在权限许可下共享云计算平台中的数据。

7）可移植性。这一特性使得云计算服务能够允许云端的节点出现错误甚至是崩溃。因为云计算的可移植性，崩溃节点的任务可以分配到其他的节点而不会影响云计算服务的正确运行。

1.2.6　云计算的挑战与机会

尽管云计算前景一片看好，但是发展云计算必然会面临一些新的挑战。比如[11]：

1）软件授权费问题。目前，Google 或其他云服务供应商所提供的服务都是自家的产品，如 Chrome 操作系统和 Gmail 邮件服务等。但是从长期来看，云服务提供商应纳入其他软件厂商的产品，届时软件授权费用如何计价，有待软件厂商和云服务供应商协商。

2）安全性与机密性问题。企业和政府机构等群体，在考虑安全性的情况下，不太可能把他们的数据保存在别人那里。因为这涉及政府和企业的机密，所以这些单位通常是自己购买服务器和软件，自己搭建专用云，并服务于内部人员。另外，云使用者的行为、习惯及爱好等被使用者视为隐私的部分，将会更直接地暴露在网络之上。因此，云计算的安全性与机密性是企业的主要关注点。

3）服务移植弹性小。目前云计算并无统一的行业标准，也就是说，企业用户难以从一家云服务供应商转换到其他云服务提供商，即降低了云服务移植的弹性。

4）数据访问速度的稳定性。云端毕竟是在远方，数据的访问速度自然远比不上本地的计算机系统。所以除非客户端联机到云端的速度足够快，否则这也可能会成为推广云计算的障碍。

5）用户被绑架问题。很多云服务提供商都宣称："如果我们无法提供高质量的服务，你就应该可以离开。作为用户，你应该享受完全的控制权"。然而，正如 Hybrid Cloud Gateway 公司的创始人 Dan Koffler 所言："云计算领域有一种流行的观念，即数据是有重量的，一旦将数据搬进云服务提供商的云端，再要搬出来就很费劲了"。其原因在于：①很多云服务提供商为用户设置了重重障碍，使之难以转用其他服务商所提供的服务；②数据迁移成本高，即使将数据迁出未必很困难，但数据迁出成本有可能会比迁入的成本更高。

1.2.7 云计算与网格计算的差别

云计算和网格计算都是由分布式计算所发展出来的概念。云计算和网格计算之间并没有太大的不同，只是网格计算这个名词出现得比较早，它的重点是异构系统之间计算资源的整合。简单地说，就是让不同类别的计算机或具有不同操作系统的计算机可以沟通，并且分享彼此的计算资源。在因特网还没有今天这么发达之前，许多企业采用网格计算，其原因是为了让组织内部的网络资源达到更好的使用效率，比较知名的网格计算应该是寻找外星人（Search for ExtraTerrestrial Intelligence，SETI）计划。

总体来讲，网格计算与云计算的差别在于：

1）网格计算强调的是资源共享，在网格系统内的任何用户都可以获取其他人的闲置资源，同时也必须贡献出自己的闲置资源给其他人；云计算则是让使用者可以独占资源，这些资源是由少数的机构和组织提供，而且大多数基于云计算的产品都要保证一定的服务质量，一般用户只需要付出一定金额即可租用，而无须奉献出自己的计算资源。

2）网格计算以供专家使用居多，重点放在需要复杂计算的单一任务；云计算则比较偏重大众应用，多数应用不需要进行复杂的计算。但是由于大众的数量相当庞大，所以累积起来的计算需求也相当可观。

3）网格计算通常只是使用专属的应用协议和数据格式，但云计算没有此限制。

4）网格计算着眼于整合众多异构平台。云计算则强调在本地资源有限的情况下，利用互联网获取云端的计算资源。

5）云计算的概念是以 Web 为前端，数据全部放后端，用户本身不需要保存数据。这样用户可以不用担心不同设备上数据无法同步的问题，也可以随时访问它。为了方便管理并充分运用服务器的效能，云计算通常使用虚拟化技术。但网格计算不存在这些情况。

总而言之，我们可以用"云计算是平民化的网格计算"来说明它们之间的关系。

1.2.8 云计算的发展历程

云计算是引领未来新技术发展的航向标，同时也会给人类的生产和生活带来巨大的变革。了解云计算的发展历程，可以洞悉云计算的发展规律，从中可以更好地洞察云计算技术的发展趋势。下面是对云计算发展历程的简要回顾[12]。

1959 年 6 月，Christopher Strachey 发表虚拟化论文，虚拟化是今天云计算基础架构的基石。

1961 年，John McCarthy 提出将计算能力作为一种公共设施提供给公众。

1983 年，Sun 公司提出"网络即计算机"的名言，用于描述分布式计算技术带来的新世界，今天的云计算正在将这一理念变成现实。

1997 年，南加州大学教授 Ramnath K. Chellappa 提出云计算的第一个学术定义。

1998 年，Vmware 公司成立并首次引入 x86 的虚拟技术。

1999 年，Marc Andreessen 创建第一个商业化的 IaaS 平台 LoudCloud。

1999 年，Salesforce 公司成立，宣布"软件终结"革命开始。

2000 年，SaaS 兴起。

2004 年，Google 公司发布 MapReduce 论文。

2004 年，Doug Cutting 和 Mike Cafarella 实现 Hadoop 的 HDFS 和 MapReduce。

2005 年，Amazon 公司宣布 Amazon Web Services 云计算平台。

2006 年，Amazon 公司相继推出在线存储服务（S3）和弹性计算云（EC2）。EC2 允许小企业和私人按照自己的需要租用其数据中心的处理能力，即弹性计算云形成了云计算的雏形。

2006 年，Sun 公司推出基于云计算理论的"BlackBox"计划。

2006 年 8 月 9 日，Google 前首席执行官 Eric Schmidt 在全球搜索引擎会议上第一次提出云计算概念。Google 的云计算源于"Google 101"项目。

2007 年 10 月，Google 和 IBM 公司在美国大学校园内进行云计算的推广计划。Google 和 IBM 公司为斯坦福大学、麻省理工学院、卡内基梅隆大学、马里兰大学及加州大学伯克利分校等大学提供相关的软件、硬件设备及技术支持。此计划的主要目的是降低分布式计算技术在科学研究领域的成本。

2007 年 3 月，Dell 公司成立数据中心解决方案部门，先后为全球五大云计算平台中的三个（Windows Azure、Facebook 和 Ask.com）提供云基础架构。

2007 年 7 月，Amazon 公司推出简单队列服务 SQS，这项服务使托管主机可以在存储计算机之间传输消息。

2007 年 11 月，IBM 公司首次发布云计算商业解决方案，推出"蓝云"计划。

2008 年 1 月，Salesforce 公司推出世界上首个 PaaS 应用。

2008 年 1 月 30 日，Google 公司在中国台湾开启"云计算学术计划"项目。

2008 年 2 月 1 日，IBM 公司决定将在中国无锡建立世界上首个云计算中心。2008 年 5 月 10 日，此云计算中心投入运营。2008 年 6 月 24 日，IBM 公司在北京 IBM 中国创新中心成立 IBM 大中华区云计算中心。

2008 年 7 月 29 日，Yahoo、Intel 和 HP 公司宣布一项横跨新加坡、德国和美国的联合研究计划，以此来推动云计算的发展。该计划要与合作伙伴创建 6 个数据中心作为研究试验平台，其中每个数据中心配置 1400～4000 个处理器。

2008 年 10 月，Microsoft 发布其公有云计算平台 Azure，由此拉开了微软的云计算大幕。

2009 年 1 月，阿里软件在江苏南京建立首个"电子商务云计算中心"。

2010 年 3 月 5 日，Novell 公司与 CSA 共同宣布一项云计算服务供应商中立计划，即"可信任云计算计划（Trusted Cloud Initiative）"。

2010 年 7 月，NASA 与包括 Rackspace、Intel、AMD、Dell 等在内的一些支持厂商共同宣布"OpenStack"计划。与此同时，微软在 2010 年 10 月表示支持 OpenStack 与 Windows Server 2008 R2 的集成。2011 年 2 月，Cisco 正式加入 OpenStack 计划，并着重研发基于 OpenStack 的互联网服务。

2011 年 10 月 20 日，"盛大云（Grand Cloud）"宣布旗下产品 MongoIC 正式对外开放，这是中国第一家专业的 MongoDB 云服务，同时也是全球第一家支持数据库恢复的 MongoDB 云服务。

2012 年 9 月，欧盟委员会发布"释放欧洲云计算潜力"报告，提出建立涵盖标准符合性、互操作性和数据可迁移性等内容的云服务认证体系。

2013 年，微软推出云操作系统，包括 Windows Server 2012R2、System Center 2012 R2 和 Windows Azure Pack 在内的一系列企业级云计算产品及服务。

2014 年，谷歌公司宣布全面支持 Hadoop。

1.2.9　云计算国内外发展现状

2007 年年底，云计算开始受到关注并迅速得以发展，其发展前景十分广阔。到目前为止，Google、IBM、Microsoft 和 Amazon 等世界级 IT 大型公司都推出了各自的云计算平台，并把云计算作为他们未来重点发展的最主要战略之一。

Google 是云计算技术的领跑者，同时也是云计算技术的最大实践者。Google 基于云计算提供了大量的云服务，如 Google Gmail、Google Docs、Google App Engine、文件处理系统 GFS、分布式计算编程模型 MapReduce、分布式锁服务 Chubby、分布式结构化数据表 BigTable、分布式存储系统 Megastore、分布式监控系统 Dapper 等云计算技术。

作为互联网上最大的在线零售商，Amazon 也推出了自己的云产品，如弹性计算云 EC2、简单存储服务 S3、简单数据库服务 SimpleDB、简单队列服务 SQS、弹性 MapReduce 服务、内容推送服务 CloudFront、电子商务服务 DevPay 和 FPS，涉及数据均衡和数据冲突处理等云计算技术。其中最具代表性的是 S3 和 EC2。

2007 年，IBM 推出"蓝云"计算平台。蓝云计算平台包括一系列的云计算产品，它通过架构一个可全球访问的、分布式的资源结构，使数据中心在类似于互联网的环境下运行计算。图 1-3 为 IBM 蓝云产品架构。

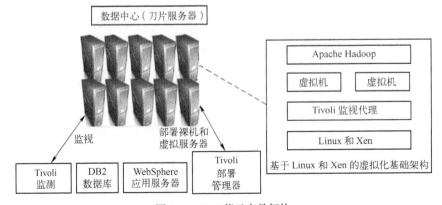

图 1-3　IBM 蓝云产品架构

由图 1-3 可知，蓝云计算平台由一个数据中心、IBM Tivoli 部署管理软件（Tivoli Provisioning Manager）、IBM Tivoli 监控软件（IBM Tivoli Monitoring）、IBM WebSphere 应用服务器和 IBM DB2 数据库组成，采用了 PowerVM 和 Xen 虚拟化软件、Linux 操作系统映像以及 Hadoop。

"蓝云"的硬件平台环境与一般的 x86 服务器集群类似，只是使用刀片的方式增加了计算度。"蓝云"软件的一个重要特点是虚拟化技术的使用。虚拟化的方式在"蓝云"中有两个级别：一个是在硬件级别上实现虚拟化；另一个是通过开源软件实现虚拟化。硬件级别的虚拟化可以借助 IBM P 系列服务器和 IBM PowerVM 虚拟化解决方案实现。软件级别上的虚拟化采用开源的 Xen 虚拟化软件，通过 Xen 能够在 Linux 基础上运行另外一个操作系统。蓝云软件平台的另一特点是使用 Hadoop。

继 Amazon、Google 和 IBM 之后，微软于 2008 年 10 月推出了自己的云计算产品，即 Windows Azure 操作系统。Azure 通过在互联网架构上打造新云计算平台，让 Windows 真正由 PC 延伸到"蓝天"上。Azure 的底层是微软全球基础服务系统，由遍布全球的若干数据中心构成。

除了我们所熟知的 IT 巨头的云计算平台外，开源云计算平台更是被认为是 IT 的发展趋势。例如：①Eucalyptus 是一种开源的软件基础结构，通过集群或工作站群实现弹性的云计算。它最初是加利福尼亚大学为进行云计算研究而开发的 Amazon EC2 的一个开源实现，与 EC2 和 S3 的服务接口兼容，使用这些接口的所有现有工具都可以与基于 Eucalyptus 的云协同工作。与 EC2 一样，Eucalyptus 依赖于 Xen 进行操作系统虚拟化，现在已经商业化，发展成了 Eucalyptus Systems Inc。不过，Eucalyptus 仍然按开源项目进行维护和开发。②OpenNebula 是一款为云计算而打造的开源工具箱。OpenNebula 的目标是将一群实体集群转换为弹性的虚拟基础设备，且可动态自适应地随服务器工作负载变化而改变。它允许与 Xen、KVM 或 VMware ESX 一起建立和管理私有云，同时提供专门的适配器与 Amazon EC2 配合来管理混合云。除了像 Amazon 一样的商业云服务供应商外，在不同 OpenNebula 实例上运行私有云的 Amazon 合作伙伴也同样可以作为远程云服务供应商。目前，OpenNebula 可支持 Xen、KVM 和 VMware，以及实时存取 EC2。它还支持对象文档的传输、复制和虚拟网络的管理。OpenNebula 支持多种身份验证方案，包括基本的用户名和密码验证，以及通过 SSH 协议进行密钥验证。

在中国，云计算的主要增长点在于国内 IT 企业兴起的云计算中心的建立，以 IBM 为中心扩展开来。2008 年 5 月 10 日，IBM 在中国无锡太湖新城科教产业园建立中国第一个云计算中心并投入运营。2008 年 6 月 24 日，IBM 在北京 IBM 中国创新中心成立了中国第二家云计算中心即 IBM 大中华区云计算中心。

随后，一些国内的 IT 巨头如中国移动、百度、中国电信、阿里巴巴、腾讯、华为、中兴和曙光等，也对云计算进行了研究和实践。

中国移动自 2007 年起开始推出"大云（Big Cloud）"计划，目标是建造业务平台云、IT 支撑云和公众服务云，在 2010 年 5 月 21 日召开的第二届中国云计算大会上正式发布"大云" 1.0 版本。该平台包括分布式文件系统、分布式海量数据仓库、分布式计算框架、集群管理、云存储系统、弹性计算系统和分布数据挖掘工具等功能。

2008 年 11 月 25 日，中国电子学会专门成立了云计算专家委员会。2009 年 5 月 22 日，中国电子学会组织的首届中国云计算大会隆重举行。

2009 年 9 月 10 日，在阿里巴巴 10 周年庆典会上，阿里巴巴云计算团队以独立身份出现，而且命名为"阿里云"的子公司正式成立。该公司主要由原阿里软件、阿里巴巴集团研究院以及 B2B 与淘宝的底层技术团队组成，主要从事基础技术的研发，并将推出用于电子商务服务的云计算中心。

2009 年，世纪互联成立了专门的云计算公司云快线，云快线从 IaaS 切入云计算，目前，已有 CloudEx 弹性计算（CloudEx Computing Service）和 CloudEx 弹性存储（CloudEx Storage Service）两款产品。从技术层面看，CloudEx 平台采用了硬件设备虚拟化技术，把物理层面的计算机、服务器和 CPU 等设备虚拟成为一个资源池。用户的需求是分配和划分虚拟机的唯一标准。它使得运营商可以得到更加便捷的云计算服务，实现了资源的跨地域和跨平台的部署，形成了统一分配机制。

新浪在 2009 年推出 Web 应用开发与运行平台 SAE[8]，主要面向国内用户，提供集成式开发平台。

2011 年 6 月 30 日，天津大学与曙光信息产业股份有限公司合作共建"天津大学云计算中心"的协议签订仪式在天津大学举行。这是我国首个高校云计算中心，该中心的目标期望是达到提供每秒计算速度达 11 万亿次的计算能力。

2013 年 8 月，作为国内首个物联网云计算中心的无锡城市云计算中心正式启用。

2014 年 1 月，曙光公司、NVIDIA 公司和思杰公司共同合作推出图形云计算产品，解决了 GPU 硬件虚拟化的技术难题，这是我国首款真正意义上的专业图形云计算产品。

总体来讲，国内主要是由大型互联网公司提供云计算服务，业务主要是以 IaaS+PaaS 形式的开放平台服务，其中 IaaS 服务已经较为成熟，而 PaaS 服务尚处于起步阶段。

1.3 云计算服务模型

理解云计算的两个重要方面就是理解它的服务模型和部署模型。

1.3.1 SPI 服务模型

云计算的主要原则之一就是"as-a-Service"范式的一些服务。这些服务是由服务供应商提供。目前，大家对云计算的服务模型已有了一个相对统一的认识，即在云计算中，根据资源池中资源的类别，把云计算所提供的 3 类服务（平台即服务、基础设施即服务和软件即服务）归类为 SPI 服务模型。

"SPI"这个缩略词对应 SaaS、PaaS 和 IaaS 的首字母。图 1-4 所示为 SPI 服务模型框架[13]。其中，IaaS 是所有云服务的基础，PaaS 建立在 IaaS 之上，而 SaaS 又建立在 PaaS 之上。

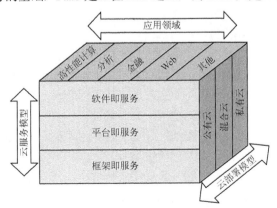

图 1-4　SPI 服务模型框架

SPI 模型代表服务。不同应用领域和不同部署类型的云都可以用来作为一种服务。SPI 框架是目前最被广为接受的云计算分类机制。事实上，NIST、CSA 和其他组织都遵循这个框架，绝大部分云服务供应商也支持这个概念。

1.3.2 IaaS 模型

NIST 对 IaaS 的阐述是："提供给用户的能力是云处理、存储、网络和其他基本的计算资源，其中云用户能够部署和运行任意软件，它可以包括操作系统和应用程序。该用户并不管理或控制底层的云基础设施，但是拥有对操作系统的控制、存储及部署的应用程序，并有可能选择网络组件如防火墙和负载均衡器等"。换言之，IaaS 供应商提供给用户所需要的计算机硬件、网络和其他必要的基础设施资源。它包括了将资源抽象化的能力，并交付连接到这些资源的物理或逻辑网络连接，终极状态是 IaaS 供应商提供一组 API，允许消费者与基础设施进行管理和其他形式的交互。

IaaS 是云服务供应商向用户出租其所能提供的计算能力、存储功能、网络计算和其他多种资源。用户可以利用付费租来的资源去开发和部署属于自己的任意应用程序，如操作系统和软件等。这种服务类型依靠的是云平台上的虚拟计算机集群的计算能力和安全稳定的存储能力。IaaS 的最大优势就是用户可以自行申请和释放节点，费用是按照使用的节点量来计算的，即用户只用按需租用相应的计算能力和存储能力，大大降低了在硬件上的开销。在这种情况下，用户对配置的资源有控制能力，但对底层的云基础设施没有控制权。IaaS 模型如图 1-5 所示。

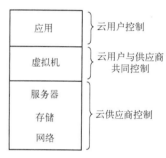

图 1-5　IaaS 模型

IaaS 供应商需提供如下功能：

1）资源抽象。使用资源抽象的方法能更好地调度和管理物理资源。

2）资源监控。通过对资源的监控，能够保证基础设施高效运行。

3）负载管理。通过负载管理，不仅能使部署在基础设施上的应用更好地应对突发情况，而且还能更好地利用系统资源。

4）数据管理。数据的完整性、可用性和可管理性是对 IaaS 的基本要求。

5）资源部署。将整个资源从创建到使用的流程自动化。

6）安全管理。保证基础设施和其提供的资源能被合法地访问和使用。

7）计费管理。通过细致的计费管理能使用户更灵活地使用资源。

Rackspace 和 NASA 联手推出的云计算平台 OpenStack 是典型的 IaaS 平台之一，为那些希望给用户提供云服务的托管供应商们创造了进入云计算领域的机会。Eucalyptus 也是典型 IaaS 平台之一，通过计算集群或工作站群实现弹性的、实用的云计算。AWS 是目前主要的 IaaS 云服务供应商之一，EC2 是其提供的热门服务。

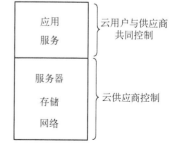

图 1-6　PaaS 模型

1.3.3 PaaS 模型

1. PaaS 概述

PaaS 模型如图 1-6 所示。NIST 对 PaaS 的阐述是："提供给用户的能力是可以使得用户在云平台的基础设施上部署属于自己的应用，用户部署自己应用的同时可以使用供应商所提供的支撑编程工具和程序开发语言。消费者无须管理或控制底层的云基础设施（网络、服务器、操作系统和存储等），但消费者控制对该部署的应用程序和有可能应用托管环境的配置"。

PaaS 模型的主要目的是给应用程序开发者提供程序开发平台，也就是提供一个建构、部署与管理的环境，让他们能创造并开发出新的服务或应用，并且快速地将其软件或程序部署在云上。

在 PaaS 模式中，平台通常包括操作系统、编程语言的运行环境、数据库和 Web 服务器等。用户完全不需要也不能对网络及服务器等底层基础设施进行管理和控制，但可以控制和部署自己的应用。这种服务模式能够给用户提供更多的、更高效的硬件和软件服务，既可以减少用户自行开发的成本，又可以完全实现软件的重用。

PaaS 平台在云架构中位于中间层（见图 1-4）。PaaS 能将现有的各种业务能力进行整合，具体可以归类为应用服务器、业务能力接入、业务引擎和业务开放平台，向下根据业务能力需要测算基础服务能力，通过 IaaS 提供的 API 调用硬件资源，向上提供业务调度中心服务，实时监控平台的各种资源，并将这些资源通过 API 开放给 SaaS 用户。

Gartner 把 PaaS 平台划分为两类[14]：一类是应用部署和运行平台 APaaS；另一类是集成平台 IPaaS。人们经常说的 PaaS 平台主要是指 APaaS，如新浪的 SAE、谷歌的 GAE、微软的 Azure 都是其典型例子。其中，Saleaforce 公司的 Force.com 是业界内第一个可以称为 PaaS 的平台。PaaS 的理念也是该公司提出来的。Force.com 向企业提供在云端上快速创建和实施业务应用程序所需的一切，包括数据库、无限的实时定制、强大的分析、实时工作流程和审批、可编程云逻辑、集成、实时移动部署、可编程的用户界面和网站功能。GAE 为使用者提供 Web 应用开发平台，并对所使用的资源进行严格分配，使平台上托管的应用拥有良好的自动扩充性以及高可用性。其主要特征：①应用的开发和运行都基于同样的平台，故兼容性问题较少；②开发者无须考虑系统可允许的应用扩充性和服务容量等问题；③可提供运维管理功能以及帮助开发人员对应用进行监控和计费。

为了支撑整个 PaaS 平台的运行，服务供应商需提供如下功能：

1）友好的开发环境。通过提供 IDE 等工具使用户能在本地方便地进行应用的开发和测试。

2）丰富的服务。PaaS 平台会以 API 的形式将各种各样的服务提供给上层的应用。

3）自动的资源调度。此特性不仅能优化系统资源，而且能自动调整资源来帮助运行于其上的应用更好地应对突发流量。

4）精细的管理和监控。提供对应用层的管理和监控，如通过精确计量应用所使用和消耗的资源来更好地计费。

这种服务模式的优势，是解决了平台价格昂贵、平台即时升级、用户需求估算不够科学及平台管理复杂等问题。

2．示例

当以传统的方式搭建一个 Web 网站时，往往需要先购置并托管服务器，然后安装操作系统及各种服务软件等，待所有烦琐的工作都准备好之后才能开始编写代码。而且开发环境与运行环境还会有一定的差别，需要把代码部署到运行环境当中进行测试，当一切都处理好后，网站才能上线。

假如使用 PaaS 开发和部署一个 Web 网站，则会使 Web 部署工作变得极其简单。例如，使用 SAE，用户可以在任何时间、任何地点登录到 SAE，通过浏览器就可以编写代码，随时随地都可以进行部署调试，只需要单击按钮，切换一下版本就可以上线了，不必购置服务器和搭建各种环境等。

为了实际体会 PaaS 平台，我们可以注册新浪云 SAE，并进行简单的代码开发与发布。SAE 支持 Python、PHP 和 Java 三种开发语言，支持 MySQL 和 NoSQL 两种数据库。同时 SAE 还具备版本管理功能等，总之，SAE 提供了开发一个应用程序所需的全部环境。

SAE 首页、代码编辑界面和代码发布测试界面分别如图 1-7～图 1-9 所示。

图 1-7　SAE 首页

图 1-8　代码编辑界面

图 1-9　代码发布测试界面

3. PaaS 发展前景

由于企业对软件开发和维护所投入的时间和资金有限，导致 SaaS 在原地停留。IaaS 为用户提供灵活性和自主权的同时，增添了复杂性。另外，IaaS 可能无法通过门户提供系统实时编制（Orchestration）能力，而 PaaS 屏蔽底层的硬件基础架构，为用户提供覆盖软件全生命周期中需求分析、设计、开发、测试、部署、运行及维护各阶段所需的工具，降低了用户进行应用程序开发的技术难度及开发成本。

在业界，自 2011 年上半年以来，PaaS 平台的重要性也逐渐受到如 IaaS 服务厂商与虚拟化技术厂商的重视。其中以虚拟化技术为主的 Citrix 与 VMware，都纷纷推出 PaaS 服务，希望以开源的优势吸引软件开发者与厂商的投入。甚至以 IaaS 业务为主的 Amazon，也与程序开发平台公司 Beanstalk 合作，提供以 Java 为基础的程序开发平台。

深入分析从过去到现在各大云端公司推出的程序开发平台，对其支持平台的多寡与开发语言的支持数量的多寡两个轴向分析后可发现，近年来程序开发平台已逐渐走向可支持多开发语言与跨平台运作的特性，其中更可发现 Java 语言为各大开发平台优先支持的语言，预期未来平台将走向可支持多种运行时系统，甚至支持多种设备的应用程序，以协助厂商快速扩大用户的应用规模。比如，2011 年提出开放源码的 PaaS 服务 Cloud Foundry，使用各种开源开发工具和中间件来提供 PaaS 服务。Cloud Foundry 采用开源的网站平台技术，所以开发者的应用程序也可以任意转移到其他平台上而不受限于 PaaS 平台。Cloud Foundry 可以支持多种开发框架，包括 Spring for Java、Ruby on Rails、Node.js 以及多种 Java 虚拟机开发框架等。Cloud Foundry 平台也提供 MySQL、Redis 和 MongoDB 等数据库服务。

因此，有理由相信，更多的中小企业将会在未来的几年采用 PaaS 云。PaaS 将是云计算的最终目标。

1.3.4　SaaS 模型

1. SaaS 概述

SaaS 模型如图 1-10 所示。NIST 对 SaaS 的阐述是："提供给用户的能力是运行在云基础设施上的、由云服务提供商所提供的应用程序。用户可以通过各种客户端设备，比如 Web 浏览器这样的瘦客户端界面进行访问。用户并不管理或控制底层的云基础设施，包括网络、服务器、操作系统和存储，甚至单个应用程序的功能。但有限的用户特定应用程序的配置则可能是个例外"。

SaaS 模型的主要目的是使传统上必须自己在本地服务器安装、执行及维护软件的一种模式，改而通过远程数据中心安装、执行并维护，主要是提供给终端的使用者使用，是一种利用 Web 平台当作软件发布方式的软件应用，再以浏览器访问使用的软件递送模式，除了利用网络的存取和管理，也因服务集中，而有利于软件供货商进行更新或维护。

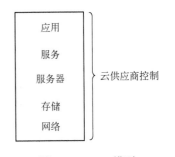

图 1-10　SaaS 模型

SaaS 供应商为企业搭建信息化所需要的所有网络基础设施及软件、硬件运作平台，并负责所有前期的实施、后期的维护等一系列服务，企业无须购买软件和硬件、建设机房、招聘

IT 人员，即可通过互联网使用信息系统。就像打开自来水龙头就能用水一样，企业根据实际需要，从 SaaS 供应商租赁软件服务。

传统的购买软件的方法所涉及的用户加载软件到自己的硬件上，以换取许可费。用户也可以购买一个维护协议，以获得补丁软件或其他支持服务。用户关注的是业务系统的兼容性、安装补丁以及遵守许可证协议。

SaaS 供应商以租赁的概念提供客户软件服务，而非购买，比较常见的模式是提供一组账号密码，规定一个使用期限。由于 SaaS 模式是一个多租户架构模式，这意味着物理后端的硬件基础设施在许多客户之间共享，但在逻辑上是独一无二的单独客户。多租户架构的设计最大限度地提高了资源的跨租户共享，但仍能够安全地区分属于每个租户的数据。总之，SaaS 服务模式与传统许可模式软件存在很大的不同，是未来应用软件的发展趋势。

Salesforce 的客户关系管理 Saleforce CRM、微软的 Office Live 以及谷歌的 Docs 都是 SaaS 的典型例子。其中 Salesforce 于 1999 年由当时 27 岁的 Oracle 高级副总裁，俄罗斯裔美国人 Marc Benioff 创办。软件即服务的理念由他首先提出，并运用于客户关系管理服务软件。目前已有约 72500 家公司采用了 Salesforce 的 Saleforce CRM。

实现 SaaS 服务，服务供应商需提供如下功能：

1）随时随地访问。在任何时候和任何地点，只要接上网络，用户就能访问 SaaS 服务。

2）支持公开协议。通过支持公开协议如 HTML，能够方便用户使用。

3）安全保障。SaaS 供应商需要提供一定的安全机制，不仅要使存储在云端的用户数据处于安全的境地，而且也要在客户端实施一定的安全机制来保护用户。

4）多租户机制。多租户机制不仅能更经济地支撑庞大的用户规模，而且能提供一定的可定制性以满足用户的特殊需求。

这种服务模式的优势是，由服务供应商维护和管理软件、提供软件运行的硬件设施，用户付费使用软件，享有软件使用权。用户只需拥有能够接入互联网的终端，即可随时随地地使用软件。在这种模式下，用户不再像传统模式那样在硬件、软件和维护人员等方面花费大量资金，只需要支出一定的租赁服务费用，通过互联网就可以享受到相应的服务。

但是，SaaS 服务模式也有一些缺点，比如：

1）安全性不高。企业，尤其是大型企业，并不热衷于使用 SaaS 的原因就是其安全问题。他们要保护机密数据，不希望这些机密数据由第三方来保管。

2）缺乏标准化。目前的 SaaS 解决方案缺乏标准化。这个行业刚刚起步，没有明确的解决办法，不同服务提供商通常拥有不同的解决方案。

2. 示例

为了更好地体验 SaaS，我们可以在线体验微软 Office 的在线应用 OneDrive。用户只需要一个浏览器，就可以随时随地在任何设备上存储和共享照片、视频、文档及更多内容。例如，可以在线编辑 Office Word 文档，并存储在 OneDrive 上，这样就可以随时通过一个浏览器查看或继续编辑这个文档。

其中，OneDrive 首页、在线创建 Word 文档界面、在线编辑 Word 文档界面和在线保存 Word 文档分别如图 1-11～图 1-14 所示。

图 1-11 OneDrive 首页

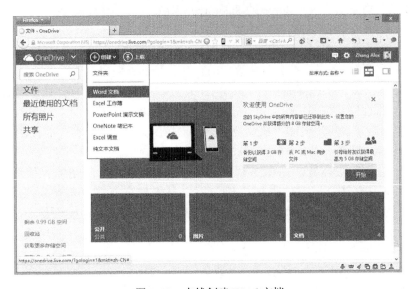

图 1-12 在线创建 Word 文档

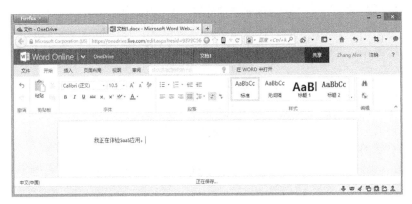

图 1-13 在线编辑 Word 文档

图 1-14　在线保存 Word 文档

综上所述，IaaS 为云用户提供基础设施服务；PaaS 基于底层的基础设施资源，为用户提供定义好 API 的编程模型和应用程序运行环境；SaaS 基于底层的基础设施、编程模型和运行环境来开发，为用户提供云应用软件。

1.4　云计算部署模型

依据服务方式，云计算可以采用公有云、私有云、社区云或混合云的部署类型交付给用户。一个组织可以根据组织的需要实现一个或多个模型或组合部署模型。

1.4.1　公有云

公有云通常是指第三方云服务供应商为用户提供的能够使用的云，公有云一般可通过 Internet 使用。"公有"一词并不代表"免费"，公有云也不表示用户数据可供任何人查看。

公有云的基础设施通常由一个提供云服务的大型运营组织来建立和运维。该运营组织一般是拥有大量计算资源的 IT 巨头，如 Google、Amazon 等大型企业。这些 IT 公司将云计算服务以"按需购买"的方式销售给一般用户或中小企业群体。用户只需将请求提交给云计算系统，付费租用所需的资源和服务。对用户来说，不需要再投入成本建立数据中心，不需要进行系统的维护，就可以专心开发核心的应用服务。Amazon 的 EC2、Google 的 GAE 等都属于公有云。

公有云是云计算的设计初衷，具有高效灵活和成本优势。用户或企业能够将计算和数据存储外包给云供应商，而不需自己购买设备或投入专业人员来做云系统的维护，还能在计算需求变化时灵活地增减云资源的租用。然而，由于公有云的开放性较高，而用户又失去了对数据和计算的控制权，因此，对于一些敏感和私密的企业数据，企业在租用公有云服务时还存在顾虑。事实上，数据安全问题是公有云普及中最重要的顾虑之一。通常，公有云供应商会对使用者实施使用访问控制机制，如 SSL 加密。然而 IaaS 公有云对于一些不太关心隐私的企业来讲，还是具有极大的吸引力。

公有云被认为是云计算的主要形态，在国内的发展如火如荼。根据市场参与者的类型分类，可以分为五类[15]：

1）传统电信基础设施运营商，包括中国移动、中国联通和中国电信。

2）政府主导下的云计算平台，如各地的各种"××云"项目。

3）为互联网巨头打造的公有云平台，如盛大云。

4）部分原IDC运营商经营的云，如世纪互联。

5）具有国外技术背景或引进国外云计算技术的国内企业，如风起亚洲云。

1.4.2 私有云

目前大多数云计算的应用主要局限于对组织内部 IT 资源的虚拟化和自动化管理。由于所有数据仍旧由组织自己管理，这种云计算模型称为私有云。显然，私有云是一个组织内部的计算资源整合，面向的是内部用户，不提供对外服务。因而私有云能提供对数据安全性和服务质量的最有效控制。

私有云具备许多公有云环境的特点，如弹性和提升资源利用率，两者的差别在于私有云服务中使用自主的网络带宽，安全问题较少；同时，私有云服务的使用者掌握云端基础架构，可以有效地改善其安全与弹性。

私有云可划分为两大类型[16]：一类是外包私有云，也称为场外服务，云位于第三方的服务器端，只能由授权的客户端进行访问；另一类是现场私有云，也称为内部云或场内服务，云由特定的组织进行维护和运行。在安全处所即客户端可以访问云服务，而未经授权的客户端不允许访问。

一般来讲，私有云要求每个组织自己购买硬件设备，建立大型数据中心，投入人力和物力来维护数据中心的正常运转，并且云的规模相对来说比较有限。私有云往往只有大型 IT 公司才能负担其成本，并在一定的规模效应下享有云计算的优势。私有云还意味着用户连接的是本地资源。尽管它缺乏灵活性且价格昂贵，但是对于某些 IT 单位如需要处理各种规章制度的组织来说，私有云不可或缺。

由于私有云的开放性不高，其管理是由内部组织进行的。因此私有云通常有较高的安全性，但主要缺点是投资大、维护成本高。

1.4.3 社区云

社区云是指几个有同样应用需求的组织共同组建的云。在这种模式下，社区云的云基础设施由多个组织共同提供和管理。云基础设施由若干个组织分享，以支持某个特定的社区。社区是指有共同诉求和追求的团体。

社区云的规模要大于私有云，多个私有云可通过 VPN 连接到一起从而组成社区云，以满足多个私有云组织之间整合和安全共享的需求。

与私有云类似，社区云也可以分为场内服务和场外服务两大类别。

1.4.4 混合云

顾名思义，混合云是指云基础设施是由两种或两种以上的云组成，通常是指私有云和公有云的混合体。每种云仍然保持独立，但通过标准的或专用的技术将它们绑定在一起，具有数据和应用程序的可移植性。比如 AWS 既为企业内部又为外部用户提供云计算服务。

目前，既可以使用私有云服务用于某种目标，又可以使用公有云用于其他目的混合云已成为企业关注的焦点。混合云不仅是一个可定制的解决方案，而且其架构结合了私有云（可信、可控、可靠）和公有云（简单、成本低、灵活）的优势。因此，未来真正被跨国的云服务供应商视为爆发点的应该是混合云市场。

对于采用私有云和公有云组合的混合云来讲，考虑到安全和控制因素，用户通常选择将敏感数据和业务运行在私有云中，将非敏感数据和业务运行在一个或多个公有云中。在这种使用模式下，服务在不同云之间的安全无缝连接较难实现。

混合云的优点是比公有云和私有云更灵活，缺点是需要确定组成混合云的公有云或私有云应该分别使用什么服务。

一般来讲，如银行、金融机构、政府部门和大型企业等多采用混合云。

1.4.5 云计算部署形态

综上所述，云计算的云端架构和三种部署类别之间的关系如图 1-15 所示。

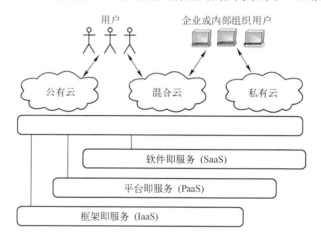

图 1-15 云端架构和三种部署类别之间的关系

1.5 云计算架构

云计算架构描述了一个云平台的总体结构，也被称为云栈。

1.5.1 云计算参考架构

云计算发展至今，尚没有一个统一的标准。目前，已有多家厂商和组织发布了其云计算相关的标准及参考架构。在众多标准和参考架构的交付物中，NIST 云计算参考架构中对云计算的概念、属性及架构的定义得到了业界的广泛认同。

NIST 云计算参考架构是一个通用的高层架构。它定义了一个可用于云计算架构开发过程的参与者、动作和功能的集合。它包含一组可以用于对云计算特性、使用和标准讨论的观点及描述。其意图是帮助理解云计算的需求、用途、特性和标准。

图1-16 是 NIST 云计算参考模型的概览，定义了云计算中主要的参与者，以及它们的行为和功能[17]。

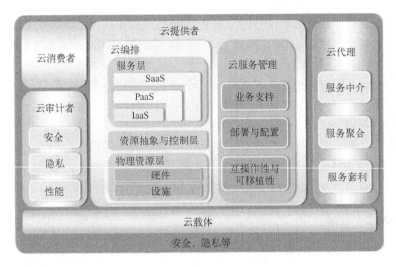

图1-16　NIST云计算参考架构

1.5.2　云计算实体

由图1-16可知，NIST的云计算参考架构定义了云计算中的5个主要参与者：云消费者、云提供者、云审计者、云代理和云载体。每个参与者（个人或组织）都是参与云计算中事务或流程以及执行任务的一个实体。具体解释如下：

（1）云提供者　云提供者是负责向云消费者提供可用服务的个人、组织或实体。在SaaS层面，云提供者负责安装、管理和维护云基础设施中的软件应用程序；在PaaS层面，云提供者为平台的消费者配置和管理云基础设施和中间件，向其提供开发、部署和管理工具；在IaaS层面，云提供者为IaaS消费者配置和管理计算资源、存储资源、网络资源及宿主环境等云基础设施。

（2）云消费者　云消费者与云提供者维持业务关系，是使用云提供者服务的个人或组织。在SaaS层面，消费者使用应用程序或操作业务流程；在PaaS层面，消费者使用服务或平台开发、部署、测试和管理托管于云平台中的应用程序；在IaaS层面，消费者创建、安装、管理并监控作为IT基础设施操作的服务。

（3）云代理　云代理是一个能够协调云提供者和云消费者两者关系的实体。云代理的目标是提供给云消费者一个更加贴合需求的服务。这可以通过简化及提升服务和契约，集合多重云服务或提供有附加价值的服务器来实现。云代理公司可以被考虑作为一个特殊的云供应商。

（4）云审计者　云审计者是能够对云服务栈的性能和安全性等进行中立评估的机构或实体，并且保证相应的服务水平协议是完整的。细节和审查过程范围一般都在服务契约上有详细说明。

（5）云载体　云载体是云服务提供商向云消费者提供云服务时所使用的连接和传输媒介。

1.5.3　云计算基础框架

传统的IT部署架构是"烟囱式"的，即垂直的体系结构。在这种架构中，每一个IT系统都有自己的存储和IT设备，以及独立的管理工具和数据库，不同的系统之间不能共享资源，不能交付和访问，形成了资源孤岛和信息孤岛。当新的应用系统上线时，需要分析该应用系统的资源需求，确定基础架构所需的计算、存储及网络等设备规格和数量。其不足之处是显而易见的。

云计算的基础架构是在传统基础架构的计算、存储和网络等硬件层的基础上，增加了虚拟化层和云管理层，如图 1-17 所示。

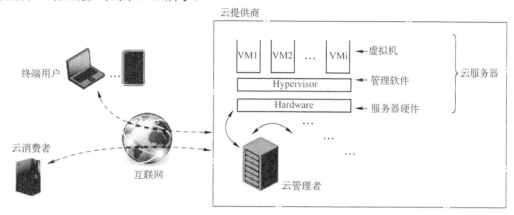

图 1-17　云计算基础架构

虚拟化层（VMs）：大多数云基础架构都采用虚拟化技术，包括计算虚拟化、存储虚拟化和网络虚拟化等。通过虚拟化层，屏蔽了低层硬件的差异和复杂度，向上呈现为标准化、可灵活扩展和收缩、弹性的虚拟化资源池。

云管理层（Cloud Manager）：对数据中心和底层基础设施进行整合管理。具体来讲，它存在如下三个层面：

1）设备层面。需要实现对大容量设备的管理，同时要考虑物理上分布式部署、逻辑上统一的管理需求。

2）业务层面。需要在同一个平台中实现 IP 和 IT 设备的融合，可以从业务的角度对网络进行管理，也可以从性能和流量的角度对业务进行监控和优化。

3）服务层面。需要提供运维服务方面的支持，帮助 IT 部门向规范化以及可审计的服务运营中心转变。

总之，云管理层实现了对资源池的调度和组合，根据应用系统的需要自动生成和扩展所需的硬件资源，将更多的应用系统通过流程化、自动化部署和管理，提升 IT 效率。

相对于传统基础架构，云基础架构通过虚拟化整合与自动化，应用系统共享基础架构资源池，实现高利用率、高可用性、低成本及低能耗，并且通过云平台层的自动化管理，实现快速部署、易于扩展和智能管理，帮助用户构建 IaaS 云业务模式。

1.6　云计算应用实例

这里以游戏产业为例来说明云端服务的各种模式。游戏产业中产值最高的在线游戏，可以说是使用云端服务的典型代表。游戏用户在个人计算机上执行单机版游戏，结束游戏时必须存盘，否则游戏进度就会消失。然而当玩在线游戏时，无论是提升游戏中虚拟人物的等级，还是在社交平台 Facebook 的网络游戏 FarmVille（农场乡村）中偷取上百个好友种植的农作物，都不需执行"保存"操作，原因在于所有数据都存储在游戏营运商自有或租用的服务器里。因此，对游戏使用者而言，游戏供应商所提供的在线游戏服务为 SaaS 模式。

下面看看制作 FarmVille（FarmVille 是 Zynga 公司于 2009 年 6 月在 Facebook 上推出的一款农场模拟游戏）的美国知名网络游戏公司 Zynga。如图 1-18 所示，早期该公司拥有自家的数据中心，然而随着 FarmVille 的爆红，用户数量急速提升，原有的数据中心无法应付如此庞大的网络流量，促使他们采用 IaaS 模式，向 Amazon 租用 EC2 服务，建立了初步的混合云部署模型。这种云爆发（一种程序部署模式，应用程序一般运行在私有云或数据中心，当遇到计算流量尖峰时，将无法负荷的流量移转到公有云上。利用这种混合云部署，使用者只在需要时支付额外的计算资源）的混合云模式，是时下常见的流量处理方案。目前 Zynga 的做法，是把新推出的游戏先放在 Amazon EC2 的租用服务器上，如此只需依照使用量付费，并且应对流量尖峰。然而，一旦游戏正式上线后，Zynga 就会将游戏移回自家数据中心的 Z Cloud（采用类似 Amazon 的私有云架构服务器），不过系统还会保留一部份在公有云上。Zynga 还向美国的数据中心供应商租用了空间，并在该数据中心安装 Z Cloud 的服务器及软件。使用多元可弹性的云端服务，可确保该公司得以应付多变的游戏市场。

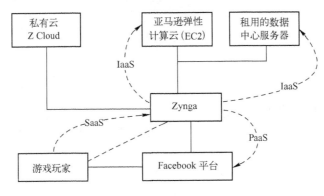

图 1-18　Zynga 的云服务所采用模式

1.7　云计算相关技术

云计算是一种以数据为中心的数据密集型计算模式。它是多种分布式计算技术及其商业模式演进的产物。

1.7.1　虚拟化

虚拟化技术由于其在提高基础设施可靠性和提升资源利用效率等方面的巨大优势，其应用领域越来越广泛。特别是新兴起的云计算，更需要虚拟化技术的支撑。

虚拟化技术的起源最早可以追溯到 1959 年，Strachey 发表了一篇名为"Time Sharing in Large Fast Computers"的学术论文[18]。这篇文章被认为是虚拟化技术的最早论述。在此后的十几年，虚拟化技术走进了初始发展阶段。20 世纪 60 年代，IBM 为其大型机发明了一种虚拟机监控器技术。20 世纪 70 年代后，IBM、HP 和 SUN 等公司将虚拟化技术引入各自的高端精简指令集服务器和小型计算机中。由于不同厂商的产品和技术不能很好地兼容，虚拟化技术的发展进程有所变慢。1999 年，VMware 公司提出了一套以虚拟机监控器为中心的软件解决方案。这套方案在全虚拟化模式中使 PC 服务器平台实现虚拟化。这是 x86 架构上的第一款虚拟化商用软件。虚拟机技术从此进入个人计算机领域并重新得到快速发展。2003 年，采用最新半虚拟化技术实现的开源 Xen 推出，并在数据中心用户群体中流行开来。Xen 的推出使得虚拟化技术的研究和应用更加普及。2005 年和 2006 年，两大 CPU 生产商 Intel 和 AMD 公司对硬件进行修改，分别推出支持硬件虚拟化技术的产品。这项技术改变了 x86 架构对虚拟化支持的效能，x86 架构由此成了虚拟化技术发挥作用的重要平台之一。

随着云计算的兴起，虚拟化技术走进了一个全面鼎盛的时期。虚拟机技术是云计算系统中的核心关键技术。它为所有租户提供了一个可扩展的、共享的资源平台的云计算商业模式。更重要的是，为云计算的其他功能提供了最底层的支持。它是可以将各种计算及存储资源充分整合和高效利用的关键技术。通过虚拟化手段将系统中的各种异构的硬件资源转换为灵活统一的虚拟资源池，从而形成云计算基础设施，为上层云计算平台和云计算服务提供相应的支撑。从企业的角度来看，虚拟化提供了数据中心整合，并且可提高 IT 运营效率。如今，企业已经以各种形式部署，包括操作系统虚拟化的数据中心内的虚拟化技术、存储虚拟化、数据库虚拟化和应用程序或软件虚拟化等。

但是，虚拟化技术引入了比物理主机更多的安全风险，因为同一物理主机上的虚拟机之间可以不经过防火墙与交换机设备相互访问。因此，使用虚拟技术的云计算平台必须向其客户提供安全性和隔离保证。目前，已经有很多研究者针对虚拟化系统和虚拟化管理的安全问题进行探讨[19]。参考文献[20]中提出了基于嵌套虚拟化技术的可信基构建方法、基于现有硬件特性的安全监控和基于高权限虚拟机的数据隔离机制，为可信云服务提供了新的途径。

虚拟化技术现在最成熟的系统有 Xen、VMware 及 KVM。

1.7.2　分布式编程

高性能计算机的发展促使高效能程序设计环境的产生与发展。然而，基于传统并行编程模型的高效并行程序的编写并不容易。同时，随着领域中数据量的高速增长，传统并行计算编程模型在处理大数据集时也存在性能瓶颈。针对上述两个问题，Google 公司研发了一种新的并行编程模型 MapReduce。作为一种解决方案，MapReduce 计算模型有效地解决了传统算法处理大数据集时的性能瓶颈问题，同时以易使用和易理解的方式简单高效地解决了传统并行计算编程效率不高的问题。

伴随着 MapReduce 应用范围的扩大，MapReduce 的不足越来越明显。很多学者进行了相关的研究，对 MapReduce 进行了改进。例如，参考文献[21]中提出了改进的 MapReduce 模型，对 Map 和 Reduce 过程进行了优化；参考文献[22]中建立了适应多核的 MapReduce 并行编程支撑平台 HPMR。针对 MapReduce 计算框架不适合迭代计算和交互式计算，伯克利大学的研究者开发了一个基于内存的计算框架 Spark[23]。它将数据尽可能放到内存中以提高迭代应用和交互式应用的计算效率。针对 MapReduce 不适合进行流式计算和实时分析等，人们开发了实时性要远好于 MapReduce 的计算框架 Storm[24]。

研究者还针对多核、多处理器等不同平台实现了 MapReduce 模型。比如为了在多核平台上高效地执行程序，斯坦福大学的 Ranger 等人实现了一个基于多核平台的 MapReduce 的实现 Phoenix[23]。针对 GPU，香港科技大学与 NVIDIA 公司的统一计算设备架构（Compute Unified Device Architecture，CUDA）技术在 GPU 上实现了一个 MapReduce 系统 Mars[24]。

1.7.3 数据储存

云计算系统底层需要大数据的存储支持，才可以对外提供云存储服务。云存储克服了传统储存系统在容量和性能扩展上存在的瓶颈，以其扩展性强、性价比高及容错性好等优势得到了业界的广泛认同。

为保证用户所存储数据的高可用性和高可靠性，云计算的分布式文件系统多采用冗余的存储方式，即为同一份数据存储多个副本，如 Google 的 GFS 和 Apache 的 HDFS 都是采用三个副本来保证数据的冗余。这是一个简单有效的方法，但不是最优的方法。针对此问题，研究者一直在探讨能否使用类似的策略在不降低存储可靠性的前提下降低存储副本的数目。比如二代 Google 分布式文件系统 Colossus[25]，即 GFS2 中使用里德-所罗门擦除码来实现成本更低的可靠存储。Microsoft 的 Azure 平台采用擦除码技术来降低存储成本[26]。Facebook 公司在开源 Hadoop 的基础上实现了一套基于擦除码的 RAID 方案。实验表明，对同样的数据，此方案能够节约 25%～30%的 HDFS 集群的存储空间[27]。

由于云计算对大数据的读操作频率远大于数据的更新频率，因此，云计算的数据管理通常会采用分布式列存储技术。列存储模型最大的特点是方便存储结构化和半结构化数据，方便进行数据压缩，对针对某一列或者某几列的查询应用有着非常大的 I/O 优势。当前比较典型的基于列储存模型的分布式数据存储系统是 Google 公司的 BigTable 和 Apache 的 HBase。

1.7.4 资源调度

关于资源调度方面的研究，大部分都是基于网格计算系统的资源调度策略演变而来的。资源调度[28]的目的是实现作业与资源的优化匹配，把不同的作业以较合理的方式分配到相应的节点去完成。由于分布环境中各节点的运行速度、主机的负载和网络通信的时间等是动态变化的，因此资源调度是一个非常复杂的非确定性多项式（Non-deterministic Polynomial，NP）问题。

1. 基于经济学的调度

云计算的商业运营模式，使得其经济因素成为作业调度系统中重点考虑的调度指标。参考文献[29]中首次提出面向市场的云计算体系结构和面向市场的资源分配及调度方法，该体系结构通过资源分配器实现资源使用者与资源提供者之间的协商，来保证资源优化分配。参考文献[30]中提出一种基于市场机制的云资源分配策略，并设计一个基于遗传基因的价格调节算法来处理市场的供需平衡问题。徐保民等人[31]模拟市场经济中有关资源公平分配的原则，提出了一个基于伯格模型的资源公平调度算法。

2. 以服务质量为中心的调度

服务质量 QoS 是衡量用户使用云计算服务的满意程度的标准。研究基于 QoS 的调度通常以最小完成时间或最优跨度等为目标。目前已有很多基于 QoS 的研究。比如参考文献[32]中研究了基于可划分负载理论，旨在减少整体作业处理时间的调度问题。针对 Hadoop，参考文献[33,34]中根据作业的运行进度和剩余时间动态调整作业获得的资源量，以便作业尽可能地在截止时间内完成。

3. 以资源利用率为目标的调度

云计算区别于单机虚拟化技术的重要特征是通过整合物理资源形成资源池，并通过资源管理层实现对资源池中虚拟资源的调度。另外，云计算采用的商业理念及成熟的虚拟化技术使得它的资源管理呈现不同特性。比如参考文献[35]中针对如何分配和迁移虚拟机到物理主机的问题进行研究，提出了一种优化总动态调度时间的资源调度方法。参考文献[36]中从约束的QoS资源分配问题出发引入博弈论，给出了一个公平的资源调度算法。参考文献[37]中对分布式系统，特别是云计算系统，提出了一个利用博弈论进行资源管理的具有较好本地响应时间的算法。

1.7.5 数据中心

基于云的服务需要大量的计算能力，并托管在数据中心和服务器集群。这些分布式数据中心和服务器集群跨越多个地点并可以通过互联网络提供分布式计算和服务交付能力挂钩[38]。

1. 数据中心

数据中心是场地出租概念在因特网领域的延伸。它是人类在 IT 应用推广模式方面的一大发明，标志着 IT 应用的规范化和组织化。目前，几乎所有大中型机构都建立有自己的数据中心，全面管理本机构的 IT 系统。数据中心的发展主要经历了如下四个阶段：

（1）数据存储中心阶段　在这一阶段，数据中心承担了数据存储和管理的功能。此阶段，数据中心的主要特征是有助于数据的集中存放和管理，以及单向存储和应用。由于这一阶段的功能较为单一，因此它对整体可用性的需求也较低。

（2）数据处理中心阶段　由于 Internet 技术的不断普及和应用，数据中心已经可以承担核心计算的功能。因此，这一阶段数据中心开始关注计算效率和运营效率，并且需要安排专业工作人员来进行维护。但是，这一阶段数据中心的整体可用性仍然较低。

（3）数据应用中心阶段　在这一阶段，需求的变化和满足成为其主要特征。随着互联网应用的广泛普及，数据中心承担了核心计算和核心业务运营支撑功能。因此，这一时期的数据中心也称为信息中心，人们对数据中心的可用性有了较高的要求。

（4）数据运营服务中心阶段　在这一阶段，数据中心承担着组织的核心运营支撑、信息资源服务、核心计算，以及数据存储和备份等功能。业务运营对数据中心的要求不仅仅是支持，而是提供持续可靠的服务。这一阶段的数据中心须具有高可用性。

进入 21 世纪以来，每天都产生海量的计算和存储需求，对于数据中心而言，传统的数据中心架构和服务方式已经逐渐落后于时代需求，用户对安全、高效及节能等方面的要求也越来越迫切。在此背景下，结合云计算技术的云数据中心应运而生。这种新型的数据中心已经不只是一个简单的服务器统一托管和维护的场所，已经衍变成一个集大数据计算和存储为一体的高性能计算机的集结地。各 IT 厂商将之前以单台为单位的服务器通过各种方式变成多台为群体的模式，在此基础上开发如云存储等一系列的功能，以提高单位数量内服务器的使用效率。

随着云计算和 Web 2.0 等新业务的兴起，传统的数据中心已经无法满足。业界正掀起新一轮的数据中心建设高潮，新一代的云数据中心随之而产生。

在当前的云计算架构中，云数据中心是云计算硬件架构最底层的独立计算单位。作为一个大型的数据中心，需要处理大量数据，而这些计算机要承担的任务，绝大部分是简单的计算。与此同时，为了控制成本，数据中心的计算机一般并不是高性能的服务器，而是大量的廉价计算机，随之而来的一个问题就是，当我们进行大量计算的时候，如何保证整个数据中心内部的数据交换效率。另外，面向云数据中心的侧重点已由物理架构转向了提供标准化服务。在物理设施和管理层，对内使用良好的调度和平衡方案，大量使用虚拟化技术；对外则屏蔽了下层物理设备，为上层提供标准化的计算和存储资源，根据用户的不同需求，提供不同水平和集成度的服务。

近几年来，国外研究机构纷纷将关注焦点集中在面向云数据中心的架构设计，提出了不少适用于云数据中心的网络拓扑结构。虽然各种结构的基本构建思想有所不同，但构建网络的目的和要求却是一致的[39]。

2. 服务器集群

服务器是云计算系统中的基础节点。为了实现云计算的低成本目标，云计算系统中多采用 x86 服务器，并通过虚拟化提高对服务器资源的利用率。

集群是一种并行或分布式多处理系统，该系统是通过一组松散集成的计算机软件和硬件连接起来作为一个整体向用户提供一组网络资源。在某种意义上，一个连接在一起的计算机集群对于用户和应用程序而言就像一个单一的计算机系统。

集群系统中的单个计算机通常称为节点。节点可以是连接在一起的，也可以是物理上分散而通过局域网连接到一起的。集群计算机通常用来改进单个计算机的计算速度和可靠性。一般情况下集群系统比单个计算机（如工作站）的性价比要高得多。

集群并不是一个全新的概念，早在 20 世纪 60 年代，IBM 公司就提出了集群计算系统，其基本思想是将大型计算机连接起来通过合理的交互以共同完成某种并行计算。由于当时各种技术的限制，特别是软件和硬件的成本较高，这种思想并不能被很好地商业化。70 年代计算机厂商和研究机构开始了对集群系统的研究和开发。由于当时主要用于科学计算，所以这些系统并不为大家所熟知。

直到 20 世纪 80 年代，随着高性能低价位的微处理器、高速网络和分布式软硬件工具的发展，集群计算系统才有了得以发展的物质基础。

20 世纪 90 年代以来，昂贵的并行超级计算机向工作站网络转换的趋势越来越强，高性能工作站和网络逐渐的商品化成为促使这种转换的驱动因素。技术的发展使计算机网络成为并行处理的理想工具，从而导致了低价商品化超级计算机的飞速发展，产生了很多典型的系统，如基于 Linux 和 Grendel（系统软件工具包）的 PC 集群系统 Beowulf[1]。

由于低价 PC 集群和高端大型机相比，具有极其优越的性能价格比和高可扩展性，如今，使用低端工作站和 PC 进行集群计算的技术逐渐成为研究热点。

根据集群系统的不同特征可以有多种分类方法，但一般把集群系统分为同构与异构两种。它们的区别在于组成集群系统的计算机之间的体系结构是否相同。然而，在实践中，通常将集群分为如下两类：

（1）高可用性集群　高可用性集群通常是指具有两个或多个节点的集群系统，目的是当集群中有某个节点失效的情况下，其上的任务会自动转移到其他正常的节点上，即仍能继续对外提供服务。高可用性集群的设计思想是要最大限度地减少服务中断的时间。

高可用集群通常有两种工作方式：①容错系统，通常是主从服务器方式，从服务器检测主服务器的状态，当主服务工作正常时，从服务器并不提供服务，但是一旦主服务器失效，从服务器就开始代替主服务器向客户提供服务；②负载均衡系统，集群中所有的节点都处于活动状态，它们分摊系统的工作负载，一般 Web 服务器集群和数据库集群都属于这种类型。

高可用性集群既适用于提供静态数据的服务，如 HTTP 服务，又适用于提供动态数据的服务，如数据库等。

计算机系统的可用性是通过系统的可靠性和可维护性来度量的。工程上通常用平均无故障时间来度量系统的可靠性，用平均维修时间来度量系统的可维护性。

（2）高性能计算集群　　高性能计算就是研究如何把一个需要非常巨大的计算能力才能解决的问题分成许多小的部分，分配给多个计算机进行处理，并把这些计算结果综合起来得到最终的结果。

高性能计算机是由多个可同时工作的处理器构成的计算机系统。在一个高性能计算系统中，不同处理器可同时运行同一程序的多个任务或进程，或者同时运行多个独立程序，以提高系统的计算速度、吞吐量或有效地利用系统的资源。

高性能计算集群是指以提高科学计算能力为目的的计算机集群，按照任务间的关联程度，可以分为两种：一种是高吞吐计算，把计算任务分成若干个可以并行的子任务，而且各子任务之间彼此没有什么关联，然后把子任务分配给各节点，在各节点上分别计算后再把从各个计算节点返回的结果进行汇总，生成最终计算结果。因为这种类型应用的一个共同特征是在海量数据上搜索某些模式，所以把这类计算称为高吞吐计算。另一种是并行计算方式，刚好和高吞吐计算相反，虽然也可以将计算任务分成若干并行的子任务，但子任务之间联系紧密，节点之间在计算过程中需要大量的数据交换，可以进行具有强耦合关系的计算。

云计算本身意味着超大的数据处理量，只有高性能计算才能有效发挥其商业模式的优势；另外，云计算是高性能计算在发展过程中呈现的必然特征。随着高性能计算应用市场的不断深入，以及向其他行业、领域的不断扩展，数据量增长已达到前所未有的速度，更多的工作也将从传统的基于本地的集群计算向基于网络的集群计算发展，这在客观上有赖于云计算的发展成果。

云计算所涉及的技术很多，这里仅对云计算的部分核心技术进行了简单阐述。需要指出的是，虽然云计算是发展趋势所在，但现在对云计算基础关键技术的研究还远远不够，业界过于偏重虚拟化技术，而忽视了对计算机系统技术的研究。

3. 节能技术

在云计算环境中，数据中心是云计算硬件架构底层的独立计算单位。数据中心的基础设施通常由数以万计的计算机构成，随之而来的一个亟待解决的问题是数据中心巨大的能源消耗。据统计，2010 年数据中心能耗已经占全球总能耗的 1.3%，绿色化刻不容缓。

针对上述问题，国内外学者及相关机构已经对诸多节能技术进行研究，并提出了很多降低能耗的方法。

（1）组件级的节能　　目前对于计算机系统组件的设计追求的目标是使得这些组件能够按使用率成比例地消耗能源，即存储系统中的缓存、内存以及硬盘等没有使用的部分是不消耗或只消耗很少的能量。组件级的节能主要包括 CPU 组件节能和存储组件节能两种形式。早期解决服务器级能耗问题的主流技术是动态电压和频率缩放（DVFS）方法。其核心思想是通过动态调整 CPU 的电压和频率，使其能动态适应负载的变化，进而实现节能。基于 DVFS 的节能技术都是利用物理机 CPU 的空闲时间来降低能耗。对于云数据中心，人们对共处一个物理机内虚拟机的能耗更加感兴趣。显然，基于 DVFS 的节能技术不能直接应用于引入虚拟化技术的云数据中心[40]。

（2）服务器整合　　通过虚拟化技术进行节能已有一些早期的研究。研究方法主要是通过虚拟技术如虚拟机动态迁移机制进行服务器整合，使一些物理机处于空闲状态，然后通过使其处于休眠或关机状态，达到节能效果。比如 Vogels[41]和 Nathuji 等人[42]从能耗的观点出发，探索使用虚拟化进行服务器整合的优点。更进一步，一些研究者对采用虚拟化技术的集群系统如何通过动态配置方法进行能耗优化而进行了研究。比如 Petrucci 等人[43]针对虚拟化集群，提出了一个考虑关停资源代价、采用服务器整合策略实现节能的算法；Kusic 等人[44]提出基于有限先行控制优化策略来指导服务器整合。

（3）数据副本管理　MapReduce 的开源实现 Hadoop 的分布文件系统（HDFS）默认地对每个数据项保持三个副本。三个副本意味着 300%的高昂设备运营费用。这种典型的超额配置保证在资源需求高峰期间能维持数据的可用性。斯坦福大学的 Leverich 等人[45]的研究表明：通过改变数据副本放置策略可以有效节省系统能耗。例如 Amur 等人[46]针对 MapReduce 集群提出了一个将数据项以倾斜方式放置数据副本的策略，这样就有可能通过关闭不含数据项的部分节点以实现节能。Pinheiro 等人[47]通过把原始数据和冗余数据分开存放到不同节点上达到节能目的。参考文献[48]中提出了一个基于超图的副本存储优化节能算法。另外，不同的数据副本放置策略会对系统性能产生一定影响。比如 Vasic 等人[49]通过修改 Hadoop 的任务调度和数据块分配算法，使得任务调度与数据副本位置能相互感知，进而达到节能效果。

（4）节点启动与关闭　与数据副本管理策略和服务器整合技术紧密相关的另一关键技术是节点启动与关闭策略。Goiri 等人[50]的研究表明：通过减少在线节点数量可以实现节点数量与能耗之间的最佳折中。目前，关于节点管理策略的研究思路主要是采用机器学习等理论进行决策，使不常用的节点处于低能耗或关闭状态来节能。例如 Kamitsos 等人[51]采用基于 Bellman 方法决策何时让一些节点进入睡眠状态来节能，Berral 等人[52]提出了一个能量感知的节点启停算法。该算法在保证最大性能的前提下，利用系统行为信息和学习模型预测系统能耗量及 CPU 负载，进而改进任务调度决策。Berral 等人[53]提出从资源、能耗和负载行为中直接学习的机器学习方法进行能耗管理和自适应的任务调度。针对 MapReduce 集群，Cardosa 等人[54]指出通过动态重定位虚拟机，使在线节点数量保持最小，即使空闲节点最多，也可以使空闲节点处于不活动状态而达到节能。

1.7.6　应用编程接口

应用程序编程接口（API）具有不同的表现形式，可以是简单的 URL 操作，也可以是复杂的类似 SOA 的编程模型。API 的发展有助于开发云计算的潜力和隐藏扩展现有 IT 管理程序及云服务方面的复杂操作。比如，通过 IaaS 云服务供应商 Amazon EC2 提供的 API，用户可以方便地创建和管理云资源。所有的 XaaS 开发人员，都需要熟悉特定云平台的 API 来部署和管理软件模块到 XaaS 平台。

如今，云用户所面临的关键挑战之一是每个云服务供应商都有自己的一套 API。其结果是，在不同云平台之间进行云应用移植存在一定的困难，并且这些程序很难进行互操作。因此，制订统一的标准化云 API 规范是云标准化组织当下所面临的具有挑战性的工作之一[55]。

1.7.7　云计算安全

伴随着云计算的快速发展，越来越多的企业或个人将数据托管到云端。但是云计算所具有的如虚拟化和可伸缩等特性使得传统的安全技术无法完全保证用户托管到云端中数据的安全，安全事件屡见不鲜，导致很多人抱着观望和谨慎的态度看待云计算。目前，云计算的安全问题已成为推广云计算的障碍之一。

针对云计算面临的安全挑战，国内外研究者对云计算安全的一些关键技术进行了相关研究。这些研究主要集中在以下几方面[13]：①加密数据处理。用户数据应以密文形式存储在云端中，如果能够直接在密文上进行计算，则有利于保证数据安全和用户隐私。目前关于密文处理的研究主要集中在基于密文的检索与处理。比如，2009 年 IBM 研究员开发了一种全同态加密方案，使得云应用在不解密数据的状态下处理数据[56]。若该技术进入实施阶段，就可以解决云中数据在整个生命周期内的加密问题。再如微软公司于 2009 提出的 Cryptographic Cloud Storage[57]中实现了基于密文的检索、基于属性的加密机制和数据持有性证明等技术。②数据隐私保护。云中数据隐私保护涉及数据的整个生命周期。参考文献[58]在云中数据的生成与计算阶段引入集中信息流控制和差分隐私保护技术，防止计算过程中非授权的隐私数据被泄露，并支持对计算结果的自动解密。参考文献[59]针对云中数据的存储和使用阶段，提出一种基于客户端的隐私管理工具来支持用户控制自己的敏感信息在云端的存储和使用。③可信云计算。将可信计算技术引入云计算，以可信赖方式向用户提供云服务是云计算发展的必然趋势。参考文献[60]中提出了一个可信云计算平台。通过此平台可以为用户提供一个密闭的箱式执行环境，确保用户虚拟机运行的安全性。Sadeghi 等人[61]认为可信计算技术可以解决外包数据的机密性和完整性问题。沈昌祥院士认为引入可信根和信任传递概念到可信云计算框架，可实现对云服务的完整性度量和验证[62]。因此，将可信计算与云计算相结合，能实现云计算对恶意代码的"免疫"，为系统运行提供基础可信环境，确保各项安全机制的正确实施。④云安全体系与技术框架。参考文献[63]中提出了一种结合公钥基础设施、轻量目录访问协议和单点登录等技术的云计算解决方案。该方案引入可信的第三方提供安全认证，并根据云计算系统分层的特性，分别给物理层、基础设施即服务、平台即服务、软件即服务提供安全认证。冯登国等人[55]提出一个包含云计算服务体系、云计算安全标准及测评体系两大部分的云计算安全框架。这个框架可以为用户的安全目标提供技术支撑。

整体上来讲，关于云计算安全问题的研究刚刚起步，虽然很多的组织和机构都在积极地对云计算的安全问题进行分析和研究，但主要是 CSA 以及微软、谷歌等组织与机构所给出的对云计算安全问题的描述和关于云计算安全问题的初步解决方案。比如微软为云平台 Azure 配置一种称为"Sydney"的安全计划，帮助用户在服务器和 Azure 云之间交换数据，以解决虚拟化带来的安全问题。

参考文献

[1] 王映辉，王英杰. 计算模式的演变与大规模软件构架技术[J]. 计算机工程与应用，2003, 30(29): 51-53.

[2] 维基百科. ENIAC[J/OL]. http://en.wikipedia.org/wiki/ENIAC.

[3] 维基百科. IBM Personal Computer[J/OL]. https://en.wikipedia.org/wiki/IBM_Personal_Computer.

[4] 百度百科. C/S 结构[J/OL]. http://baike.baidu.com/view/268856.htm?fromId=45170.

[5] 维基百科. WWW[J/OL]. http://zh.wikipedia.org/wiki/WWW.

[6] 百度百科. B/S 结构[J/OL]. http://baike.baidu.com/view/268862.htm.

[7] Li C L, Lu Z D, Li L Y. Design and implementation of a distributed computing environment model for object-orient networks programming[J]. Computer Communications, 2002, 25(5): 516-521.

[8] IBM. Google and IBM announced university initiative to address internet-scale computing challenges[J/OL]. http://www-03.ibm.com/press/us/en/pressrelease/22414.wss,Oct.8,2007.

[9] Mell P, Grance T. The NIST definition of cloud computing[M]. National Institute of Standards and Technology, Information Technology Laboratory, 2009.

[10] 云计算的优势[J/OL]. http://www.rackspace.com/cn/云计算/551q/优势.

[11] 林姿华. 全世界漫步在云端——浅谈科技新知识云端计算[J/OL]. http://www.nhu.edu.tw/~society/e-j/86/13.htm.

[12] 云计算发展史[J/OL]. http://www.360doc.com/content/14/0910/15/17799864_408413957.shtml.

[13] Mather T, Subra K, Shahed L. Cloud Security and Privacy: An Enterprise Perspective on Risks and Compliance[M]. Sebastopol: O'Reilly Media, Inc, 2009.

[14] 百度百科. PaaS[J/OL]. http://baike.baidu.com/view/1413359.htm.

[15] 百度百科. 公有云[J/OL]. http://baike.baidu.com/link?url=FTgm2A1Vln2JANT0woD7Tcoif3q4dw_Ovp2XRFdvCMufcwnhgjj2W3fLPAbDGfeZMf-yiYHZqA3sm6PnlLwBZa.

[16] Singh B N. Cloud deployment models-private, community, public, hybrid with examples[J/OL]. http://www.technopulse.com/2011/10/ cloud-deployment-private-public-example.html.

[17] NIST cloud computing standards roadmap[J/OL]. http://www.nist.gov/itl/cloud/upload/NIST_SP-500-291_Version-2_2013_June18_FINAL.pdf.

[18] Strachey C. Time sharing in large fast computers[C]. International Conference on Information Processing. Paris, 1959: 336-341.

[19] Zhang F, Chen J, Chen H, et al. CloudVisor: Retrofitting protection of virtual machines in multi-tenant cloud with nested virtualization[C]. Proceedings of the Twenty-Third ACM Symposium on Operating Systems Principles, Cascais: ACM, 2011: 203-216.

[20] Luo S, Lin Z, Chen X, et al. Virtualization security for cloud computing service[C]. International Conference on Cloud and Service Computing, Hong Kong, 2011: 174-179.

[21] 周锋, 李旭伟. 一种改进的 MapReduce 并行编程模型[J]. 科协论坛, 2009, 2(11): 11-12.

[22] 郑启龙, 王昊, 吴晓伟, 等. HPMR:多核集群上的高性能计算支撑平台[J]. 微电子学与计算, 2008, 25(9): 21-23.

[23] Ranger C, Raghuraman R, Penmetsa A, et al. Evaluating mapReduce for multi-core and multiprocessor systems[C]. IEEE 13th International Symposium on High Performance Computer Architecture, Scottsdale, 2007: 13-24.

[24] He B, Fang W, Luo Q, et al. Mars: A mapReduce framework on graphics processors[C]. 17th International Conference on Parallel Architectures and Compilation Techniques, Toronto, 2008: 260-269.

[25] Schneider D, Quentin H. Under the hood at google and facebook[J]. IEEE Spectrum, 2011, 48(6): 63-67.

[26] Huang C, Simitci H, Xu Y, et al. Erasure coding in windows azure storage[C]. USENIX Annual Technical Conference, Boston, 2012: 15-26.

[27] Sathiamoorthy M, Asteris M, Papailiopoulos D, et al. Xoring elephants: Novel erasure codes for big data[C]. VLDB Endowment, 2013, 6(5): 325-336.

[28] Xu B, Wang N, Li C. A cloud computing infrastructure on heterogeneous computing resources[J]. Journal of Computers, 2011, 6(8): 1789-1796.

[29] Buyya R, Yeo C S, Venugopal S, et al. Cloud computing and emerging IT platforms: Vision, hype, and reality for delivering computing as the 5th utility[J]. Future Generation Computer Systems, 2009, 25(6): 599-616.

[30] You X, Xu X, Wan J, et al. RAS-M: Resource allocation strategy based on market mechanism in cloud computing[C]. Fourth ChinaGrid Annual Conference, YanTai, 2009: 256-263.

[31] Xu B, Zhao C, Hu E, et al. Job scheduling algorithm based on berger model in cloud environment[J]. Advances in Engineering Software, 2011, 42(7): 419-425.

[32] Abdullah M, Othman M. Cost-based multi-QoS job scheduling using divisible load theory in cloud computing[C]. Procedia Computer Science, 2013, 18: 928-935.

[33] Polo J, Carrera D, Becerra Y, et al. Performance-driven task co-scheduling for MapReduce environments[C]. Network Operations and Management Symposium, Osaka, 2010: 373-380.

[34] Kc K, Anyanwu K. Scheduling hadoop jobs to meet deadlines[C]. IEEE International Conference on Cloud Computing Technology and Science, Washington: IEEE Computer Society, 2010: 388-392.

[35] Hermenier F, Lorca X, Menaud J M, et al. Entropy: A consolidation manager for cluster[C]. The International Conferenceon Virtual Execution Environments, Washington, 2009: 41-50.

[36] Wei G, Vasilakos A V, Zheng Y, et al. A game-theoretic method of fair resource allocation for cloud computing services[J]. The Journal of Supercomputing, 2010, 54(2): 252-269.

[37] Londoño J, Bestavros A, Teng S H. Collocation games and their application to distributed resource management[J/OL]. http://www.cs.bu.edu/techreports/pdf/2009-002-collocation-games.pdf, Technical Report, 2009.

[38] 数据中心[J/OL]. http://baike.baidu.com/link?url=TGn8ULcMuBzrawRK8WANgH5C6s MD3f0L4Mjc_0ImXdn951 pCQCxxeIHrcdLgW0zWBCAlpzivMMus94t9D_uPcq.

[39] 云数据中心网络架构需具备的五大特性[J/OL]. http://www.cioage.com/art/201306/ 102300.htm.

[40] Wang Y, Deaver R, Wang X. Virtual batching: Request batching for energy conservation in virtualized servers[C]. 18th International Workshop on Quality of Service, Beijing, 2010: 1-9.

[41] Vogels W. Beyond server consolidation[J]. ACM Queue, 2008, 6(1): 20-26.

[42] Nathuji R, Schwan K, Somani A, et al. VPM tokens: Virtual machine-aware power budgeting in datacenters[J]. Cluster Computing, 2009, 12(2): 189-203.

[43] Petrucci V, Loques O, Mossé D. A dynamic configuration model for power-efficient virtualized server clusters[C]. 11th Brazillian Workshop on Real-Time and Embedded Systems, Recife, 2009, 2: 35- 44.

[44] Kusic D, Kephart J O, Hanson J E, et al. Power and performance management of virtualized computing environments via lookahead control[J]. Cluster Computing, 2009, 12(1): 1-15.

[45] Leverich J, Kozyrakis C. On the energy (in) efficiency of hadoop clusters[J]. ACM SIGOPS Operating Systems Review, 2010, 44(1): 61-65.

[46] Amur H, Cipar J, Gupta V, et al. Robust and flexible power-proportional storage[C]. 1st ACM Symposium on Cloud Computing, Indianapolis, 2010: 217-228.

[47] Pinheiro E, Bianchini R, Dubnicki C. Exploiting redundancy to conserve energy in storage

systems[J]. In ACM SIGMETRICS Performance Evaluation Review, 2006, 34(1): 15-26.

[48] Chen X, Xu B. Storage optimization for energy-saving based on hypergraph in cloud data center[J]. International Journal of Database Theory and Application, 2015, 8(4): 291-297.

[49] Vasić N, Barisits M, Salzgeber V, et al. Making cluster applications energy-aware[C]. 1st workshop on Automated control for datacenters and clouds,Barcelona, 2009: 37- 42.

[50] Goiri I, Julia F, Nou R, et al.Energy-aware scheduling in virtualized datacenters[C]. International Conference on Cluster Computing, Heraklion, 2010: 58-67.

[51] Kamitsos I, Andrew L, Kim H, et al. Optimal sleep patterns for serving delay-tolerant jobs[C]. 1st International Conference on Energy-Efficient Computing and Networking, Passau, 2010: 31- 40.

[52] Berral J L, Goiri Í, Nou R, et al. Towards energy-aware scheduling in data centers using machine learning[C]. 1st International Conference on energy-Efficient Computing and Networking, Passau, 2010: 215-224.

[53] Berral J L, Gavalda R, Torres J. Adaptive scheduling on power-aware managed data-centers using machine learning[C]. 12th International Conference on Grid Computing,Lyon, 2011: 66-73.

[54] Cardosa M, Singh A, Pucha H, et al. Chandra. Exploiting spatio-temporal tradeoffs for energy efficient MapReduce in the cloud[R]. Technical ReportTR10-008, University of Minnesota, 2010.

[55] 冯登国，张敏，张妍，等. 云计算安全研究[J]. 软件学报, 2011, 22(1): 71-83.

[56] Gentry C. Fully homomorphic encryption using ideal lattices[C]. Int'l Symp. on Theory of Computing, New York, 2009: 169-178.

[57] Kamara S, Lauter K. Cryptographic cloud storage[C]. 14th Int'l Conf. on Financial Cryptograpy and Data Security, Berlin, 2010: 136-149.

[58] Roy I, Setty S T, Kilzer A, et al. Airavat: Security and privacy for MapReduce[C]. 7th Usenix Symp. on Networked Systems Design and Implementation, San Jose, 2010: 297-312.

[59] Bowers K D, Juels A, Oprea A. Proofs of retrievability: Theory and implementation[C]. The ACM Workshop on Cloud Computing Security, New York, 2009: 43-54.

[60] Santos N, Gummadi K P, Rodrigues R. Towards trusted cloud computing[C]. Proc.of the 2009 Conference on Hot Topics in Cloud Computing, San Diego, 2009: 3-3.

[61] Sadeghi A R, Schneider T, Winandy M. Token-based cloud computing: Secure outsourcing of data and arbitrary computations with lower latency[C]. lth Conf.on Trust and Trustworthy Computing, Berlin Heidelberg, 2010: 417- 429.

[62] 杨立博. 云计算安全框架的分析[J]. 中国科技纵横, 2014(5): 45.

[63] Zissis D, Lekkas D. Addressing cloud computing security issues[J]. Future Generation Computer Systems, 2012, 28(3): 583-592.

第 2 章　云安全概述

云计算并未带来太多新的安全问题，但也无法消除原有的安全问题。由于数据集中存储于云端主机中，所以云计算与已有信息系统相比的最大差异在于云用户失去对数据的掌控权。要想让企业和个人用户普遍使用云计算，放心地将自己的数据交付于云服务提供商管理，就必须首先致力于解决云计算所面临的各种安全问题。本章主要就什么是云安全、产生云安全问题的内在原因是什么、面对云安全问题我们能采取什么样的技术等问题进行阐述。

2.1　概述

云计算服务正方兴未艾，调查显示云计算是企业近年在信息领域投资上的重大支出项目。无论是应用公有云或私有云，企业、政府机构或学校都能节省可观的软件和硬件支出。在移动设备日益普及下，随着云端产业的发展日趋成熟，计算走向云端已是一项趋势。

但是，使用云计算是有风险的。就像飞机的出事率远低于汽车一样，云服务中断的情况远少于企业本身信息系统宕机的频率，但若发生服务中断，就是一场营运灾难。因此，企业在决定是否实施云计算解决方案时，怎样确保他们信息的安全性成为最大的顾虑。恶意的程序破坏、安全漏洞、数据泄露和恶意程序攻击等一系列不安全因素对于云计算平台的安全提出了更高的要求[1]。

2.1.1　云带来的挑战与安全问题

尽管云计算为运营商带来了活力，同时也为普通用户提供了方便、快捷的云服务，但是新的专门针对云计算系统的安全性问题不断涌现。

目前，云计算平台面临的安全威胁主要来源于以下几方面：①产品漏洞。比如 2005 年 1 月，Google 的 Gmail 因存在的安全漏洞，使用户的用户名和密码安全受到威胁。②隐私权泄露。比如 2009 年 3 月，Google 发生大批用户文件外泄事件，因 Google 的疏忽导致用户保存在 Google Docs 的部分文档会在用户不知晓的情况下被共享。③黑客攻击。2009 年，Amazon 平台被僵尸网络恶意利用于非法活动。黑客是通过入侵一个使用 EC2 云服务的网站后，在 Amazon 的服务器上安装了一个未授权的命令和控制程序。④服务中断。2009 年 2 月和 7 月，Amazon 的 S3 服务两次中断，导致依赖于网络单一存储服务的网站瘫痪。2011 年 4 月，Amazon 在弗吉尼亚州的云计算中心宕机，导致很多服务网站受到影响。

不过，大多数现有云服务的安全性只提供特定的有限服务，而且不同云服务具有不同的安全特征。因此，有必要对云服务的安全和隐私问题进行调查，为建立安全可靠的云服务环境提供依据。图 2-1 是 IDC 公司对云所带来的挑战与安全问题的统计结果[2]。

从图 2-1 可以看出，在云计算中还存在需要解决的九大挑战与安全问题。其中，安全性、性能和可用性是人们最关心和最需解决的三个问题。

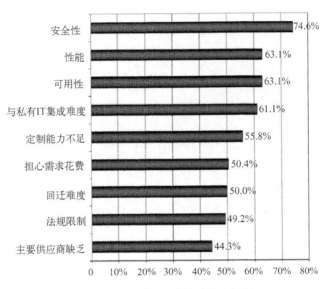

图 2-1　云计算所带来的挑战和问题

（1）安全性　安全是指没有危险和风险。在信息领域中，安全性是保证存储在计算机上的数据不被未授权人员盗取和访问。

在云计算环境中，用户通常都希望自己保存在云端的数据是安全的。对企业用户而言更是如此，因为企业数据一般都会涉及商业机密。云计算平台提供的服务是要求用户把自己的数据传送到云服务提供商的云端，那么意味着用户的数据安全完全依赖于云端服务提供商，如果云服务提供商本身对于数据安全的控制存在疏漏，则有可能导致用户数据泄露或丢失。另外，云服务提供商拥有对数据进行操作的最高权限，从而也存在内部人员盗窃这些机密数据的可能[3]。

（2）性能　云计算的出现已经彻底改变了传统网络的服务模式，同时提供了一种新型的商业模式。但由于云计算服务的灵活性，巨大的用户数量等也给管理者带来了很多挑战。因此，必须采取有效的作业调度算法和负载平衡机制等技术才能有效保证云服务的高性能特性。

（3）可用性　可用性是指系统出现异常时仍能提供服务的能力。比如一个硬盘失效之后，系统在不中断任何应用的前提下，仍能提供数据访问能力。

对于云计算环境而言，可用性至关重要。当用户无法访问自己的数据时，可用性的缺乏可能会导致数据删除、访问权限撤销或限制对数据本身的物理访问等严重后果。因此，当用户在使用云服务提供商提供的服务之前，通常会考虑以下这些问题：云服务提供商是否足够可靠？如果出现异常情况，云服务提供商提供有哪些应急措施来保护用户的个人数据？数据存储在云服务提供商的云端是不是足够可靠？云服务提供商如果倒闭了怎么办？这些事件的发生都会给用户带来巨大的损失，这也在很大程度上影响了云计算的普及和发展。

总之，随着服务形态的改变所衍生的安全问题已成为制约云计算发展的首要因素。

2.1.2　引起云安全问题的缘由

云计算最大卖点是不需要什么维护，服务随时都可使用。同时，云用户可依据资源需求调整用量，无须管理超过需求的数据中心容量，而按照实际用量付费。然而很多企业仍对云计算望而却步，其主要顾虑就是安全性，即能够把企业的全部数据，甚至整个商业架构，都交给云服务供应商吗？云服务供应商提供的存储服务安全吗？如何才能避免用户数据被非授权人员访问或窃取呢？尽管云计算号称全天候提供服务，但数据中心仍有可能因故障停摆，因而导致企业不敢依赖单一的服务供应商。如果万一需要将数据与服务移植到另一家云服务供应商时，可能还要遭遇信誉和移植成本的问题。

引起上述疑虑的主要原因源于云计算所采用的技术或实现方案，比如：

（1）多租户　在云计算中，资源以虚拟和租用的方式提供给用户，这些虚拟资源根据资源调度与物理资源绑定。由于云计算采用的多租户策略，不同租户使用的虚拟资源可能会被绑定到同一物理资源上。只要有共享资源就不可避免地存在恶意租户对宿主在同一物理主机上的相邻租户发起攻击的可能。也就是说，对云服务供应商来讲，虽然多租户商业模式可以带来好的经济效益，但也会带来安全问题。

虚拟化技术是云计算赖以生存的核心技术，几乎所有的云服务提供商都是通过虚拟化技术实现多租户商业模式的，因此虚拟化技术引起的安全性问题将严重影响云计算平台和架构的安全性。比如，恶意用户利用虚拟平台的漏洞而获得其控制权，会导致云安全的全线崩溃。这也为用户数据的安全埋下隐患。

（2）数据外包　在云环境中，云端的数据存储空间是由云计算服务提供商动态提供，而不再是存放在固定的物理位置上。这些动态数据存储空间存在很多不确定因素，可能是现实的数据存储空间，也可能是虚拟的数据存储空间。另外，在使用云计算时，用户的数据必须被授权给云服务提供商从而脱离了用户自己的保护范围，即数据外包意味着用户不能有效控制和保障自己上传至云端数据的安全性，而是完全由云服务提供商负责。显然，用户对数据控制权的缺失使得用户隐私数据的安全问题变得更加棘手。

在这种服务模式下，恶意的云服务提供商可以直接窃取用户的数据而不会被用户发现，即使云服务提供商不是恶意的，由于存在内部人员失职、黑客攻击以及系统故障等安全风险，用户的数据也会受到外部攻击。总之，用户无法确保其数据是否被云服务提供商正确使用。现有的大多数保护机制无法阻止这种攻击，因为具有特殊权限的员工可以轻松地绕过这些机制。另外，很多政府如美国政府，即使在没有传票的情况下，也可以对云服务提供商的服务器进行访问，这就使得我们难以保护存储在这些服务器中的数据。

对于静态存储数据而言，云服务提供商可以直接窃取和篡改用户存储在云端服务器上的明文数据。对于参与计算活动的动态数据，云服务提供商也可能会窥探用户使用服务过程中产生的数据流和隐私信息。而且，如果没有监控机制，云服务提供商的非法行为或安全机制被旁路的情况不会被用户所察觉。在数据存储和计算时，数据的机密性、完整性、隐私性和可靠性等方面都得不到有效保障。因此，针对数据外包和云服务提供商不可信而引起的安全风险，亟需用户可控的监控机制来保障用户数据安全。

针对上述问题，云服务提供商认为"完全不必担心"数据安全问题。因为数据在集群上被分解为散乱的状态，想要破译与还原数据的难度非常高，但这仍然无法完全打消人们的疑虑。在一个以信息为王的时代里，即使是数据碎片的泄露也可能会带来严重的后果。只要存在数据被还原和泄露的可能性，云计算服务就会被高安全要求级别的客户拒之门外。更何况随着云计算技术推广和应用，其暴露的安全问题越来越多。

2.1.3　云安全的内涵

云安全的概念最早是由趋势科技公司在 2008 年 5 月提出的。自云安全这一概念提出后，曾引起了广泛的争议，目前已经得到了众多安全厂商的认可。

如图 2-2 所示，云安全主要包含两个方面的含义。第一个含义是确保云计算应用健康可持续发展的云计算自身环境的安全保护，也称为云计算安全。它是云计算本身引入的新的安全问题。这是一个非常广泛的领域，几乎涉及所有计算机安全问题，如云计算平台系统安全、用户数据安全存储与隔离、用户认证、信息传输安全、网络攻击防护等。

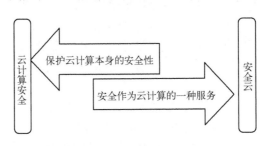

图 2-2　云安全概念

第二个含义是安全作为云计算的一种服务，也称为安全云，即通过采用云计算技术来提升安全系统的服务效能的安全解决方案，主要是指利用新型的云计算模式重新部署原来在传统架构上实现的安全防护功能，可以在一定程度上增强安全防卫的效果。比如，可以弥补传统杀毒模式的不足，提高杀毒的实效性。例如，趋势科技在全球建立了 5 个数据中心，可以支持平均每天 55 亿条点击查询，每天收集分析 2.5 亿个样本，数据库第一次命中率就可以达到 99%。借助云安全解决方案，趋势科技现在每天阻断的病毒感染最高达 1000万次[4]。

确切地讲，安全云是指将云计算技术应用于网络安全领域，通过对网络安全设施资源及业务能力进行云化，形成安全能力资源池，并基于互联网为客户提供按需的网络安全服务，从而实现网络安全即服务的一种技术和业务模式。安全云的基本特征[5]如下：

1）资源池化。以安全资源的集群和池化为基础。
2）网络化。以互联网为基础的业务提供途径。
3）透明化。可透明叠加在客户网络或业务上。
4）按需的可伸缩服务。安全功能可分离，安全处理性能的可伸缩。
5）业务提供服务化。用户不必购买安全设施，而直接租用相应的安全服务。

本书所要讨论的云安全主要是指云计算安全（简称云安全）。其内容主要包括如何保障云计算应用服务的可用性，数据机密性、完整性和可用性，隐私权的保护等。

2.1.4　云安全问题的分类

云计算是一个复杂的庞大系统，其安全问题涉及面非常广泛。根据 SPI 的服务交付模式、部署模型和云的本质特征，Parekh 等人将云计算所面临的存在于包括网络级、主机级和应用级在内的基础设施的安全问题进行分类[6]，如图 2-3 所示。此分类揭示了云计算所面临的常见挑战。

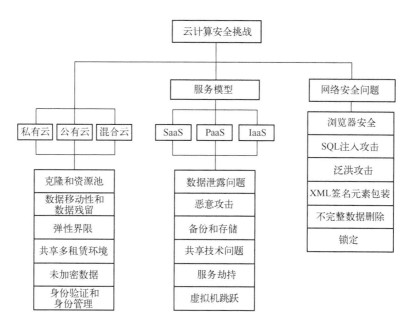

图 2-3 云安全分类

1. 部署模型及面临的挑战

从云计算应用的服务对象来看，主要涉及公有云、私有云及混合云应用安全。它们遇到的相关安全挑战有以下几种：

（1）克隆和资源池（Cloning and Resource Pooling） 利用克隆技术进行数据复制，可能会导致数据泄露。作为服务的资源池由云用户共享。共享有可能使未经授权的用户通过同一个网络访问共享资源。

（2）数据移动性和数据残留（Motility of Data and Data Residuals） 在云环境中，用户数据保存在云端。在公有云中，随着数据的移动，残留数据可能被未授权的用户访问。相对来讲，数据残留在私有云中安全威胁比较小，但像数据泄露及数据不一致性等问题也同样存在。

（3）弹性界限（Elastic Perimeter） 云计算的基础架构尤其是私有云都存在弹性的界限问题。不同的部门和用户可以共享不同的资源，但导致了数据分割的问题。此外，不同云的弹性会导致数据被存储在不信任主机上，从而给数据私密性带来风险。

（4）共享的多租赁环境（Shared Multi-tenant Environment） 多租赁是云计算的一个重要特性。它允许多用户在同样的物理基础上同时运行他们的应用软件，而相互之间隐藏数据。公有云的多租赁特性增加了安全的风险。同时，多租赁环境使得云计算承受潜在的 VM 攻击大于常规的 IT 环境。

（5）未加密数据（Unencrypted Data） 数据加密可以帮助防御各种外来的恶意威胁。未加密的数据很容易被未授权的用户访问。比如文件共享云服务提供商 Dropbox 对所有的存储数据使用单一的加密密钥，使得恶意使用者能任意盗取他人数据。

（6）身份验证和身份管理（Authentication and Identity Management） 身份管理通过用户凭证来验证身份。身份管理的一个关键问题是不同令牌和身份商议协议之间的互操作性。采用的技术，除了提供密码外，还可以使用智能卡和指纹等，以获得高层次的安全。

2．服务模型及面临的挑战

从服务层次来看，主要涉及终端用户云应用安全和云端的安全，如 IaaS 安全、PaaS 安全、SaaS 安全和虚拟化安全等。它们遇到的相关安全挑战有以下几种：

（1）数据泄露问题（Data Leakage Problems）　由于通信加密存在缺陷或应用程序漏洞等因素，使得数据从本地上传至云端或从云端下载至本地的过程中造成泄露。

（2）恶意攻击（Malicious Attacks）　恶意用户通过获得访问机密数据的访问权限，而引起数据泄露。

（3）备份和存储（Backup and Storage）　云服务供应商通常都提供数据备份功能。但是备份的数据通常是未被加密的，从而会导致安全威胁。研究表明[7]，随着虚拟服务器数量的增加，数据的备份和存储会成为一个问题。

（4）共享技术问题（Shared Technological Issues）　IaaS 云服务提供商以弹性模式提供服务，但这种结构通常不是具有强大隔离性能的多租户架构。

（5）服务劫持（Service Hijacking）　服务劫持是指一些非法用户对一些未授权的服务进行非授权的控制。服务劫持不是一种针对云计算的新威胁，但是这种威胁在云平台上会产生更严重的后果。当攻击者劫持了云用户的账户时，攻击者不仅能获得云用户的数据，监视用户在云平台上的活动，同时也可以借助被劫持者的账户攻击云平台中的其他用户，这样就使危害得以成倍放大。服务劫持常采用的技术有钓鱼、软件篡改和欺骗等。

（6）虚拟机跳跃（Virtual Machine Hopping）　虚拟机跳跃是指借助与目标虚拟机共享同一个物理硬件的其他虚拟服务器，对目标虚拟机实施攻击。攻击者能够查看另一个虚拟机的资源程序，改变它的配置，甚至删除存储数据，使另一个虚拟机的机密性、完整性和可用性都受到破坏，但这个攻击要求是这两个虚拟机必须位于同一个物理机上，而且攻击者必须知道被攻击者的 IP 地址。虚拟机跳跃是 IaaS 和 PaaS 云的最大弱点。

3．网络安全问题

云计算主要依赖 Internet 和数据中心运行各种应用。Takabi 等人[8]首先提出云计算安全的网络问题。云计算的网络架构面临不同的攻击和安全问题，如注入攻击、浏览器安全问题、泛洪攻击、不完整数据删除、数据保护和 XML 签名等。

（1）浏览器安全（Browser Security）　每个客户端使用浏览器发送的信息都要途径互联网。浏览器可以使用 SSL 技术来加密用户的身份和凭据。但是黑客可以通过使用探嗅包等工具来获得他们的身份信息。为了克服这个问题，每个人应该有一个单一的身份，但此凭据必须允许各种级别的保证，可以通过数字获得批准。

（2）SQL 注入攻击（SQL Injection Attack）　此类攻击是云计算中的恶意行为，表现为恶意代码注入 SQL 代码中，使未经授权入侵者访问数据库，最终得到机密的信息。

（3）泛洪攻击（Flooding Attack）　在这个攻击中，入侵者对云中资源瞬间发送大量请求，使得云自动分配足够的资源来满足入侵者的要求，而正常用户则难以正常访问资源。

（4）XML 签名元素包装（XML Signature Element Wrapping）　这是一个常见的网页服务攻击。XML 签名元素包装简单改变了消息的签名内容，而不用篡改签名，进而误导用户。

（5）不完整数据删除（Incomplete Data Deletion）　在云计算中，删除不完整的数据存在一定危害。当数据被删除后，保存在备份服务器上的数据备份不会被删除，该服务器的操作系统也不会删除备份数据，除非对服务提供者提出特定的要求。

（6）锁定（Locks In）　锁定意味着数据被锁定在某云服务供应商。由于目前还没有能保证云计算、数据、应用或服务实现可移植性的通用标准，这使得用户从一个云服务提供商迁移到另一个，或将服务和数据迁回一个内部 IT 环境成为一个难以实现的任务。当云服务提供商破产或倒闭时，这种数据被锁定的结果是灾难性的，即使到时能够转移，其成本也非常昂贵。

比如，在 SaaS 中，客户数据存储在云服务提供商设计的数据库中，导出的数据格式不一定能直接导入其他云服务提供商的数据库中。在 PaaS 云中，不同提供商之间还存在 API 层面的兼容问题。IaaS 中提供商内部的云环境之间移植问题不大，但实现不同供应商订制的云环境间的移植，还需开放标准被支持。此外，对于云服务提供商而言，锁定被认为是一个高风险的行为，因为它可能会导致以下漏洞：缺乏标准的技术和解决方案，供应商的冗余和缺乏，以及在使用条款上的缺乏完整性和透明度。这些漏洞可能会造成灾难性的企业倒闭，使云服务提供商破产。

2.1.5 云安全的需求

对于云计算使用者而言，什么程度的安全才是足够的呢？如果使用者可以依赖云计算而且其安全性符合使用者的预期，那么对于使用者来说似乎有足够的安全性。

安全通常分为可用性、机密性、数据完整性、控制和审查五大类，要达到足够的安全，就必须将这五个安全分类系统地整合在一起，缺一不可。

1. 可用性

可用性是保证得到授权的实体或进程的正常请求能及时、正确、安全地得到服务或回应，即信息与信息系统能够被授权使用者正常使用。可用性是可靠性的一个重要因素。可用性与安全息息相关，因为攻击者会故意使用户数据或者服务无法正常使用，甚至会拒绝授权用户对数据或者服务进行正常的访问，如拒绝服务攻击。

对于云计算而言，可用性指云平台对授权实体保持可使用状态，即使云受到安全攻击、物理灾难或硬件故障，云依然保证提供可持续服务的特性。云计算的核心功能是提供不同层次的按需服务。如果某些服务不再可用或服务质量不能满足服务级别的协议，客户可能会失去对云系统的信心。因此，可用性是云计算的关键。

在云计算系统中，可用性要求系统提供对于未知的紧急事件做好完整的商业持续营运（Business Continuity）与灾害恢复计划（Disaster Recovery），才能够确保数据的安全性与降低停机时间。要保证可用性通常采用加固和冗余策略。云服务提供商会针对虚拟机加强其防护，如采用防火墙以隔离恶意的 IP 位置与端口，减少遭到恶意攻击的机会，如此一来系统的可用性就会提高。冗余是指云服务提供商会在许多不同的地理位置上部署相同的云计算系统，系统部署在不同所在地可以隔离错误的发生而且也可以提供低延迟的网络连接。

当今，许多云供应商在他们的服务级别协议中都声称他们将保护存储的数据，几乎能99.999%保证数据的可用性。然而，任何云服务提供商都不可能会保证自己的云基础设施永远处于正常运行状态。无论云服务提供商的配备多么完备，基于云服务的安全漏洞事件时有发生。例如，2008 年 7 月，Amazon 的 S3 遭受了 2.5h 的停电；2009 年 2 月，美国云服务提供商 Coghead 倒闭，于是它的用户不得不在 90 天内从服务器中取回他们的数据，不然这些数据将会同公司一起消失。

2. 机密性

机密性又称为保密性，是指保证信息仅供那些已获授权的用户、实体或进程访问，不被未授权的用户、实体或进程所获知，或者即便数据被截获，其所表达的信息也不被非授权者所理解。

在云计算系统中，机密性代表了要保护的用户数据秘密。确保具有相应权限和权限授权的用户才可以访问存储的信息。云计算系统的机密性对于使用者要跨入云计算是一大障碍。目前云计算提供的服务或数据多是通过互联网进行传输，容易暴露在较多的攻击中。因此在云端中保护用户数据秘密是一个基本要求。

保证数据机密性的两种常用方法就是实体隔离与数据加密技术，通过这两种方法可以保证足够的机密性。在实现实体隔离的做法上可以采用虚拟局域网与网络中间盒等技术。目前可以采用的加密方法有很多，且加密后数据的存储还可以根据不同的产业法规进行配置。加密后再存储的数据会比未加密直接存储的数据更加安全。

许多现有的存储服务都能提供数据的保密性，支持用户在将数据发送到云端之前，允许在客户端进行加密。云用户对数据进行保密处理时主要关注数据传输保密性、数据存储保密性以及数据处理过程中的保密性。

3. 数据完整性

在信息领域，完整性是指保证没有经过授权的用户不能进行任何伪造、修改以及删除信息的行为，以保持信息的完整性。

数据完整性是指在传输和存储数据的过程中，确保数据不被偶然或蓄意地修改、删除、伪造、乱序、重置等破坏，并且保持不丢失的特性，具有原子性、一致性、隔离性和持久性特征。数据完整性的目的就是保证计算机系统上的数据处于一种完整和未受损害的状态，即数据不会因有意或无意的事件而被改变或丢失。数据完整性的丧失直接影响数据的可用性。

对云计算系统而言，数据完整性是指数据无论存储在数据中心或在网络中传输，均不会被改变和丢失。完整性的目的是保证云平台的数据在整个生命周期中都处于一种完整和未受损害的状态，以及多备份数据的一致性。多备份数据的完整性和一致性是用户和服务提供商共同的责任，虽然他们是两个完全不同的实体。用户在将数据输送到云端之前必须保证数据的完整性，当数据在云端进行处理的时候，云服务提供商必须确保数据的完整性和一致性。

在云计算系统中，数据完整性还包含数据管理，因为云计算提供处理大数据的能力，但是存储硬件的增长速度和数据的增加速度并非成正比，云服务提供商只能一直增加硬设备以应付快速增加的数据量，这样的结果容易造成节点故障、硬盘故障或数据损坏。此外，硬盘存储空间越来越大，而数据在硬盘上存取的速度并未增加，这也容易造成数据的不完整。而对于未经授权的修改，比较常见的方式是采用数字签名技术。在分布式文件系统中，通常会将数据分隔成许多小块，每个数据小块在储存后都会附加上一份数字签名，可以用于完整性的测试与数据损坏后的恢复。

4. 控制

控制代表着在云计算系统中规范对于系统的使用，包含使用应用程序、基础设施与数据。云计算中有很多的用户都会上传数据到云计算系统中。比如，用户在网页上的一连串单击动作可以用来作为目标营销的依据。而如何避免这些数据遭到滥用，除了与服务供应商签订合约之外，还可以遵循不同产业对于数据保护的规定。因此有效地控制云计算系统上的数据存取以及规范在云计算系统中应用程序的行为可以提升云计算系统的安全。

5. 审查

审查，也称稽核，表示观看云计算系统发生了什么事情。审查可以额外增加在虚拟机器的虚拟操作系统之上。将审查能力加在虚拟操作系统上会比加在应用程序或是软件中还要好，因为这样可以观看整个访问的过程，而且是从技术的角度来观看整个云计算系统。审查有如下三个主要的属性：

1）事件（Events）。状态的改变及其他影响系统可用性的因素。

2）日志（Logs）。有关用户的应用程序与其运行环境的全局信息。

3）监控（Monitoring）。不能被中断以及必须要限制云服务提供商在合理的需求下使用设备。

6. 云安全的 CIA

目前的云计算系统很少能够满足前面所讲的五个安全原则。但针对云计算系统的安全需求来讲，保密性（Confidentiality）、完整性（Integrity）和可用性（Availability）三个方面是保证其安全的三个核心，也称为 CIA。

图 2-4 表明，保密性、完整性和可用性三个方面中只要有一个方面没有确保，那么这个云计算系统的数据安全性就不能得到保证。

简而言之，保密性确保只有经过授权的用户才可以获取数据，避免数据泄露；完整性确保数据不会遭受未经授权的篡改；可用性确保只有经过授权的用户，在需要时可以随时访问数据。

图 2-4 数据安全的三个核心

2.1.6 云安全体系架构

目前，国际上对云计算中的安全框架还没有达成统一共识。但是为了消除云用户将现有应用迁移到云过程中的安全忧虑，以及满足企业的各种合规性安全要求，安全业界及不同组织，如 IBM、CSA 和 Gartner 等分别对云计算安全问题进行了总结分析，纷纷推出各自的云安全体系架构[9]。

CSA 基于云计算的三种服务模型提出了一个云计算安全架构，该架构描述了三种基本云服务的层次性及其依赖关系，并实现了从云服务模型到安全控制模型的映射。该框架中，由于底层的 IaaS 采用大量的虚拟化技术，因此，虚拟化软件安全和虚拟化服务器安全是其面临的主要风险。在 IaaS 中，服务提供商负责提供基础设施和抽象层的安全保护，而其他安全职责则主要由客户承担。位于云服务中间的 PaaS 面临的主要安全风险是分布式文件和数据库安全、用户接口和应用安全。在 PaaS 中，服务提供商负责平台自身的安全保护，而平台应用和应用开发的安全性则由用户负责。位于云服务最顶层的 SaaS 是一个供大量用户共享的软件平台。多租户技术是解决这一问题的关键，但是也存在着数据隔离和客户化配制方面的问题。服务务提供商对 SaaS 层的安全承担主要责任。

IBM 基于其企业信息安全框架给出了一个云计算安全架构。它从资源的角度分为以下 5个方面：①用户认证与授权，授权合法用户进入系统和访问数据，拒绝非授权的访问；②流程管理，对需要在云计算中心运行的项目如资源的申请、变更、监控及使用进行流程化的管理；

③多级权限控制，对云计算资源的访问和管理涉及多个安全领域如云计算管理员、云计算维护员、系统管理员等，每一个安全领域都需要进行权限控制；④数据隔离和保护，针对使用统一共享的存储设备为多个用户提供存储的情况，需要通过存储自身的安全措施管理数据的访问权限，从而对客户所有的数据和信息进行安全保护。

VMware 的安全架构分为三个层面：保护云计算中的虚拟数据中心免受外围网络威胁、保护数据中心内部安全区域，以及保护虚拟机免受病毒和恶意软件的威胁。其安全体系架构由以下安全产品实现：VMware vShield Edge、VMware vShield App、VMware vShield Endpoint 和 VMware vShield Zones。

图 2-5 是冯登国等人提出的云计算安全技术框架[10]。该框架包括云计算安全监管技术、云计算安全服务体系与云计算安全标准三大部分。3 个体系之间相互关联，相互影响。技术体系主要以数据安全与隐私保护服务为目的。云安全服务体系由一系列云安全服务组成，根据不同的层次可划分为云安全应用服务、云安全基础服务和云基础设施服务。云计算安全标准主要为安全服务体系提供技术与支撑。

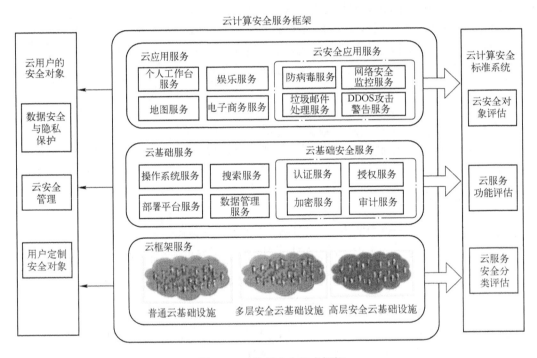

图 2-5　云计算安全技术框架

2.1.7　云安全与传统信息安全的区别

云安全问题的关注焦点已从以往的基础架构层安全逐步向应用服务安全过渡，向数据安全和隐私保护转移，形成了涵盖基础架构、平台支撑及服务交付层的立体安全需求，既对信息安全提出了新的需求和挑战，也给信息安全带来了新的思考。

云安全有别于传统意义上的信息安全，主要表现在如下几个方面：

1）传统信息安全的着眼于数据中心或机房，体现为信息化构建架构中不同层次的安全融合。数据中心所受到的安全威胁主要表现在网络和主机两个层次。在网络层，经常会面临如非法接入和扫描嗅探攻击等安全威胁。常规手段会根据威胁产生的不同部位进行安全性修补，属于一般性被动防御。在主机层，存在如应用级代码攻击服务器等，通常也会采取被动的杀毒软件部署以及外围安全措施等。传统意义上的信息安全考虑更多的是封堵安全漏洞。同时，在对于各个层次的安全保护要求上，必须严格遵守国家信息安全等级保护要求。

2）云计算的主要特点是数据和服务外包、多租户、虚拟化等。用户端本身不存放数据和进行数据计算，因此，云计算会面临特有的一些安全问题或安全威胁挑战。比如：①云计算服务模式导致的安全问题，用户失去对物理资源的直接控制，云服务提供商的信任问题；②虚拟化环境下的技术及管理问题，资源共享、虚拟化安全漏洞；③云计算服务模式引发的安全问题，多租户的安全隔离、服务专业化引发的多层转包而引起的安全问题等。

其中虚拟化安全、数据和服务外包、多租户资源安全共享和隔离是云计算安全有别于传统信息安全的核心所在。

2.1.8 云安全的研究现状

从 2006 年云计算概念的提出发展至今，云计算经历了定义逐渐清晰、应用逐渐增多和产业逐渐形成的各个阶段。但有关云计算安全的研究还处于起步阶段，业界尚未形成相关标准。目前，主要有如下三种类型的组织或人员对其进行研究：

1. 非营利机构

对云安全研究最为活跃的组织是在 2009 年 RSA 大会上宣布成立的一个非营利性组织云安全联盟（CSA）。该组织专注于云计算的安全体系及安全标准等领域，其宗旨如下：

1）提供用户和供应商对云计算必要的安全需求和保证书的同样认识水平。

2）促进对云计算安全最佳做法的独立研究。

3）发起正确使用云计算和云安全解决方案的宣传和教育计划。

4）创建有关云安全保证的问题和方针的明细表。

目前，CSA 已获得了业界如 Google、Microsoft 和 VMware 等公司和组织的广泛认可。

至今，云安全联盟已完成《云计算面临的严重威胁》《云控制矩阵》《关键领域的云计算安全指南》[11]等研究报告，并发布了云计算安全定义。这些报告从多个方面强调了云计算安全的重要性、保证安全性应当考虑的问题以及相应的解决方案，对形成云安全行业规范具有重要影响。

CSA 作为业界比较认可的云安全研究论坛，在 2011 年 11 月发布了第三版云计算服务的安全实践手册《云计算关键领域安全指南》。该指南从架构、治理和实施 3 个部分、14 个关键域对云安全进行了深入阐述，重点讨论了当企业部署云计算系统时面临的安全风险并且给出相应的安全建议。在当前尚无一个被业界广泛认可和普遍遵从的国际性云安全标准的形势下，该指南是一份重要的参考文献，对业界有着重大的影响[12]。CSA 与 HP 共同列出了云计算安全问题的七个方面，具体如下：

（1）云计算滥用 近年来越来越多的网络犯罪者已开始通过云端服务进行不法行为。例如云计算已被利用来提供密码破解的服务，只要能获取系统的账号密码数据文件，并将其中的 MD5 散列值取出，通过现成的云端服务，即可分析出该散列值可能代表的密码组合，进而取得系统内部的任何账号密码。

（2）共享技术漏洞 资源共享虽可节省闲置资源的浪费，达到节能目的，但同时也衍生出数据保密的问题。云端服务使用虚拟化的技术，将物理资源同时分配给多个用户共享，虽然每一位使用者都是使用独立的计算空间，但若其物理隔离机制出现漏洞，黑客便可以通过此漏洞读取其内存或者存储在空间中的数据。

（3）内鬼难防　当所有的信息服务都移转到云端空间时，管理的责任同时也部分移转到云端服务供应商身上。因此，若云端服务供应商内部存有居心不良的工作人员，便可能对存放在云端服务平台的信息造成危害。这方面的风险是使用者无法预测的。

（4）账号或服务劫持　云服务的认证机制主要是通过因特网的方式，用户输入账号密码来进行身份确认。一旦用户账号遭到窃取或者信息传输的过程遭到攻击重设，都会导致第三方取代合法用户而取得该系统的完整控制权。由于用户无法通过重设物理系统来进行紧急应变，所以一旦账号密码外泄或服务被挟持，其损害程度及影响范围可以说是无法评估的。

（5）不安全的应用程序接口　用户使用特定的通信接口与应用程序访问云端服务，因此，当通信接口或是应用程序发生安全漏洞时，都会影响用户访问服务的安全，造成数据在未经授权的状况下，被第三方访问或修改。

（6）数据丢失和泄露　云服务供应商所提供的安全防护机制，必须要能确保用户的数据不会受到未经授权的访问。若发生数据毁损情况时，云端服务供应商必须要有完善的数据备份机制，才能降低数据遗失的风险。

（7）未知的风险　服务透明性问题使用户仅使用 Web 前端交互界面，并不知道供应商使用哪种平台或者提供哪些安全机制，换言之，用户无法知晓云服务提供商是否按其承诺履行了服务协议。另外，云服务随着信息技术的进步，也在不断地改变其服务形态，所以未知的困难以及可预见的安全问题将会越来越多。

美国的知名市场研究分析公司 Gartner 在 2008 年发布了一份《云计算安全风险评估》[13]研究报告。该报告指出云计算使 IT 行业拥有着庞大的市场前景，但是云计算服务对于个人或者企业等使用者来说，面临着特权用户的接入、可审查性、数据位置、数据隔离、数据恢复、调查支持以及长期生存性七大潜在的安全风险问题[14]。

2009 年，IDC 发布的一项调查报告表明，云服务面临安全性、稳定性和性能问题三大挑战。其中安全性是最受关注的问题[14]。该三大挑战排名与 IDC 于 2008 年进行的云计算服务调查结论完全一致。2009 年 3 月年美国信息系统审计和控制协会（ISACA）发布了《Cloud Computing: Business Benefits with Security，Governance and Assurance Perspectives》[15]。该报告讨论了云计算系统的部署为系统安全所带来的优势和挑战，分析了云计算系统的安全风险和相应的安全建议。

欧洲网络与信息安全局（European Network and Information Security Agency，ENISA）在云计算安全方面的主要研究成果是从企业的角度出发分析云计算可能带来的好处以及安全方面的风险。ENISA 在 2009 年已经提出一份名为云端服务风险评估的报告，此份报告也被推出业界第一个云端服务风险标准的云端安全联盟所引用。这份报告里面清楚定义了 35 个云端计算架构下的风险、53 个弱点、23 个可能受影响的资产、各个资产重要性还有各风险的发生率和影响，并和过去传统信息系统架构做比较。2010 年，ENISA 发布的云计算安全白皮书《Cloud Computing Information Assurance Framework》[16]指出：在同样的投资额度下，云计算将安全防护资源集中和统一管理，这使得访问控制和安全控制流程更加流畅，比各个企业独立维护的安全防护系统更加全面和稳定，但是云计算系统的使用也会带来很多安全问题，如数据处理和保护的不透明性。

2. 云服务提供商

许多云服务提供商如 Amazon、IBM 和 Microsoft 等纷纷根据自己云平台的特性，提出相应的云安全解决方案和安全策略。主要方法包括身份认证、安全审查、数据加密及系统冗余等手段来提高云计算平台的稳健性、可用性和用户数据的安全性。例如 2011 年，Google 公司向全球开放两步认证机制来控制信息访问，以便提高云计算的安全性。Microsoft 的云计算平台 Azure 配置了一种称为"Sydney"的安全计划，帮助企业用户在服务器和 Azure 云之间交换数据，以解决虚拟化、多租户环境中的安全性。EMC、Intel 和 VMware 等公司联合宣布了一个"可信云体系架构"的合作项目，并提出了一个概念证明系统。该项目将 Intel 的可信执行技术、VMware 的虚拟隔离技术、RSA 的 enVision 安全信息与事件管理平台技术相结合，构建了一种从下至上值得信赖的多租户服务器集群。开源云计算平台 Hadoop 引入 Kerberos 安全认证技术对共享商业敏感数据的用户加以认证与访问控制，阻止非法用户对 Hadoop 集群的非授权访问等。

3. 学术研究

针对云计算面临的安全挑战，国内外安全专家纷纷对云计算及其安全性展开了研究。

（1）基础设施安全　基础设施服务是新兴的云计算时代的重要服务之一。然而，许多新的威胁和攻击都是针对基础设施服务。参考文献[17]揭示了在第三方云计算窃取信息的可能性。在他们的研究中，他们发现了 Amazon 映射计算服务 EC2 实例的几个规则。这些规则使他们在云基础设施中，即同一物理计算机上成功发现两个驻留的实例，进而通过虚拟机漏洞盗取信息。除了云基础设施的脆弱性，研究人员还发现 Amazon 机器镜像 AMI 也存在隐私风险。

为了应对这些威胁，研究人员从工业界和学术界已经提出了多种解决方案。比如，IBM 公司的研究人员为 Xen 虚拟化环境提出并实现了虚拟可信平台模块（TPM），来探讨在云环境中 TPM 的使用。

国内外研究学者和云计算服务提供商也提出了自己的安全框架与技术标准。比如针对云计算安全体系与技术框架。冯登国等给出了一种云计算安全框架[10]。该框架包含了云计算服务体系、云计算安全标准及测评体系两大部分，可以为用户的安全目标提供技术支撑。

（2）存储安全　许多云安全研究是以数据为中心的安全性研究，其重点是机密性、完整性以及访问控制。为了保护云存储中外包数据的保密性，参考文献[18]提出了一个通过密码技术保证云存储的总体思路，并设计实现了一个加密云存储系统 CS2[19]。该系统支持对密文的关键字搜索。参考文献[20]提出了双层加密思想，实现外包数据的保密性和访问控制，即内层加密保护数据机密性，外层加密用于访问控制目的。此外，许多研究人员研制和开发了服务于数据安全性的数据加密工具。例如，参考文献[21]提供了一个对加密数据进行审计的实用工具，参考文献[22,23,24]研究了基于加密数据的搜索工具。

为了支持在第三方云存储的外包数据存储完整性检查，参考文献[25]中开发了一个基于证明的云存储系统 CloudProof。它支持客户进行数据的完整性验证、写操作串行化和保持数据的新鲜度。Dimitrios Zissis 和 Dimitrios Lekkas 提出了一种结合公钥基础设施（PKI）、轻量目录访问协议（LDAP）和单点登录（SSO）等技术的云计算解决方案[26]。该方案引入可信的第三方提供安全认证，并根据云计算系统分层的特性，分别给物理层、基础设施即服务、平台即服务和软件即服务提供安全认证。

2009 年，IBM 研究员开发了一种全同态加密方案，该方案使得云应用在不解密数据的状态下处理数据[27]。若该项技术进入实用化阶段，就可以解决云中的数据在整个生命周期中的加密问题。

2.2 云计算面临的安全问题

云计算所面临的问题很多，其中由云计算所特有的数据和服务外包、多租户及虚拟化三大特性所引起的安全性问题最为突出。

2.2.1 数据安全问题

为了实现资源的统一管理与调度、降低运营成本，云服务提供商将资源集中于同一平台，并对用户提供网络访问接口。这些集中的资源汇集于云计算的心脏即云数据中心。由于用户在地域上的分散性和物理集中规模上的一些限制，大型云服务提供商需要在世界范围内建立多个大型云数据中心。用户通过使用服务提供商提供的软件或者平台享受服务，不需要了解云基础设施的细节。

在云计算环境下，绝大多数应用软件和数据信息都被转移到云服务提供商的云数据中心，而最终享受云服务的用户对其所操作和产生的数据的物理存在状态是完全未知的，用户几乎不可能通过云服务提供商所建立的网络连接以外的其他途径，对自己保存在云中的数据进行管理和控制，即所有应用程序的管理和数据信息的维护工作都需要委托给云服务提供商来完成。这也是数据和服务外包不可回避的问题。

云计算的这一特点在为用户提供便利的同时，也会由于用户对存储在云中数据管理的不可控性，而导致用户对存储在云中数据的安全性产生不安。

2.2.2 存储安全问题

存储安全的主要目的是保护云用户的敏感信息不被泄露、破坏或损失。为了实现这一目标，存储服务的访问控制机制应具备授予用户访问权限并且阻止非法访问，可以控制不同访问级别并监控特定会话。同时，加密的数据只能被授权用户执行解密。

存储安全不仅可以防止由于数据和其他物理方法导致的非法泄露，而且还保护了可以访问所有数据的管理员的敏感信息。

2.2.3 虚拟化安全问题

虚拟化使得传统物理安全边界逐渐缺失，以往基于安全域的防护机制已经难以满足虚拟化环境下的多租户应用模式。用户的信息安全和数据隔离等问题在共享物理资源环境下显得更为迫切。

由于虚拟化技术的引入，虚拟化技术会带来所有以客居方式运行操作系统的安全问题和虚拟化软件特有的安全威胁。例如，如何预防虚拟机之间的相互攻击和盲点、如何在不同安全级别的虚拟机之间进行无缝合并、如何应对数据所有权和管理权分离的问题、如何处理数据残留问题等都是新出现的安全问题。

基于虚拟化技术的云计算引入的风险主要包括虚拟化软件的安全和使用虚拟化技术的虚拟服务器的安全两个方面。

2.2.4 隐私保护问题

在云计算环境下，恶意的获取和传播云计算中的数据比在传统网络环境中更加容易。威胁可能来自于云中，也可能来自于云外。

对云管理者而言，他们可以轻易地利用其技术优势获取云中任何用户的数据信息。同时，大量用户共享同一平台也为恶意攻击者降低了击破数据保护壁垒的难度，提供了更多获取他人信息的机会。

从外部来看，云环境中数据复杂的传输流程也使得数据受到威胁的环节数量显著增加。因此，如何保证存放在云数据中心的数据隐私不被非法利用，不仅需要技术的改进，也需要法律的进一步完善。

2.2.5 云平台安全问题

服务可用性问题是云计算的一个核心安全问题，云中托管的数据和服务来源于数量庞大的用户群，如果云平台发生服务不可用问题，造成的影响将远远超出传统信息系统。

造成服务中断的威胁可能来源于云系统内部，也可能是来源于外部。内部的威胁主要是云平台自身的可靠性问题，如发生服务器宕机和数据大规模丢失等都会造成云服务不可用。云平台的可靠性可以通过容灾备份技术得以加强。

服务可用性的外部威胁主要是拒绝服务攻击威胁，由拒绝服务攻击造成的后果和破坏性将会明显超过传统的应用环境。

由于云计算与传统信息系统不同，如果只是单纯地把以往的安全技术不加修改地直接应用到云计算系统上，是无法有效保证云计算系统安全的。虽然目前已经存在一些提高云计算安全性的解决方案，但只能零星地解决特定云平台的特定问题，还不能从根本上改变目前云计算平台的不安全状态。

2.2.6 云应用安全问题

由于云计算基础设施的灵活性和开放性，任何终端用户都可以进行接入，因此对于运行在云端的应用程序的处理是一个非常大的挑战。另外，公众可获得性以及用户对计算基础设施缺少控制，也为云应用程序的安全带来了很大的挑战。

在云计算环境下，所有的应用和操作都是在网络上进行的。用户将自己的数据从网络传输到云端，由云来提供服务。

云应用的安全问题实质上涉及整个网络体系的安全性问题，但是又不同于传统网络。因此，云服务提供商在部署应用程序时应当充分考虑可能引发的安全风险。

对于云用户而言，应提高安全意识，采取必要措施，以保证云终端的安全。例如，用户可以在处理敏感数据的应用程序与服务器之间通信时采用加密技术，以确保其安全性。

2.3 云安全问题的深层原因

鉴于云计算的复杂性，它的安全问题应该是一个涵盖技术、管理，甚至法律和法规的综合体。根据云服务提供商所提供给用户服务的来源可以将风险划分为如下三类：技术上的风险、策略和组织管理中的风险、法律上的风险。

2.3.1　技术上的风险

云数据中心的服务器集群是由极其廉价的计算机构成，如使用 x86 架构的服务器，节点之间的互联网络通常使用千兆以太网，这样大大降低了成本，因此，云计算具有前所未有的性能价格比。对于规模达到几十万甚至百万台计算机的 Amazon 和 Google 云计算，其网络、存储和管理成本较之前至少可以降低 50%～70%。因此，云计算需要引入一些特定的或新的技术，如虚拟化技术。但随之而来的问题是这些新技术也会带来一些风险。

技术上的风险主要是指云服务的构建和功能缺陷所带来的风险。它主要来自于云内部处理风险和外部接口风险。

1．不安全 API 的风险

应用程序编程接口（API）是供云用户访问他们存储在云中的数据。在这些接口或用于运行软件中的任何错误或故障都可能会导致用户数据的泄露。比如当一个软件故障影响到用户的访问数据策略时，有可能导致将用户数据泄露给未经授权的实体。威胁也可能来源于设计不当或实施的安全措施。无论如何，API 都需要安全保护免受意外和恶意企图绕过 API 及其安全措施的行为。

对于云服务提供商所提供的服务和资源，用户只能通过因特网或者其他间接方式进行访问，而远程访问和浏览器的接口漏洞也会引入安全风险。

2．共享技术潜在风险

云计算的虚拟化架构为 IaaS 云服务提供商提供了将单个服务器虚拟化为多个虚拟机的能力。这种架构使得云更脆弱。攻击者可以利用这一结构来映射云的内部结构，以便确定两个虚拟机是否运行在相同的物理机上。此外，攻击者可以在云中添加一个虚拟机，以便它与其他虚拟机共享同一物理机。一旦攻击者能够与其他虚拟机共享同一物理机，他便能够发起非法的访问。

3．云计算滥用的风险

IaaS 和 PaaS 模式为用户提供了几乎无限的计算、网络和存储资源，可以说只要用户拥有足够的金钱为使用这些资源付费，用户就可以立即使用这些资源。然而，由于云服务提供商缺乏必要的审查和监管机制，一些恶意用户可以使用这些资源进行违法活动，如暴力破解密码、将云平台作为发动分布式拒绝服务（DDoS）攻击的源头、利用云计算控制僵尸网络和托管非法数据等。

4．不安全或无效的数据删除

云计算环境中的用户数量非常庞大，备份每个用户的所有数据所需的硬盘空间容量非常惊人，且众多用户的数据在云环境中混合存储。缺乏有效的数据删除机制，将导致用户数据丢失，严重时可能泄露个人隐私或商业机密。

5．传输中的数据截获

云计算环境是一种分布式架构，因而相比于传统架构具有更多的数据传输路径，必须保证传输过程的安全性，以避免嗅探攻击等威胁。

6．隔离故障

由于云计算的计算能力、存储能力和网络被多用户共享，隔离故障将导致云环境中的存储、内存和路由隔离机制失效，最终使得用户和云服务供应商丢失敏感的数据、服务中断和名誉受损等。

7．资源耗尽

由于云服务供应商本身没有提供充足的资源、缺乏有效资源预测机制或资源使用率模型的不精确，使得公共资源不能进行合理分配和使用，将影响服务的可用性并且带来经济和声誉的损失等。同样，如果拥有过多的资源，不能进行有效的管理和利用将带来经济损失。

2.3.2 策略和组织管理中的风险

策略和组织管理中的风险是指云服务供应商在部署云服务过程中的不完备所带来的风险。

在云数据安全保证上，从理论上来讲技术是完美的，但实际上仅靠技术并不能完全保证其安全，还需要制度上的执行以及管理上的支撑。换言之，云计算的安全运行离不开有效管理，管理漏洞会造成云计算安全失效。减少或者避免策略和组织管理中的风险问题可以更好地保证提供安全的云计算服务。云计算面临着以下的策略和组织管理方面的风险：

1．锁定风险

用户不能方便地迁移数据/服务到其他云服务提供商，或迁回本地。

2．治理丧失的风险

在使用云计算基础架构，虽然云供应商和客户之间有 SLA 协议，但这些 SLA 协议并不提供明确的承诺，确保云服务提供商考虑此类问题。这将导致安全防御的漏洞，从而导致治理和控制损失。这种损失会严重影响云服务商完成其使命和目标的策略和能力。

3．合规挑战

由于云服务提供商不能提供有效证明来说明其服务遵从相关的规定，以及云服务提供商不允许用户对其进行审计，而使得部分服务无法达到合规要求。

4．隔离故障

云计算的多租户和资源共享特点，使计算能力、存储和网络被多个用户共享。这可能导致包括分离存储机制、内存和路由失败，甚至共享基础设施的不同租户失去商业声誉的风险。即由于其他用户的恶意活动使得多租户中的无辜用户遭受影响，如恶意攻击使得包括攻击者及无辜者的 IP 地址段被阻塞。

5．云服务终止或失效

由于云服务提供商破产或短期内停止提供服务，云用户的业务遭受严重影响，可能会导致服务交付性能损失或恶化，以及投资的损失。此外，在服务外包给云服务提供商的失败，有可能使云用户对它的客户和员工履行其职责和义务的能力受到影响。

6．密钥丢失

密钥管理不善可能导致密钥或密码被恶意的第三方获取。这有可能导致未经授权而使用身份验证和数字签名。

7．供应链故障

由于云计算提供商将其生产链中的部分任务外包给第三方，其整体安全性将因此受到第三方的影响。其中任一环节安全性的失效，将影响整个云服务的可用性以及数据的机密性、完整性和可用性等。

8．特权问题

由于云计算将很多用户聚集在一个管理域中，共享同一平台。这就为安全埋下隐患。其中，云服务提供商内部管理人员所拥有的特权对用户数据的隐私具有严重威胁，这就需要提供有效的管理机制来防止特权管理人员利用职权之便窃取用户私密数据或对其造成破坏。随着云服务使用量的增加，云服务提供商内部人员出现团体犯罪的概率也在增加，且该现象已经在金融服务行业中得到证实。

针对云内部的恶意人员，除了通过技术的手段加强数据操作的日志审计之外，严格的管理制度和不定期的安全检查也十分必要。云计算服务供应商有必要对工作人员的背景进行调查并制订相应的规章制度以避免内部人员作案，并保证系统具备足够的安全操作的日志审计能力，在保证用户数据安全的前提下，满足第三方审计单位的合规性审计要求。

技术体系结构设计再合理，无制度保障终将会带来破坏与损失；制订了规章制度而将制度束之高阁，其结果也将会破坏或泄露数据。因此，在制订了相关规章制度的前提下，还需严格确保制度的可执行性。同时，在各项管理措施得到保证后，发生安全事件后，必须追溯事件是何时发生的、事件发生的原因是什么、造成的损失如何补救、如何预防再次发生此类事件等。

2.3.3　法律上的风险

虽然云计算的名字给人的印象是其中的用户数据在不定的位置，但实际上，存储在云数据中心上的用户数据在物理上依然是存储在一个特定的国家，因此要受到当地法规的约束。例如，《美国爱国者法案》允许美国政府访问任何一台计算机上存储的数据，这可能使并不想将数据存放到美国的用户受到隐私方面的侵害。因此，要应对云计算带来的安全挑战，不仅需要从技术上为云计算系统和每个用户实例提供保障措施，还需要配套的法律法规和监管环境的完善，明确服务提供商和用户之间的责任和权利，对用户个人信息进行有效保护，防止数据跨境流动带来的法律适用性风险。

法律上的风险是指云服务提供商声明的 SLA 协议以及服务内容在法律意义上存在违反规定的风险。针对法律方面的问题，需要云服务提供商尽量规避用户数据的使用可能产生的法律问题。

云计算的法律风险主要是地域性的问题，但还有其他风险问题。

1．隐私保护

由于法律传讯和民事诉讼等因素使得物理设备被没收，将导致多租户中无辜用户存储的内容遭受强制检查和泄露的风险。

2．管辖变更风险

许多政府制订较严格的法律，禁止敏感数据存储于国外实体服务器中，违法者将处以重刑，因此任何组织若要使用云计算，且将敏感数据存储于云端中，必须证明云服务提供者并未将该数据存储在国外的服务器中。另外，用户的数据可能存储于全球范围内多个国家的数据中心，如果其中部分数据存储于没有法律保障的国家或地区将受到很大的威胁，可能被非法没收并被公开。

3．数据保护风险

对于云用户而言，因为不能有效检查云服务提供商的数据处理过程，从而不能确保该过程是否合规与合法。对于云服务提供商而言，则可能接受并存储用户非法收集的数据。

4．许可风险

由于云环境不同于传统的主机环境，必须制订合理的软件授权和检测机制，否则云用户和软件开发商的利益都将受到损害。

2.4 云安全关键技术

云安全主要涉及基础设施安全、虚拟化安全、数据安全、身份和访问管理安全、应用安全等方面。

2.4.1 虚拟化安全

虚拟化是构建云计算环境的关键，使用虚拟技术的云计算平台上的云架构提供者必须向其客户提供安全性和隔离保证。对某个 Hypervisor 的攻击可以波及其所支撑的所有虚拟机，威胁云计算环境的安全。具体来讲，服务器虚拟化、存储虚拟化和网络虚拟化的安全问题对云计算系统安全来说至关重要。

实现服务器虚拟化的安全，就要建立包括虚拟机安全隔离、访问控制、恶意虚拟机防护和虚拟机资源限制等在内的安全保护体系，并不断完善。

保障存储虚拟化安全，需要提供设备冗余功能和数据存储的冗余保护。

对于虚拟化网络，则需要采用合理按需划分虚拟组、控制数据的双向流量、设置安全访问控制策略等手段来构建虚拟化网络安全防护体系。

2.4.2 数据安全

确保用户数据的机密性、完整性和可用性是云计算安全的核心。针对数据安全的解决方案通常是数据加密和访问控制机制。采用更加有效的完整性验证算法是保证数据完整性的重点。副本技术则是解决数据可用性的常用手段。在数据隔离保护中，解决方案主要有数据隔离、访问控制机制和数据安全保护机制等。

云数据中心内部管理员的特权模式对用户数据隐私造成严重威胁。为防止提供商对用户数据的错误使用，需要采用符合云计算环境的特殊加密和管理方式。比如，参考文献[28]提出的全同态加密机制，参考文献[29]提出的利用基于环和组签名的加密方法实现用户数据的匿名存储。

目前，如何做好数据的隔离和保密仍然是一个很大的问题，这些技术在云计算平台下如何发挥作用，是否像在传统环境下那样有效仍然有待进一步研究。

2.4.3 身份认证和访问管理

身份认证和访问管理是一套业务处理流程，是一个支持数字身份管理与资源访问管理、审计的基础结构。

身份认证主要是指在用户访问资源和使用系统服务时，系统确认用户身份的真实性、合法性和唯一性的过程。在远程系统接入的时候，用户必须获得一定的接入权限，最常用的就是基于口令的身份认证。在基于口令的身份认证协议中，每个用户必须在认证前先向系统注册，进而系统保留其用户的注册信息。当用户通过某种安全通信信道与系统建立连接请求身份认证时，用户向系统传输口令信息，服务器端根据上传的口令信息与服务器上已保存的信息进行匹配，若匹配成功则认证通过。

对云服务来讲，双向认证是云计算中防止用户数据被非法访问的重要机制。一方面，如果云服务提供商不对用户进行严格的身份认证和访问管理，就会给攻击者以可乘之机，导致数据的冒名使用，给合法用户的数据安全带来威胁；另一方面，用户可能遭遇网络钓鱼和恶意软件攻击等安全威胁，导致数据被他人非法获取。

因此，无论用户在哪里登录，云服务提供商和应用程序都要确认用户的身份，只有通过认证的合法用户才能访问云中相应的服务和数据。在云计算中，用户可能使用不同云服务提供商所提供的服务，从而拥有不同的用户名和密码，这很容易造成混淆与遗忘。为了减轻用户负担并提供良好的用户体验，单点登录、联合身份认证、PKI 等技术和框架被广泛地应用到云计算的认证中。

在 CSA 的安全指南中，对单点登录的描述是："安全地将身份信息和属性传递给云服务的能力"。简单地说就是利用单点登录协议，使用户在使用云服务时只需要注册和登录一次，从而减轻用户负担。比如，Google 支持基于单点登录协议（OpenID）的单点登录技术、Salesforce 采用基于单点登录开放标准（SAML）的单点登录技术。

CSA 安全指南对联合身份认证的描述是："在不同云服务提供商的身份信息库间建立关联"。用户只需要在使用某个云服务时登录一次，就可以访问所有相互信任的云平台，而不需要在多个不同的云平台上重复注册和登录多个账号。简单地说就是用户可以使用一个账号登录相互信任的不同云服务平台。联合身份认证技术通常基于单点登录方案。

基于 PKI 的联合身份认证技术是目前广泛被采纳的一种联合身份认证方案。PKI 提供的安全服务包括身份认证、数据保密性、数据完整性和不可抵赖性等，从而实现了认证、授权和安全通信等安全功能。PKI 的基本要素是数字证书。数字证书是由认证权威 CA 发放的数字签名，包含了公开密钥的拥有者及相关信息的一种数据结构。比如基于 X.509 证书和 PKI 认证框架实现的 SSL 认证协议被用于 Amazon 提供的 EC2 云服务中，用于实现对用户的身份认证。

X.509 证书是由云服务提供商为用户生成数字证书以及私钥文件，也可以由用户通过第三方工具生成，这种证书不需要由特定的 CA 来颁发，只要符合证书的规范，并且在有效期内，就会被验证服务器接受为合法的证书。X.509 证书包括一个证书文件和相应的私钥文件，证书文件中包含该证书的公钥和其他数据，私钥文件中包含用户对 API 请求进行的数字签名的私钥，由用户唯一拥有，云服务系统不保存该私钥文件的任何副本信息。

在混合云环境下，由于具有用户所归属的认证域众多，用户和服务间信任关系动态变化的特点，不适宜采用 PKI 为用户建立信任关系。

2.4.4　加密与解密

目前，云服务提供商一般采用密码学中的技术来保证数据安全，常用技术之一就是对数据进行加密和解密。密码技术不仅服务于信息的加密和解密，也是身份认证、访问控制和数据签名等多种安全机制的基础。其应用领域主要有：①用加密来保护信息；②采用数字证书来进行身份鉴别；③采用密码技术对发送信息进行验证；④数字签名。

加密通常会涉及加密算法和加密密钥。目前，加密算法主要有如下三类：

1. 对称加密

对称加密，也称为单密钥加密技术，是一种在 20 世纪 70 年代的公钥体制出现以前的唯一一种加密技术。目前，它仍是使用频繁的一类加密算法。

对称加密技术主要包括几个因素：①明文，通信双方的原始消息；②加密算法，在明文上进行的一系列替换和移位操作；③密钥，加密算法输入的一部分；④密文，作为加密算法的输出，其完全依赖于明文和加密密钥，对于不同的密钥，由同一明文应该产生不同的密文；⑤解密算法，与加密算法的作用相反，以密文和密钥作为输入并且恢复明文。

按加密方式不同，对称加密算法又可以分为流密码和分组密码两种。

流密码也称为序列密码，是指利用密钥产生一个密钥流，然后利用此密钥流依次对明文进行加密。流密码通常以位或字节为操作对象。典型的流密码结构包括一个伪随机数发生器，当不知道密钥的情况下，可以产生一个不可预知的伪随机流，输入的明文依次与该伪随机流进行异或操作，来加密数据。分组密码将输入的明文分组当作一个整体进行处理，输出一个等长的密文分组。每组分别在密钥的控制下变换成等长的输出数字序列。

分组密码多采用 Feistel 结构（用于分组密码中的一种对称结构，以它的发明者 Horst Feistel 为名），并通过相同的多轮操作以提高加密算法的安全性。

DES 算法[30]是一个采用典型的 Feistel 结构，分别使用 64 位的分组和 56 位的密钥的对称加密算法。在 DES 算法中，加密过程和解密过程均采取了相反方向的轮变换。2000 年以后，DES 算法渐渐地退出了美国国家安全加密领域。现如今它主要应用在金融领域和计算机行业。DES 算法的最大优点就是加密速度快，而且随着芯片技术的不断提高，造价越来越低，为提高 DES 算法的计算速度提供了有效的技术支撑。

2. 非对称加密

与对称加密相比，非对称加密（公钥加密）是指加密和解密使用不同密钥的加密算法，也称为公私钥加密。

在公钥加密体制中的密钥分别记为公钥（Public Key）和私钥（Private Key），经过 Private Key 加密后的密文只有通过 Public Key 来解密，反之通过 Public Key 加密后的密文只有通过 Private Key 来进行解密。在加密过程中，公钥可以发布给公开群体，消息发送方经过公钥加密后的信息可以通过任何甚至不安全的通道发送给消息接收者，消息接收者收到消息后，可以用私钥解密该信息从而恢复明文，而不持有私钥的第三方无法恢复出该明文。另外，通过私钥加密的信息，加密者可以通过发布该消息使得任何持有公钥的通信实体能够解密并获得明文。公钥加密体制在这种场合下能够保证消息来源的真实性。比如数字签名是其典型的应用。

1977 年由 Ron Rivest、Adi Shamir 和 Leonard Adleman 一起提出的 RSA 算法是一个典型的公钥加密算法。该算法是如今使用最为广泛的公钥加密算法。它的安全性得到了人们共同的认可，已被 ISO 定为非对称体制算法的加密标准。RSA 算法的优点是其安全性完全依赖大数的因式分解，大数的因式分解至今还是一个数学难题，虽然没有完全证明大数的因式分解和破解 RSA 等价，但是几乎都是这样认为的，所以破解 RSA 算法存在一定困难。

3. 谓词加密

谓词加密提供了加密数据的查询和细粒度的访问控制。作为一种新的理论基础，谓词加密为密码学协议和应用提供了更多的解决方向。谓词加密广泛应用于需要对数据库服务器中的数据库进行加密，但同时又要通过服务器对加密数据进行搜索查询的情况。

假设张三把他所有的邮件存储在一个邮件服务器上。由于隐私的关系，他不想让邮件服务器知道这些邮件的内容。此时，就可以把这些邮件加密，并由张三持有私钥。当他要阅读邮件时再从邮件服务器中取出邮件时，用私钥进行解密并阅读。由于这些文件都是加密过的，张三无法通过邮件服务器对这些邮件进行查询操作。

但是，采用谓词加密就能解决上述问题。邮件信息包括（Sender，Date，Subject，…），可以将一些关键字作为邮件的可查询信息，用谓词加密对邮件进行加密。查询的时候，假设需要查询的谓词为 P：(Sender=Bob)&(Date E[2009，2010])。张三会根据这个谓词生成一个查询令牌，将令牌发送到邮件服务器以授权邮件服务器对加密邮件进行谓词评估，从而具有查询加密邮件的能力。但是，除了查询之外，邮件服务器不能获得这些邮件的任何其他信息。即谓词加密既实现了邮件的查询，又保证了邮件本身的保密性。

最后需要指出的是，因为云端计算对象存储中提供身份验证系统，使用用户名/密码组合对用户进行身份验证，这就需要对密码强度有一定要求。例如 NIST 关于密码强度所提供了一些规则包括检查密码字典的常用密码，指定最小密码长度，并要求使用不同的字符如小写字母、大写字母和数字等。

2.4.5　容灾与恢复

据 IDC 的统计数字表明，美国在 1990~2000 年发生过数据灾难的公司中，当时倒闭的占有比例为 55%，29%的公司在两年内之内倒闭，生存下来的仅占 16%。可以讲，数据的可用性对于数据服务提供商而言具有非常重要的意义。

目前，保证数据高可用性的主要技术就是容灾备份，通过此技术可以降低存储系统的单点故障。通过最大限度减少计划内和计划外的停机时间，可适应日常的维护和升级需要，减少与服务器和软件故障有关的应用程序停机时间，实现系统连续运转。

CSA 表明："数据备份是一种机制，用于防止数据丢失、不必要的数据覆盖和破坏，提醒用户不要假设存储在云端的数据是可恢复的"。为了防止数据丢失和破坏，以及提高数据可用性，云端计算对象存储通常会跨集群存储数据在多个位置。

在云环境下，云存储系统主要是采用数据冗余和异地分布存储的技术来保证云存储系统的数据可用性。这种方法主要在异地分布建立和维护多份数据的副本及地理的分散性来抵御数据的抗灾能力。这种多副本的存储方式在当数据因为灾难发生而无法访问的时候，可以通过恢复技术获取保存在异地数据服务器上的数据。比如，Amazon 的 S3 服务、Google 的 GFS 和 Hadoop 的 HDFS 为了保证数据的可用性，默认都采用 3 备份机制。

总之，容灾与恢复技术可以帮助云系统在自然灾害、系统故障及人为失误中快速恢复丢失的数据和间断的服务，以此来提高云存储服务的可靠性。

2.4.6　访问控制

访问控制技术包括安全登录技术和权限控制技术。对于安全登录，仍未有较为完善的解决办法，用户可通过自身的安全性来进行防范，如安装杀毒软件。对于权限控制，一方面应防范由系统漏洞带来的访问权限越界问题；另一方面应注意系统维护人员的访问策略，可采用由系统管理账号、密码和权限，存储到数据库中的机密信息全部采用密文保存，即便系统管理人员也无法得到原文，密钥可由用户掌握。

在云计算环境中，各个云应用属于不同的安全管理域，每个安全域都管理着本地的资源和用户。当用户跨域访问资源时，需在域边界设置认证服务，对访问共享资源的用户进行统一的身份认证管理。在跨多个域的资源访问中，各域都有自己的访问控制策略，在进行资源共享和保护时必须对共享资源制订一个公共的、双方都认同的访问控制策略，因此，需要支持策略的合成。

2.4.7 用户隔离

用户隔离技术最早出现在如防范病毒等领域，为了使用户程序安全运行，引入了"沙箱"技术，使程序的运行在一个隔离的环境中，并不影响本地系统[31]。沙箱技术最早出现在 Java 中，用来存放临时来自网络的数据和信息，即当网络会话结束后，服务器端保存的数据和信息也会被清除，从而有效地降低外来数据对本地系统的影响。沙箱只能暂时地保存外来信息，从而有效地隔离外来数据。这种方法对用户程序的限制在于它只能使用有限的文档和数据。

随着不同类别的云计算平台的推出，给用户提供各种各样的应用服务、计算服务和存储服务等，每个用户都有不同的需求，每个应用程序都需要存储数据和计算服务，那么保证这些应用服务的运行和数据的存储，以及计算服务之间不会发生数据冲突的常用技术之一就是隔离机制，不同的层次采用不同的隔离机制。

1. 基础架构层的隔离机制

如果通过基础架构层提供应用服务给用户，用户就可以去开发自己的应用服务，而不用担心服务器的地理位置。不同用户可以申请分配到属于自己的不同的服务器，那么用户之间就不会发生数据冲突，隔离的目的也就达到了。但是如果采用这种方式，云计算服务提供商需要耗费巨大的资金去购买和搭建大规模的服务器集群。

2. 平台层的隔离机制

平台层是介于应用层和基础架构层之间的一层，提供的是中间层服务，主要用于封装基础架构层提供的服务，使用户能够更加方便地使用服务。要在这一层上实现隔离，就需要每个用户都有自己的操作系统，服务器能够响应不同用户的不同需求，把属于不同用户的数据按照映射的方式反馈给不同的用户，这样就能够达到隔离的目的。在具有同等规模的集群环境中，运用平台层的隔离机制能够支持更多的用户。但是这种方式会消耗大量的服务器时间用于寻找指定映射。

3. 应用层的隔离机制

应用层通过对业务进行划分来实现多用户的隔离机制。该机制的设计思想是通过工作流引擎的不同来实现隔离，可以分为两种情况：第一种情况是具有相同的工作流引擎但不具有相同的数据流程，那么隔离机制就会给不同用户分配不同的名称，这样就能够区分每个用户的数据；第二种情况是多个用户具有同一个数据流程但工作流引擎不同，那么系统还是给不同的用户分配不同的名字，依据这些不同的名字来判断不同的工作流引擎所对应的用户数据，从而达到实现数据隔离的目的。

2.4.8 网络安全

随着信息技术的发展和网络的迅速传播，网络安全威胁问题一直在增加，但是网络安全技术也在不断被改善。常用的网络安全技术有以下几种：

1. 安全套接层（SSL）

SSL 是 Netscape 公司率先采用的网络安全协议。它是在传输通信协议 TCP/IP 上实现的一种安全协议，采用公开密钥技术，支持服务通过网络进行通信而不损害安全性。它在客户端和服务器之间创建一个安全连接，然后通过该连接安全地发送任意数据量。

SSL 广泛支持各种类型的网络，同时提供三种基本的安全服务，它们都使用公开密钥技术。

2. 虚拟专业网络（VPN）

VPN 被普遍定义为通过一个公用互联网络建立一个临时的且安全的连接，是一条穿过混乱的公用网络的安全、稳定隧道，使用这条隧道可以对数据进行几倍加密以达到安全使用互联网的目的。

VPN 可以分为两部分，一个是隧道技术，另一个是加密技术。隧道技术意味着从开始节点到结束节点，发送和接收数据是通过一个虚拟隧道，这个隧道不受外网的影响。

2.4.9　安全审计

目前对安全审计这个概念的理解还不统一。概括地讲，安全审计是采用数据挖掘和数据仓库技术，实现在不同网络环境中端对终端的监控和管理，在必要时通过多种途径向管理员发出警告或自动采取排错措施，能对历史数据进行分析、处理和追踪。

比如，1999 年 12 月，国际标准化组织和国际电工委员会正式颁布发行《信息技术安全性评估通用准则 2.0 版》（ISO/IEC 15408），对安全审计定义了一套完整的功能，如安全审计自动响应、安全审计事件生成、安全审计分析、安全审计浏览、安全审计事件存储以及安全审计事件选择等。

参考文献

[1] Ko R K, Jagadpramana P, Mowbray M, et al. TrustCloud: A framework for accountability and trust in cloud computing[C]. 2011 IEEE World Congress on Services, Washington, 2011: 584-588.

[2] Frank G. Cloud Computing in the Enterprise[R]. Enterprise IT in the Cloud Computing Era New IT Models for Business Growth & Innovation, IDC, 2008.

[3] 陈康, 郑纬民. 云计算: 系统实例与研究现状[J]. 软件学报, 2009, 20(5): 1337-1348.

[4] 周明. 云计算中的数据安全相关问题的研究[D]. 南京: 南京邮电大学, 2013.

[5] 中国电信网络安全实验室. 云计算安全: 技术与应用[M]. 北京: 电子工业出版社, 2012.

[6] Parekh D H, Sridaran R. An analysis of security challenges in cloud computing[J]. International Journal of Advanced Computer Science and Applications, 2013, 4(1): 38-46.

[7] Intel IT Center. Preparing your virtualized data center for the cloud[J]. 2014: 1-20.

[8] Takabi H, Joshi J B D, Ahn G J. SecureCloud: Towards a comprehensive security framework for cloud computing environments[C]. Proc. 1st IEEE Int'l Workshop on Emerging Applications for Cloud Computing, Seuol, 2010:393–398.

[9] 张韬. 国内外云计算安全体系架构研究状况分析[J]. 广播与电视技术, 2011, 38(11): 123-127.

[10] 冯登国，张敏，张妍，等. 云计算安全研究[J]. 软件学报, 2011, 22(1): 71-83.

[11] Security guidance for critical areas of focus in cloud computing V3.0[J/OL]. https://cloudsecur ityalliance.org/guidance/csaguide.v3.0.pdf.

[12] 颜斌. 云计算安全相关标准研究现状初探[J/OL].http://www.chinacloud.cn/upload/2013-01/13011111567732.pdf.

[13] Heiser J, Nicolett M. Assessing the security risks of cloud computing[J/OL]. https://www.gartner.com/doc/685308.

[14] 邓谦. 基于 Hadoop 的云计算安全机制研究[D]. 南京: 南京邮电大学, 2013.

[15] Information Systems Audit and Control Association. Cloud computing: Business benefits with security, governance and assurance perspectives[J/OL]. http://www.isaca.org/ Knowledge-

Center/Research/ResearchDeliverables/Pages/Cloud-Computing-Business-Benefits-With-Security–Governance-and-Assurance-Perspective.aspx.

[16] European Network and Information Security Agency. Cloud computing information assurance frameork[J/OL]. http://www.enisa.europa.eu/activities/risk-management/files/delivera-bles/cloud-computing-information-assurance-framework/at_download/fullReport.

[17] Ristenpart T, Tromer E, Shacham H, et al. Hey, You, Get off of my cloud! Exploring information leakage in third-party compute clouds[C]. Proceedings of the 16th ACM conference on Computer and communications security, Chicago, 2009: 199-212.

[18] Kamara S, Lauter K. Cryptographic cloud storage[C]. Financial Cryptography and Data Security, volume 6054 of Lecture Notes in Computer Science, Springer Berlin/Heidelberg, 2010: 136-149.

[19] Seny Kamara T R, Papamanthou C. CS2: A searchable cryptographic cloud storage system[R]. Technical Report MSR-TR-2011-58, Microsoft Research, 2011.

[20] di Vimercati S D C, Foresti S, Jajodia S, et al. A data outsourcing architecture combining cryptography and access control[C]. Proceedings of the 2007 ACM Workshop on Computer Security Architecture. New York, 2007: 63-69.

[21] Xie M, Wang H, Yin J, et al. Integrity auditing of outsourced data[C]. Proceedings of the 33rd International Conference on Very Large Data Bases,University of Vienna, Austria, 2007: 782-793.

[22] Chen H, Ma X, Hsu W, et al. Access control friendly query verification for outsourced data publishing[C]. Proceedings of the 13th European Symposium on Research in Computer Security: Computer Security. Torremolinos, 2008: 177-191.

[23] Karame G O, Capkun S, Maurer U. Privacy-preserving outsourcing of brute-force key searches[C]. Proceedings of the 3rd ACM Workshop on Cloud Computing Security Workshop,New York, 2011: 101-112.

[24] Shi E, Bethencourt J, Chan T H, et al. Multi-dimensional range query over encrypted data[C]. IEEE Symposium on Security and Privacy, Berkeley, 2007: 350-364.

[25] Popa R A, Lorch J R, Molnar D, et al. Enabling security in cloud storage SLAs with cloud proof[R]. Technical Report MSR-TR-2010-46, Microsoft Research, 2010.

[26] Dimitrios Z, Lekkas D. Addressing cloud computing security issues[J]. Future Generation Computer Systems, 2012, 28(3): 583-592.

[27] Gentry C. Fully homomorphic encryption using ideal lattices[C]. Proceedings of the Annual ACM Symposium on Theory of Computing, Bethesda, 2009: 169-176.

[28] Centry C. A fully homorphic encryption scheme[D]. Stanford: Stanford University, 2009.

[29] Meiko J, Schäge S, Schwenk J. Towards an anonymous access control and accountability scheme for cloud computing[C]. IEEE 3rd International Conference on Cloud Computing, Athens, 2010: 540-541.

[30] Nie T Y, Zhang T. A study of DES and blowfish encryption algorithm[C]. TENCON 2009-2009 IEEE Region 10 Conference, Cheju Island, 2009: 1- 4.

[31] 方海光，陈蜜. KVM 在分布式资源共享和隔离中的应用[J]. 计算机工程与应用, 2008, 44(24): 103-105, 142.

第3章　云基础设施安全

云计算的基础是云基础设施，承载云服务的应用和平台均建立在云基础设施之上。确保云环境中用户数据和应用安全的基础是要保证云基础设施的安全和可信。由于云计算的服务模式和它引入的虚拟化技术不可避免地会给云基础设施带来一系列新的安全问题，本章将从全局角度分析云基础设施存在的安全问题，并结合云基础设施的安全需求来讨论保证云基础设施安全性的关键技术。

3.1　概述

云服务的应用和平台都是建立在云基础设施之上，确保云环境中用户数据和应用安全的基础是要保证服务的底层支撑体系即云基础设施的安全。

3.1.1　云基础设施的架构

云计算基础设施是以高速以太网连接各种物理资源（如服务器、存储设备、网络设备等）和虚拟资源（如虚拟机、虚拟存储空间等）。其允许的增量增长远远超出典型的基础设施规模水平。这些组件应该根据它们的能力来选择，以支持可伸缩性、高效性和安全性。其中虚拟基础设施资源是利用虚拟化技术构建的建立于物理基础设施资源的基础之上的，对内通过虚拟化技术对物理资源进行抽象，使内部流程自动化并对资源管理进行优化，对外则提供动态灵活的资源服务[1,2]。

云基础设施栈的结构可以描述为如图 3-1 所示的形式。

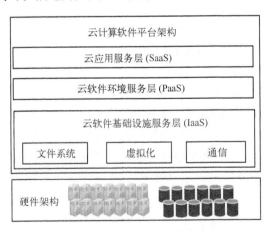

图 3-1　云基础设施栈结构图

1. 云数据中心网络结构

对于数据中心而言，传统的数据中心架构和服务方式已经逐渐落后于时代需求，用户对安全、高效及节能等方面的要求也越来越迫切。在此背景下，迎合云计算技术的云数据中心应运而生。这种新型的数据中心已经不只是一个简单的服务器托管和维护的场所。它已经衍变成一个集大数据运算和存储为一体的高性能计算机的集结地。各 IT 厂商将之前以单台为单位的服务器通过各种方式变成多台为群体的模式，在此基础上开发如云存储等一系列的功能，以提高单位数量内服务器的使用效率。

目前，新一代数据中心（又称为云数据中心）的概念仍没有一个标准定义。普遍认为新一代数据中心，是基于标准构建模块，通过模块化软件实现 7×24h 无人值守运行与管理，并以供应链方式提供共享的基础设施、信息与应用等服务。

由于云计算硬件设施层的服务器可达数十万台，因此，其基础架构的网络结构通常采用如图 3-2 所示的三层设计方案[3]。

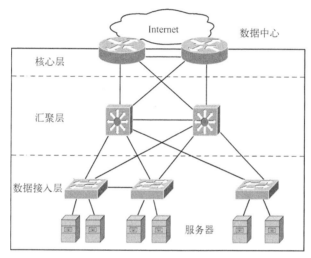

图 3-2　云数据中心网络结构

在当前的云计算架构中，云数据中心是云计算硬件架构最底层的独立计算单位。作为一个大型的数据中心，需要处理大量的数据，而这些计算机要承担的任务，绝大部分是简单的计算。与此同时，为了控制数据中心的成本，数据中心的计算机一般并不是高性能的服务器，而是大量的廉价计算机，随之而来的一个问题就是，当进行大量计算时，如何保证整个数据中心内部的数据交换效率。另外，面向云的数据中心侧重点已由物理架构转向了提供标准化服务。在物理设施和管理层，对内使用良好的调度和平衡方案，大量使用虚拟化技术；对外则屏蔽下层物理设备，为上层提供标准化计算和存储资源，根据用户的不同需求，提供不同水平和集成度的服务。

一般来讲，云数据中心的网络架构需要具备以下五大技术特性[4]：

（1）高速以太网　带宽压力是云数据中心网络的核心问题。比如视频点播等应用，都需要万兆以太网。随着服务器和接入设备上万兆以太网的普及，数据中心的网络汇聚层和核心层设备对万兆以太网的需求越来越强烈。作为新一代云数据中心，其汇聚层或核心层至少应该采用 100G 以太网才能满足应用需求。

（2）浪涌缓存　浪涌，也称为突发流量，表示瞬间的网络高速流量。这种情况在承载搜索业务的数据中心中表现尤为明显。数据中心处理一次搜索业务，一般是由一个服务器发起，然后向数据中心中保存有搜索信息业务的数千台服务器同时发起搜索请求，这些服务器几乎同一时间将搜索结果返回给发出搜索请求的服务器。

传统数据中心的网络采用出端口缓存的机制，使得所有数据流的突发在出端口处被缓存，缓存的大小即是网络最大可能的突发值。云数据中心应用的特点要求缓存要大，所以一般云数据中心的网络设备必须具备超大缓存，同时不再采用出端口缓存，而采用入端口缓存。

这种浪涌缓存技术能够自动调节不同方向的瞬时流量拥塞压力，是当前云数据中心网络的主要应用技术。

（3）网络虚拟化　传统数据中心网络架构由于采用多层结构，导致网络结构比较复杂，使得数据中心基础网络的维护管理难度增大。云数据中心需要管理的网络设备会更多，有必要引入虚拟化技术进行设备管理。通过虚拟化技术，用户可以将多台设备连接，"横向整合"起来，组成一个"联合设备"，并将这些设备看作单一设备进行管理和使用。网络虚拟化也可以将一台设备分割成相互之间完全独立的多个虚拟设备。

（4）统一交换　云数据中心网络需要具备"统一交换"的无阻塞全线速（线速是指线路数据传送的实际速率能够达到的名义值；无阻塞全线速是指交换的任意大小字节的报文均能够达到全线速的能力）交换架构。实现无阻塞全线速的架构也就意味着要具备统一交换技术。

（5）绿色节能　云数据中心的网络是数据中心中能耗的主要组成部分之一，只有通过降低网络的能耗才能提升云数据中心的运行效率。网络设备消耗的功率是该设备内所有器件消耗功率的总和，选择低功耗的器件是实现节能降耗的源头。其带来的效果不仅仅是整机功耗简单累加后的降低，还将降低热设计的代价。网络设备的电源系统要采用完备的电源智能管理，自动调节功率分配。此外，还可以通过模块化的设计以及虚拟化等绿色节能技术，降低云数据中心的设备投入成本以及运营维护成本。

2. 云计算硬件基础架构

云计算硬件设施层位于云基础设施最底层，包括 CPU、GPU 和网络等必备硬件，是云计算的承载实体。根据云计算技术的特性，云计算环境中的硬件设备数量较多而且分布于不同地理位置，硬件设备之间通过互联网以及网络传输介质等途径进行连接。不同的硬件设备由统一的硬件设备管理系统进行管理，通过底层基础组成部件而实现硬件设备的逻辑虚拟化管理、多链路冗余管理、硬件基础设施的监控和故障处理管理等系统化管理措施。

具体来讲，云计算硬件基础架构主要包括服务器集群、海量存储设备和高速的网络带宽链路三部分[5]。

（1）服务器集群　云计算最基本的硬件就是串联起来的服务器，为解决大规模服务器串联所引起的主机散热问题，云计算数据中心采用"货柜式"摆放法，即将大量的服务器集群规整地摆放在类似大货车的集装箱里。为实现云计算平台的效用性，对庞大规模的服务器集群需要采用具有可伸缩性、数据可重复性以及容错和平衡负载等特性的串联技术。比如，Google 的 Altanta 数据中心与 Oregon Dellas 数据中心互为备份，为维护服务器集群之间的负载平衡，将计算工作平均分配到不同服务器集群上。

（2）海量存储设备　作为 IaaS 承载实体，除提供高性能的计算之外，还必须要有足够的存储空间，以满足用户对不断增强的信息存储的需求。比如 Google 在全球约有 36 个数据中心，其中 19 个在美国，12 个在欧洲，3 个在亚洲，1 个在俄罗斯，1 个在南美，可提供近115.2 万兆字节存储空间，并通过 GFS 和 BigTable 实现数据的存储和管理。

（3）高速的网络带宽链路　一个云内可以包含数千甚至上万台服务器，虚拟化技术的普遍采用使实际网络节点的数量更加巨大。因此用于连接云内不同节点的网络就成为实现高效计算和存储能力的关键环节之一。云计算相关的网络技术需要解决以下三个主要问题：① 虚拟机流量的接入与控制。由于虚拟机的引入，虚拟机之间流量的交换可能深入到网卡内部进行，使得原本服务器与网络设备之间在网络接入层比较清晰的界限被打破。目前的主流方法是采用虚拟机软件厂商所提供的软件交换机。② 数据中心内部横向流量的承载。在云计算数据中心中，出于对虚拟机热迁移的需要，汇聚层通常采用二层网络组网，这使得汇聚层二层网络规模大大增加，原有技术有可能造成链路的大量浪费。③ 数据和存储网络的融合。传统数据中心中存在两类网络，即连接服务器的以太网，以及连接服务器和存储设备的光纤存储网。两类网络的并存抬高了建设和运行管理成本，为适应云计算低成本的需要，数据网络和存储网络的融合成为一种趋势。④ 大量的服务器群和超容量空间的数据存储与交换，不仅要求云计算数据中心的服务器之间使用超高速网络连接，同时，对客户端的网络速度和频宽也提出了更高的要求。

3. 云计算软件栈架构

为了更好地组织构成云计算基础架构的物理实体，必须设计相应的系统软件，以便更好地发挥物理实体的作用。

（1）IaaS 层　IaaS 层主要由分布文件系统和虚拟化层构成。为了更好地组织构成云基础的硬件设施，云计算底层通常有一个能够控制这些硬件设施的文件系统层，以便负责系统对硬件的访问。比如 Google 的 GFS 和 Hadoop 的 HDFS。

虚拟化可以将独立的服务器和软件系统虚拟化为多个并行的可供操作的逻辑对象。虚拟化技术使应用程序和底层的物理硬件资源实现逻辑独立，解除了捆绑，使得系统能够适应各种应用程序，而与底层物理设备不再直接关联。

（2）PaaS 层　PaaS 层主要由云计算编程模式和数据管理层构成。云计算平台的一个重要指标是计算能力。对此，云计算服务平台必须提供一个简单有效的计算模型。目前，广泛应用于云计算平台的计算模型为 MapReduce 模型。

云计算平台处理的数据具有规模大、分布广的特点。为了更好地组织用户访问的数据，需要数据库管理服务器专门处理数据，这样才能够满足用户高速存取数据的需求。比如 Google 和 Hadoop 的数据管理层分别是 BigTable 和 HBase。

（3）SaaS 层　SaaS 层的作用在于根据不同的业务需求开发对应的应用服务接口，从而提供不同的业务访问能力，提高云计算服务系统供给的多样性和广泛性。其中，SaaS 层是否拥有设计良好、操作简单的应用接口和界面是 SaaS 层应用软件成功与否的关键。

需要指出的是，由于目前不同的云计算服务提供商均为独立实体，各自拥有自己的云计算服务提供方式，所以云计算服务系统的访问类型和访问手段会随云服务提供商的不同而存在差异。

3.1.2　云基础设施的安全问题

云服务提供商都会有自己的遍布全球的数据中心，而数据中心里便存放着组成云最底层的基础设施，如服务器、存储设备和网络硬件等。云基础设施作为云的最底层，它的安全是云计算环境中用户数据和应用安全的基础。因此，保证云基础设施的安全性，才是彻底解决云计算安全问题的关键[2,6]。

1. 硬件设施层的安全保护问题[7]

（1）底层硬件设施　底层硬件设施层的安全性直接与云计算服务供给的安全性挂钩。它是云计算服务系统的安全基础。通常需要考虑以下几方面：

1）硬件管理。硬件设备具有一定的生命周期，不可能永远使用，老化的硬件不仅出错率高，还有可能造成数据丢失等严重问题，因此，保持硬件的更新换代尤为重要。

依据硬件设备的特性不同，可以分为两类：一类是与用户数据无关的硬件设备如路由器、交换机等，这类设备的更换较简单，换下来的旧设备也能在要求较低的地方继续使用；另一类是存储有用户信息的设备如 SAN 或存有用户数据的服务器硬盘等，这一类设备必须对其中存有的数据进行销毁，以防止任何可能的数据泄露。

2）物理访问。首先数据中心必须保证对能进入数据中心的工作人员的资格进行严格审查与控制，保证工作人员权限最小化，以防止任何可能的权力滥用；其次严禁携带任何移动设备，杜绝数据泄露的可能性；最后要设置完善的监视、日志和审计制度，保证任何恶意行为为事发后有据可查。

3）容灾安全。自然灾害无法避免，我们所能做的就是做好充分准备，在其到来时尽量减少损失。对云计算而言，需要保证在一个数据中心遇到自然灾害而导致整个数据中心不可用时能够及时切换到其他数据中心，即用户数据必须在其他数据中心有相应的备份，保证任何灾难性的事件不会导致数据的永久丢失。另外，数据中心应当尽量使用不同的电力和网络供应商等，以免遭遇断电和断网等情况。

（2）网络　网络作为与外界入侵抗衡的一道屏障，从安全的角度来讲，需要考虑以下几方面：

1）防火墙与安全策略。为保证网络环境的安全性，必须制订严格而完善的管理策略。比如支持逻辑上将物理防火墙划分成多个虚拟域，而每个虚拟域均可以看成一台完全独立的防火墙设备，彼此之间互不干扰。再如开放使用端口 22 的安全服务器，如亚马逊即使用该端口支持有较高安全需求的应用部署等管理操作，还要提供如 IP 白名单的功能，保证访问云端应用、数据的 IP 在访问控制列表之内等。

2）数据传输。云内部的数据通信必须保证使用 SSL，而云与用户之间基于安全性考虑，也应尽量使用 HTTPS 等安全通信协议进行相互认证。

2．基础管理层安全保护问题

基础管理层将云计算环境中存在差异的硬件设备组合起来对外提供统一的服务。可以从外部防御和内部防范两个方面考虑基础管理层次的安全保护问题。

外部防御是指抵御一些来自云计算服务供给系统外部的安全攻击，如非法入侵、拒绝服务攻击等。内部防范主要是防止内部具有合法身份的用户有意或无意地做出对数据中心的基础设施安全有害的行为。

对于此类威胁，常采用的措施有构建完善的日志管理机制、对系统进行实时监控、对底层硬件设施层次配置数据进行必要的加密和备份等。

3．平台网络安全保护问题

所有云服务的提供和使用都是通过网络实施的。由于网络的虚拟性，确认使用者的身份以及确保身份的合法性是其面对的首要问题。一旦攻击者获取到用户的身份验证信息，假冒合法用户，用户数据将完全暴露在其面前，其他安全措施都将失效，攻击者将可能窃取或修改用户数据、窃听用户活动等，从而给用户带来损失，因此身份假冒是云计算技术面临的一大安全威胁。

云管理软件的不同组件之间也可能涉及数据中转、上传或下载等传输行为，可结合数据加密与加密传输协议来实现数据机密性与完整性。

除了采用传统的防火墙安全策略来提高网络的安全性外，还可通过监控网络流量以防止泛洪等攻击，如利用虚拟机上第三方入侵检测系统对网络状态实行监控以防止 DDoS 攻击[2]。在公共 IaaS 和 PaaS 云中，网络层隔离模式消失。网络安全完全依赖于域，此时可以对内联网与外联网都进行隔离网络流量以提高安全。

4. 虚拟化层安全保护问题

云计算平台中的软件和硬件均可以通过虚拟化技术为多个用户所共享，从而实现资源利用效率的最大化。但是虚拟化技术也引入了比物理主机更多的安全风险。

从运维的角度来看，对于虚拟服务器系统，应当像对待一台物理服务器一样地对它进行系统安全加固。同时严格控制物理主机上运行虚拟服务的数量。如果虚拟服务器需要与主机进行连接，应当通过 VPN 等安全方式通信，防止由于某台虚拟服务器被攻击后影响其所在的物理主机。

对虚拟服务器的运行状态进行严密的监控，实时监控各虚拟机中的系统日志和防火墙日志，以此来发现存在的安全隐患，对不需要运行的虚拟机应当立即关闭。

由于传统的安全策略主要适用于物理设备，无法管理到每个虚拟机和虚拟网络等，因而使得传统的基于物理安全边界的防护机制难以有效保护基于虚拟化环境的用户应用与信息安全。

5. 平台中数据的安全保护

云计算平台通过提供存储服务以支持用户数据的存储与使用。从保证数据可用性的角度来讲，云平台通常采用数据多备份技术。比如 Hadoop 平台，在默认情况下，每一个数据块在存储系统中保留三个备份。云服务提供商还需要定期对数据进行校验和同步。比如 Amazon 引入 Merkle 树算法（Amazon 存储平台 Dynamo 采用的同步数据的算法）来实现不同副本之间的数据同步，并通过计算比较不同数据段之间的散列值来检测数据完整性。

云数据中心管理员所具有的特权会对用户的数据隐私造成严重威胁。为防止云服务提供商对用户数据的异常访问或使用，需要采用特殊的加密和管理方式。它既要允许多用户之间的数据共享访问，又要防止数据的非法访问，这需要合理的密钥管理架构。比如：Roy 等人[8]在云中数据的生成与计算阶段引入集中信息流控制和差分隐私保护技术，防止计算过程中非授权的数据被泄露，并支持对计算结果的自动解密；Bowers 等人[9]针对云中数据的存储和使用阶段，提出一种基于客户端的隐私管理工具来支持用户控制自己的敏感信息在云端的存储和使用；Kirch 等人提出可利用自加密和完全硬盘加密方法对虚拟机映像及组成映像的文件中的加密数据实行保护[10]。

6. 应用访问层安全保护问题

应用访问层是云计算服务供给系统与外界交互的通道。它按照不同的业务需求提供不同的应用服务访问接口，授权用户则通过这些接口接入云计算服务供给系统进而访问和使用云计算服务。

针对应用访问层次的安全保护问题，需要考虑身份认证、访问控制与数据保护等安全手段。

（1）身份认证　身份认证是系统安全的第一道防线。对于云端应用的使用者来讲，身份认证的实现方式多种多样，如基于用户名口令、基于一次性认证码和基于证书。无论如何，基本原则是应当保证认证级别与数据和应用的安全性需求一致。

（2）访问控制　数据拥有者在需要与其他用户共享数据的时候，必须有安全的方式来实现。目前主流的方式是将访问控制策略集成到访问 URL 中，并由拥有者提供签名，授权给共享用户。共享用户在规定的时间范围内使用该 URL 访问数据资源。

（3）数据保护　数据保护为一个广义的概念，通常包括以下几个方面：① 通过数据加密，保护数据不被未授权的用户访问；② 保证数据能被授权用户访问；③ 使用验证码，支持数据的完整性；④ 采用水印技术，支持数据使用追踪。

3.2　网络级安全

3.2.1　数据的保密性

云计算平台的数据，无论其处于存储、运行或网络传输中的任何一个状态，系统都要保证其保密性。

保证数据的保密性，可以采取的措施主要包括：① 对数据进行存储隔离、存储加密和文件系统加密，确保云服务提供商无法查看或更改用户数据；② 采取虚拟机隔离和操作系统隔离，避免数据在运行时被他人窥视或更改；③ 采用传输层加密和网络层加密，保证数据在网上或云内传输过程中不被他人查看或更改。

在云计算环境中，数据隔离机制可以防止其他用户对数据的访问，也要防止服务提供者内部的数据泄露。云计算中数据加密的常用方式是，在用户端使用用户密钥进行数据加密，然后上传到云计算的环境中，之后使用时再进行解密，避免将数据加密后存放在物理介质上。

3.2.2　认证授权和访问控制

访问控制是解决云计算中用户数据隐私性保护的关键技术之一。它能够根据安全策略限制对云中数据的非法访问，保证用户存放在云计算平台中的数据安全。

通过集中的身份和访问管理，采用适当的访问控制，云用户能够用一种标准的方法来保护影响数据安全的操作，从而满足在安全上的需要，避免访问风险。云用户的认证授权和访问控制措施需要具备如下能力：

1）身份管理。在用户生命周期中，有效地管理用户的身份和访问资源的权限。

2）访问授权。在用户生命周期中，提供随时随地的访问。用户生命周期可能跨越多种环境和安全域，可以通过集中的身份、访问、认证和审查，监测、管理并降低身份识别和访问的风险。

3）权限收回。云计算系统需要具备将权限从主体收回的功能，这样才能防止在客体撤销主体的权限后，主体再对客体进行越权访问。

4）访问检查。云计算系统需要通过访问检查功能模块来实施整个系统的访问控制，允许合法的访问，阻止非法的访问，进行授权和权限收回。

3.2.3　网络的安全性和隔离性

云计算主要取决于互联网和远程计算机或服务器在维护运行各种应用程序的数据。网络用来上传所有信息。同时，它提供虚拟资源、高带宽和软件以满足消费者的需求。

云计算的网络结构面临各种攻击，主要类型有 SQL 注入攻击、浏览器的安全问题、泛洪攻击和不完整的数据删除等。可以通过以下网络技术保证网络的安全性和隔离性：

1）VLAN。在数据中心内部隔离不同的应用和用户程序，确保用户数据不被其他用户获取，但网络管理人员还是可以看到所有的网络数据，因此这种方法不能保证用户数据的保密性。

2）VPN。虚拟专用网络将多个分布的计算机用一个私有的经过加密的网络连接起来，形成一个用户的私有网络，采用这种方式可以保证用户数据传输安全性。

3.3 虚拟化技术及其安全

虚拟化技术由于其在提高基础设施可靠性和提升资源利用效率等方面的巨大优势，其应用领域越来越广泛，如服务整合、资源整合、系统安全和分布式计算等。特别是新兴起的云计算，更需要虚拟化技术的支撑。目前，几乎所有的公有云服务提供商都是通过虚拟技术向用户提供相应的服务。

3.3.1 虚拟化技术概述

1. 发展历程

虚拟化技术是伴随着计算机技术的产生而出现的。在计算机技术的发展历程中，虚拟化技术一直扮演着重要的角色。

虚拟化技术[11]的起源最早可以追溯到 1959 年，计算机科学家 Christopher Strachey 发表的一篇名为 "Time Sharing in Large Fast Computers"（大型高速计算机中的时间共享）的学术论文[12]。他在文中提出了虚拟化的基本概念，这篇文章被认为是虚拟化技术的最早论述，可以说虚拟化作为一个概念被正式提出，自此迎来了虚拟化新纪元的开始。

此后的十几年，虚拟化技术走进了初始发展阶段。直到 20 世纪 60 年代，IBM 公司为其 System/360 Model67 大型机发明了一种虚拟机监控器（VMM）技术[13]。这种技术将一台大型计算机划分为多个逻辑实例，每个逻辑实例运行一个操作系统，使得用户可以在一台计算机上同时运行多个操作系统，而用户在使用这些操作系统时就像在真实的物理设备上使用操作系统一样。通过这种技术，用户可以充分地利用昂贵的大型机资源，降低了大型机资源的使用成本。

在接下来的十年间，由于计算机硬件成本的显著下降，当初为了共享昂贵计算机硬件资源而设计的虚拟化技术受到的关注度有所降低，但在高档服务器中仍继续存在。

20 世纪 70 年代后，随着计算机技术的发展和市场竞争的要求，大型机的技术开始向小型机和 UNIX 服务器转移。IBM、HP 和 SUN 等公司都将虚拟化技术引入各自的高端精简指令集 RISC 服务器和小型计算机中。由于不同厂商的产品和技术不能很好地兼容，这使得虚拟化技术的发展进程有所变慢，公众关注度也有所降低[14]。

2000 年以前，x86 架构上并没有虚拟化产品，而虚拟化在当时也绝非主流技术。但早在 1998 年，毕业于麻省理工学院（Massachusetts Institute of Technology，MIT）的 Diane Greene 察觉到计算机资源的使用率比较低，因此和 Mendel Rosenblum、Scott Devine、Edward Wang 及 Edouard Bugnion 等人成立 VMware 公司，专注提升硬件效能的研究和产品开发。1999 年，

VMware 公司提出了一套以 VMM 为中心的软件解决方案[15]。这套方案在全虚拟化模式中使 PC 服务器平台实现虚拟化。这是 x86 架构上的第一款虚拟化商用软件。虚拟机技术从此进入个人计算机领域并重新得到快速发展。

2003 年，采用最新半虚拟化技术实现的开源 Xen 推出，并在数据中心用户群体中流行开来。Xen 的推出使得虚拟化技术的研究和应用更加普及。2005 年和 2006 年，两大 CPU 生产商 Intel 和 AMD 对硬件进行了修改，分别推出支持硬件虚拟化技术的产品[16]。这项技术改变了 x86 架构对虚拟化支持的效能，x86 架构由此成为虚拟化技术发挥作用的重要平台之一。

时间跨进 2006 年，可以说是进入了虚拟化技术的爆发期。2009 年，虚拟机首次在历史上超过了物理机。

随着云计算的兴起，虚拟化技术走进了一个全面鼎盛的时期。虚拟机技术是云计算系统中的核心关键技术之一。它是可以将各种计算及存储资源充分整合和高效利用的关键技术。通过虚拟化手段将系统中各种异构的硬件资源转换成为灵活统一的虚拟资源池，从而形成云计算基础设施，为上层云计算平台和云服务提供相应的支撑。

2．虚拟化的优势

虚拟化技术所带来的效益与价值是多方面的。具体来讲，主要包括以下几点[17]：

（1）提高资源利用率　通过虚拟化技术可以将原本一台机器的资源分配给数台虚拟化的机器而不牺牲性能，这可以使企业在不增加硬件资源的情况下提供更多的服务能力，即提升了已有资源的利用率。

（2）降低成本　由于虚拟化技术实现了资源的逻辑抽象和统一表示。因此，在服务器、网络及存储管理等方面都有着突出的优势，如可以降低管理复杂度，从而有效地控制管理成本，或者可以方便地实现虚拟机在物理机之间的动态迁移，进而实现计算资源或任务的整合，从而通过关停无负载的物理机器而降低运营成本。

（3）隔离　虽然虚拟机可以共享一台计算机的物理资源，但它们彼此之间是完全隔离的，就像它们是不同的物理计算机一样。因此，在可用性和安全性方面，虚拟环境中运行的应用程序之所以远优于在传统的非虚拟化系统中运行的应用程序，隔离是一个重要的原因。

（4）高可用性　传统的解决方案多为采用双机热备（需要购买两台服务器、两套操作系统、两套数据库和双机热备软件等）的方式来保证业务的连续性，但是这种方式是以付出昂贵的成本为代价的。通过虚拟化，以软件的方式实现高可用性的要求，可以把意外宕机的恢复时间降至最低。在充分利用现有硬件计算能力的前提下，在多台服务器上部署虚拟化软件后，即使一台服务器出现故障意外宕机，虚拟化软件也会自动把该服务器的应用系统切换到其他服务器上来运行，从而以相对较低的成本在最大程度上保证不同应用系统的连续性，降低了风险。

（5）封装　所有与虚拟机相关的内容都存储在文件中，复制和移动虚拟机就像复制和移动普通文件一样简单、方便。

（6）便于管理　通过虚拟化可以集中式地管理和监控所有的物理服务器和虚拟机，灵活动态地调整和分配虚拟机的运算资源，使一个管理员可以轻松地管理比以前更多的设备而不会造成更大的负担。

3．虚拟化的概念

尽管虚拟化已经成为 IT 界的热门话题之一，但目前关于虚拟化的定义并没有统一的标准。在实践中，可以从广义与狭义两个方面来理解虚拟化概念。在计算机科学领域，广义上的虚拟化是指计算元件在虚拟的基础上而不是真实的基础上运行，是一个为了简化管理、优化资源的解决方案[18]。狭义上的虚拟化是指在计算机上模拟运行多个操作系统的技术。可以说，凡是把一种形式的资源以另一种形式呈现出来的方法都可以称为虚拟化。

从本质上讲，虚拟化就是将物理实体资源转换为逻辑上可以管理的资源，以打破物理实体间不可切割的障碍。换言之，虚拟化就是一种资源管理技术，它将硬件、软件和存储等物理资源虚拟成多个虚拟资源提供给不同的系统使用，以提高资源利用率，使得程序运行在虚拟资源上[19]。

为了便于后面对虚拟化技术的讨论，这里首先给出与虚拟化技术密切相关的几个重要概念：

1）宿主机（Host）。虚拟机监控器所在的主机系统。

2）客户机（Guest）。运行在虚拟机监控器之上的虚拟机系统。

3）宿主操作系统。运行虚拟机监控器的操作系统。

4）客户操作系统。运行在虚拟机监控器之上的虚拟机里的操作系统。

5）虚拟机。顾名思义，就是指一台虚拟的计算机，是一种严密隔离的软件容器。它可以运行自己的操作系统和应用程序，就好像一台物理计算机一样，具有自己的虚拟CPU、RAM、硬盘和网卡等设备。虚拟的含义，是相对于我们日常使用的物理计算机来讲的。物理计算机是摸得到、看得见的 CPU、硬盘和内存等设备。而虚拟机则是一种被虚拟化的技术，虚拟机中的 CPU 和内存等设备是看不见、摸不到的，但是我们可以使用它们。比如可以使用虚拟机中的硬盘来存储数据，使用虚拟机中的网卡来连接网络等。其实这些功能都是由计算机软件模拟出来的。在使用过程中，我们并不会感觉到虚拟机和真实的物理计算机之间有什么不同。

6）虚拟机监控器。它也称为虚拟机管理器或 Hypervisor。虚拟化解决方案的实质是要进行物理实体虚拟化。然而，有的物理实体直接支持虚拟化，有的不直接支持虚拟化。对于后者，就需要虚拟化管理程序 VMM 的支持，即 VMM 可以看作是为了虚拟化而设计出来的一个完整 OS，它可以对所有的底层硬件资源如 CPU、内存和 I/O 等进行管理。VMM是虚拟机中最关键的组件，通过它可允许多个操作系统和应用程序共享底层的硬件资源。

4. 虚拟化类别

按应用类别不同，虚拟化可以分为如下三类：

1）平台虚拟化。针对计算机和操作系统的虚拟化。

2）资源虚拟化。针对特定的系统资源如存储资源和网络资源等的虚拟化。网络虚拟化是指将网络的硬件和软件资源进行整合，向用户提供虚拟网络连接的技术。存储虚拟化是指为物理存储设备提供一个逻辑视图，通过这个视图的统一逻辑接口来访问被整合的存储硬件资源的技术。

3）软件虚拟化。包括应用虚拟化和高级语言虚拟化。应用虚拟化是指将应用程序和操作系统分离，独立为应用程序提供一个虚拟的运行时支撑环境。高级语言虚拟化则解决了可执行程序在不同体系结构计算机间迁移的问题。

我们通常所说的虚拟化主要是指平台虚拟化，也称为服务器虚拟化。这是一种针对计算机和操作系统的虚拟化技术，通过使用 VMM 隐藏特定计算平台的实际物理特性，为用户提供抽象的、统一的、模拟的计算环境，此环境被称为虚拟机。各虚拟机之间通过负责管理虚拟机的软件 VMM 共享 CPU、网络、内存和硬盘等物理资源，每台虚拟机都有独立的运行环境。

综上所述，服务器虚拟化环境由硬件、VMM 和虚拟机三个部分组成，如图 3-3 所示。从图 3-3 可知，VMM 是建立在虚拟机和硬件中间的一层监控软件。它取代了宿主操作系统的位置，负责对硬件资源的分配和管理，并为由它创建出来的虚拟机提供硬件资源抽象，为虚拟机创建高效而相对独立的虚拟执行环境，承担了虚拟化的主要工作。

图 3-3　服务器虚拟化环境的组成

需要指出的是，在 VMM 技术出现之前，虚拟软件必须是装在一个操作系统上，然后在虚拟软件之上安装虚拟机，并在其中运行虚拟的系统及应用。

5．VMM 模型

虚拟化技术的核心是 VMM。根据 VMM 在物理系统中实现位置的不同，将 VMM 的实现方式划分为独立监控器模型（Stand-alone Hypervisor VMMs）、主机模型（Hosted-based VMMs）和混合模型（Hydrid VMMs）三种情况，如图 3-4 所示。

（1）独立监控器模型　如图 3-4 所示，VMM 直接运行在裸机上，可以掌控所有底层的硬件资源。同时，VMM 还负责创建 VM，并使客户 OS 运行在 VM 中，即 VMM 负责虚拟环境的创建和管理。

由于 VMM 具有最高特权级，并向虚拟机内的客户操作系统提供抽象的底层硬件，因此，当客户操作系统访问硬件时，VMM 会截获请求，使用自己的驱动程序完成请求。

因为 VMM 同时具硬件资源的管理功能和虚拟化功能，故此模型具有高效的虚拟化性能。在安全性方面，VM 的安全性只依赖于 VMM 的安全。但是，由于 VMM 需要提供硬件设备驱动程序，因此 VMM 的实现较为复杂。此模型主要应用在企业级虚拟化，如大型服务器的虚拟化。Hyper-V 采用的就是独立监控器模型。

（2）主机模型　如图 3-4 所示，主机模型下的 VMM 是作为一个应用程序运行在宿主操作系统上。VMM 不需要包含硬件的驱动，可以利用宿主操作系统提供的设备驱动和底层服务实现 I/O 设备的虚拟化，而 CPU 和存储的虚拟化则由 VMM 独立完成。

此模型的优点是 VMM 可以充分利用现有操作系统的设备驱动程序，比较容易地实现 I/O 设备的虚拟化。另外，VM 的安全性依赖于 VMM 和宿主操作系统的安全。由于客户操作系统对硬件的访问不仅要经过 VMM，还要经过宿主操作系统。因此，此模型的缺点是性能比较低，功能上也有一定影响。此模型主要用在桌面级虚拟化，如 PC 的虚拟化。Virtual PC 采用的就是主机模型。

（3）混合模型　如图 3-4 所示，混合模型集合了上述两种模式的优点。VMM 依然是直接运行在裸机上，拥有所有硬件资源，具有最高的特权级，负责处理客户操作系统的 CPU、内存和中断等的请求。与独立监控器模型的区别在于：混合模型的 VMM 是轻量级的，只负责向客户操作系统提供一部分基本的虚拟服务，而将 I/O 设备的控制权交由一个运行在管理 VM 内的管理 OS。VMM 负责 CPU 和存储的虚拟化，I/O 设备的虚拟化由 VMM 和管理 OS 共同完成。

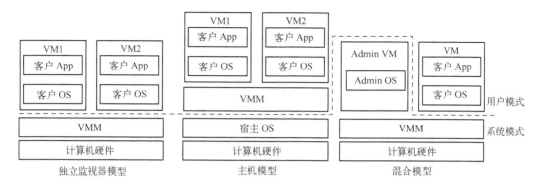

图 3-4　VMM 的三种模型

混合模型可以充分利用现有操作系统的 I/O 设备驱动,这样就无须在 VMM 上开发 I/O 设备驱动程序,即混合模型的虚拟化效率较高。如果对管理 OS 的权限控制得当,虚拟机的安全只依赖于 VMM。由于管理 OS 运行于 VM 之上,当需要管理 OS 提供的服务时,VMM 需要切换到管理 OS,这样就产生上下文切换的时间浪费。此模型主要用在普通服务器或高档 PC 的虚拟化。Xen 采用的就是混合模型。

3.3.2　服务器虚拟化关键技术

多数现有的数据中心都是采用服务器虚拟化技术构建的。关于服务器虚拟化的概念,各个厂商有自己不同的定义,然而其核心思想是一致的,即将服务器物理资源如硬件、操作系统和应用程序等抽象成逻辑资源,让一台服务器变成几台甚至上百台相互隔离的虚拟服务器,这样可以不再受限于物理上的界限,而是让 CPU、内存、硬盘和 I/O 等硬件变成可以动态管理的资源池,从而提高资源的利用率,简化系统管理,实现服务器整合。

1. 服务器虚拟化概述

服务器虚拟化将系统虚拟化技术应用于服务器上,可以将一台服务器虚拟成多个服务器使用。例如,有多台独立的物理服务器,每台服务器上都分别运行了不同的操作系统及应用,这种传统意义的服务器工作模式造成物理服务器的资源利用率低,管理复杂,维护也非常不便。当采用服务器虚拟化技术后,便可以在一台物理服务器上虚拟出若干个虚拟服务器,同时服务器虚拟化也为虚拟服务器提供了虚拟硬件设施,并提供良好的隔离性和安全性。服务器虚拟化通过虚拟化软件向上提供对硬件设备的抽象和对虚拟服务器的管理。服务器虚拟化的实现方式主要有两种。其中寄宿虚拟化是完全依赖于宿主操作系统,性能较低,是容易实现的方式;原生虚拟化则完全脱离了宿主操作系统,性能较高,是不易实现的方式。虚拟机监视器负责对虚拟机提供硬件资源抽象,为客户操作系统提供运行环境;虚拟化平台则负责虚拟机的托管,直接运行在硬件之上,其实现直接受底层体系结构的约束。无论采用何种方式实现服务器虚拟化,它都具有多实例、隔离性、封装性及高性能四个特性,以保证可以被有效地运用于实际环境中。

在没有使用虚拟化服务器前,往往每个服务器独立提供和承担一个功能,采用了虚拟服务器后,可以在一台物理服务器上运行多个虚拟服务器,同时提供之前这些服务器的所有功能和服务。

2. 服务器虚拟化关键技术

从本质上讲，服务器虚拟化主要是对三类基础硬件资源（CPU、内存、I/O 设备）进行虚拟化。下面介绍相关服务器虚拟化必备的三种资源虚拟化：CPU 虚拟化、内存虚拟化和 I／O 虚拟化。

（1）CPU 虚拟化   CPU 虚拟化是指将物理机上的一个物理 CPU，在同一时间段内按照一定的规则为每一台虚拟机模拟出一个或者多个虚拟 CPU。由于 CPU 的独占性，一个物理 CPU 只能处理一个虚拟 CPU 的指令，导致在同一时刻一个物理 CPU 不能对应多个虚拟 CPU 的指令，但是一段时间内通过时间片轮转算法或者 CPU 调度算法，可以使一个物理 CPU 上运行多个虚拟 CPU。VMM 在中间起了调度和协调资源分配的作用，即 VMM 在虚拟机之间进行切换时起协调和调度资源的作用，同时负责保存和恢复现场信息。显然，VMM 如何合理又高效率地调度每一个虚拟 CPU 资源成为关键问题。

CPU 虚拟化面临的难题是操作系统要在虚拟化环境中执行特权指令功能。目前的操作系统大多基于 x86 架构。根据最初的设计，x86 上的操作系统需要直接运行在物理机上，完整拥有整个底层物理硬件。如图 3-5 所示，对于 CPU 而言，x86 架构提供了四种运行级别，分别为 Ring0（指令层级）、Ring1、Ring2 和 Ring3。通常，用户级的应用一般运行在 Ring3 级别，操作系统需要直接访问内存和硬件，可执行任何指令如修改 CPU 状态的指令，只能在 Ring0 级别中完成。

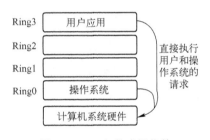

图 3-5   x86 架构虚拟化前

为了虚拟化 x86 架构，要求操作系统与底层硬件之间加入虚拟层，由虚拟层来创建和管理虚拟机，进行共享资源分配。而 Ring0 只能运行在虚拟层，这导致操作系统的特权指令不能直接运行在硬件上，操作系统如中断处理等特权操作便不能完成，进而增加了基于 x86 架构的 CPU 虚拟化的实现难度。

当前 CPU 虚拟化技术的方法主要分为半虚拟化和全虚拟化。全虚拟化通过二进制代码动态翻译技术来解决操作系统特权指令的使用。

（2）内存虚拟化   内存虚拟化就是把物理机的内存进行统一管理，虚拟封装成虚拟机所使用的虚拟内存，以提供给每个虚拟机使用，将虚拟内存空间独立提供给虚拟机中的进程。

虚拟内存的实现在于对物理内存进行管理，按虚拟层对内存的需求划分物理内存，建立虚拟层所需内存地址与物理机内存地址的映射关系，保证虚拟层的内存访问在虚拟内存和物理机内存的连续和一致。映射关系的技术实现是内存虚拟化的核心。

内存与 CPU 同等重要，访问次数同等频繁。因此内存虚拟化效率的高低对虚拟机性能也有着重大影响。由于内存通常采用复杂的存储体系结构，因此，内存虚拟化要比 CPU 虚拟化更具挑战性。对于这个问题的解决，常用技术是影子页表技术和页表写入法。

影子页表技术就是让 VMM 维护一个虚拟机的内存管理数据结构的影子页表。影子页表数据结构使 VMM 精确地控制机器内存的页表给虚拟机使用。当操作系统在虚拟机中运行时，需要建立页表的一个映射，VMM 负责检测变化，并且建立相应的一个影子页表项的映射指向硬件内存中实际页表的位置。当虚拟机正在执行时，硬件使用影子页表进行内存转换，以便 VMM 总是能控制每个虚拟机使用的内存。

页表写入法是虚拟机操作系统创建一个页表，并通过 VMM 注册该页表。虚拟机操作系统在自己的页表中得到真实的机器内存地址，然后每一次修改页表时，调入虚拟机管理器更新页表。

目前，x86 内有一个内存管理模块 MMU 和转换旁路缓存 TLB（块表里面存放的是一些虚拟地址到物理地址的转换表。当处理器要在主内存寻址时，不是直接在内存的物理地址里查找，而是通过一组虚拟地址转换到主内存的物理地址，TLB 就是负责将虚拟内存地址翻译成实际的物理内存地址，而 CPU 寻址时会优先在 TLB 中进行寻址），通过 MMU 和 TLB 来优化虚拟内存的性能。为了在一台机器上运行多个虚拟机，需要增加一个新的内存虚拟化层，即必须虚拟 MMU 来支持客户操作系统。客户操作系统继续控制虚拟地址到客户内存物理地址的映射，但是客户操作系统不能直接访问实际机器内存。VMM 负责映射客户物理内存到实际机器内存，通过影子页表来加速映射。当客户操作系统更改了虚拟内存到物理内存的映射表，VMM 也会更新影子页表来启动直接查询。MMU 虚拟化引入了虚拟化损耗，第二代的硬件辅助虚拟化将支持内存的虚拟化辅助，从而大大降低因此而带来的虚拟化损耗，让内存虚拟化更高效。

（3）I/O 虚拟化　除了 CPU 和内存之外，整个物理机和 I/O 都需要虚拟化，把物理设备统一管理，封装成多个虚拟设备给虚拟机使用，以响应虚拟机的设备访问和 I/O 请求。

与 CPU 虚拟化和内存虚拟化相比，I/O 虚拟化具有异构性强和内部状态不易控制等特点。目前 I/O 虚拟化方法除了和其他虚拟化技术一样拥有全虚拟化和半虚拟化两种虚拟化方法外，还有硬件虚拟化方法。

基于全虚拟化的完全控制结构，让客户操作系统的管理层看到的是一套完整的 I/O 设备，但是客户机每一次操作设备时都必须陷入虚拟机管理器，让其进行控制调度。这导致虚拟机管理器的设计非常复杂，且无法应对设备的快速更新。

半虚拟化方法是将部分系统调用权交给客户机，因此其在每一个客户操作系统中都安装了一个特殊的驱动程序，该程序并不将客户操作系统的 I/O 请求交给 VMM，而是提交给特权域。特权域的部分功能类似于 VMM，它可以直接访问物理 I/O 设备。但是客户机操作系统与特权域的各种数据和指令通信仍然在 VMM 的控制下完成。采用半虚拟化方法不需要 VMM 直接控制 I/O 设备，因此简化了设计，虚拟化系统的性能也得到了提升。

3.3.3　Xen 虚拟化

Xen 是一个基于 x86 架构的开源虚拟机软件。目前，Xen 已应用于许多不同的商业和开源应用程序，如服务器虚拟化、基础设施即服务及桌面虚拟化。

1. Xen 简介

Xen 是由剑桥大学计算机实验室在 2003 年发布的一款基于 32 位 x86 架构的开源混合模式虚拟机监控器，支持同时运行 100 个虚拟机。此版本 Xen 的设计是基于半虚拟化技术实现，要求修改客户机操作系统。

由于 Xen 的虚拟化技术使虚拟化领域迈出了一大步，因此 Xen 的创始人成立了他们自己的公司 XenSource（目前已被 Citrix 收购）。成立 XenSource 的目的是为了基于 Xen VMM，为用户提供一个完整的虚拟化解决方案。

2005 年，XenSource 公司发布 Xen 3.0，这是 Xen 真正意义上的第一个版本。该版本的 Xen 既能在 32 位的服务器上运行，同时该版本通过基于 Intel 和 AMD 公司的硬件辅助虚拟化技术 Intel-VT 和 AMD-V 实现了对硬件虚拟化的支持，大大提高了 Xen 的兼容性。从而能够运行未经修改的操作系统，即在硬件虚拟化的辅助下，支持完全虚拟化技术。这使得可以在 Xen 虚拟机中安装无须进行任何修改的 Windows 操作系统。这也是第一个需要 Inter VT 或 AMD-V 技术支持的版本。

Xen 以高性能、占用资源少著称，目前已赢得了 IBM、AMD、HP、Red Hat 和 Novell 等众多世界级软硬件厂商的高度认可和大力支持，已被国内外众多企事业用户用来搭建云计算环境的虚拟化平台。比如 Amazon EC2 就是基于 Xen。

2. Xen 虚拟化架构

Xen 3.0 采用了如图 3-6 所示的虚拟化架构[20]。

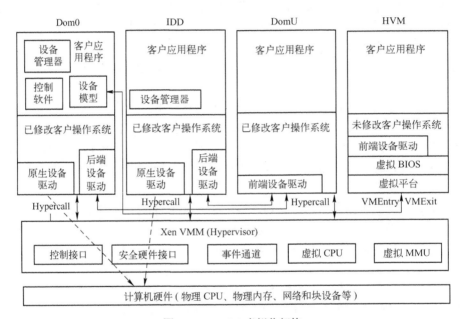

图 3-6 Xen 3.0 虚拟化架构

在 Xen 虚拟化架构中，虚拟机被称为虚拟域（Domain）。在这些虚拟域中，虚拟域 Domain 0（简称为 Dom0）称为特权虚拟域，其他虚拟域 Domain U（简称为 DomU）称为非特权域，也称为普通域。Xen 对控制信息和数据的传输是分开处理的。对于控制信息和消息，Xen 提供了超级调用（Hypercall）和事件通道（Event Channel）机制。Hypercall 类似于普通操作系统中的系统调用，虚拟机通过 Hypercall 能够完成相关的特权操作，如建立页表、访问 I/O 设备等。事件通道是一种异步消息通知机制，主要用于虚拟机和 VMM 之间的通信。对于数据的传输，Xen 使用共享内存的方法，这是基于循环队列数据结构的生产者–消费者模型而实现的。通过页面映射和 DMA 操作可以实现数据的零复制，大大提升了系统性能。

从图 3-6 可以看出，在 Xen 虚拟化架构中，位于最底层的是物理硬件，包括 CPU、内存和 I/O 设备等。

在底层物理硬件之上的是虚拟机监视器 VMM（也简称为 Xen）。它主要由控制接口、安全硬件接口、事件通道、虚拟 CPU 以及虚拟 MMU 组成。VMM 模块主要用来向运行在它之上的虚拟机提供虚拟硬件资源，同时将客户操作系统的虚拟地址转换成真正的机器地址，并确保客户操作系统能够正确访问内存。

虚拟 CPU 用来向客户操作系统提供计算能力，对于客户操作系统来说，虚拟 CPU 就是未使用虚拟化技术时的物理 CPU，客户操作系统所要执行的所有指令都需要交给虚拟 CPU 来处理，而每个客户操作系统可以拥有多个虚拟 CPU。虚拟 CPU 所接收到的大多数客户操作系统指令都将由物理 CPU 直接来执行，个别特权指令将由 Xen 分析处理后再交由物理 CPU 执行。

由于 Xen 系统增加了伪物理地址空间，使得内存层次由原来的虚拟地址空间和物理地址空间两层变成了虚拟地址空间、伪物理地址空间和物理地址空间三层。其中，虚拟 MMU 用于帮助客户操作系统完成由虚拟地址到物理地址的三层转换。

控制接口供 Dom0 使用，用于使 Dom0 完成对 DomU 的控制和管理工作，包括 DomU 的创建、启动、停止、销毁、DomU 的运行控制、CPU 的调度、内存分配和设备访问等任务。

安全硬件接口供 Dom0 和 IDD 使用，用于完成除 CPU 和 MMU 以外的所有硬件虚拟工作，如虚拟硬件中断和驱动程序等，这些工作共同向 DomU 提供了虚拟硬件服务。

事件通道提供了各个虚拟域之间、各个虚拟域与 Xen 之间的一种异步事件通知机制，主要实现了 Xen 体系结构中的各种中断（包括虚拟中断、物理中断和虚拟处理器间中断）和域间通信机制。

在 Xen VMM 层之上的是各个虚拟域。在 Xen 中，虚拟域划分为如下四种类型：

（1）特权域 Dom0　在 Xen 系统中有且只能有一个特权域 Dom0，它随着 Xen 的启动而启动。它由后端设备驱动、原生设备驱动、设备管理器、控制软件和设备模型等模块组成。后端设备驱动用于接收来自客户操作系统的设备操作请求；原生设备驱动用于使用操作系统原有的设备驱动对真实的物理设备进行直接访问，从而完成已经过 Xen 授权的客户操作系统请求；设备管理器用于完成设备的初始化和管理设备访问的相关工作；控制软件利用 Xen 所提供的控制接口完成对其他域的管理工作，如域的配置、创建、销毁、迁移、启动和停止等，还能对某些域进行授权，使它们能够使用指定的原始设备驱动访问部分真实硬件；设备模型的主要功能是等待来自 HVM 域的 I/O 请求，并把请求转发给相应的设备模拟模型。

总之，Dom0 用来协助 Xen 完成对其他虚拟域的管理操作，提供相应的虚拟资源服务。

（2）独立设备驱动域 IDD　Xen 只有一个特权域 Dom0，所有硬件设备都需要同 Dom0 交互。因此，Dom0 需要完成的工作既繁冗又复杂，为了能够减轻它的工作负载，也为了避免由于部分设备驱动的缺陷导致 Dom0 崩溃，进而导致 Xen 整体宕机。Xen 将设备驱动由 Dom0 中迁移到另一个域中，建立经过 Dom0 授权的、可以使用特定设备驱动的虚拟域 IDD。这样就减轻了 Dom0 的运行压力，增强了系统的健壮性。

总之，IDD 主要用于协助 Dom0 完成对指定硬件设备的访问。

（3）硬件虚拟域 HVM　利用 Intel 或 AMD 厂商提供的硬件虚拟化技术，以全虚拟化模式运行未修改内核的客户操作系统。

Xen 在 Dom0 域专门为 HVM 开发了一个设备模型，用来为虚拟机的虚拟物理设备，实现物理设备的共享。设备模型的实现借鉴了由 Fabrice Bellard 所编写的模拟处理器的开源软件 QEMU。它向 HVM 提供了虚拟的硬件平台，包括键盘、鼠标、光驱、硬盘、图形卡、声卡和串口等。

设备模型还提供分发机制，通过事件通道实现设备模型和 VMM 之间的通信，以及设备模型和 HVM 域的通信。设备模型还通过 Hypercall 把虚拟域的地址空间映射到自己的进程空间，当 I/O 请求完成时，设备模型可以把数据访问结果复制到虚拟域中。

（4）普通域 DomU　严格地讲，除 Dom0 之外的所有域都是 DomU，但是 IDD 经过授权后能够直接使用物理设备驱动，因而 IDD 也属于特权域。无论是 HVM 还是 DomU 都不能直接访问物理设备，必须借助 Dom0 或者 IDD 才能完成硬件访问，即需要通过前端设备驱动程序向后端设备驱动程序发送操作请求来完成。这些限制避免了各个域都能对硬件访问时可能造成的混乱，保证了域间的隔离性。在这种分离式的设备模型中，前端设备驱动只需完成 I/O 请求或数据的转发，设计和实现比较简单。

Xen 通过上述这些组成部分的通力协作，成功完成 x86 架构的虚拟化工作。

3．Xen 半虚拟化实现

（1）CPU 虚拟化　在 x86 架构下，CPU 提供四个不同硬件特权级别。编号为从 Ring0（最高特权）到 Ring3（最低特权）。目前大多数操作系统只使用了 0 环和 3 环这两个特权级，操作系统代码主要在 Ring0 上执行，因为没有其他的环可以执行特权指令。而 Ring3 通常用于执行应用程序代码。如图 3-7a 所示。

在 Xen 的体系结构中，VMM 拥有最高特权级，它替代了操作系统内核，占用了 0 环，具有最高权限。客户操作系统从 0 环降到 1 环。应用程序仍运行在 3 环上，如图 3-7b 所示。这就防止了客户操作系统会直接执行特权指令，也保证了操作系统与应用程序之间相隔离的安全性。

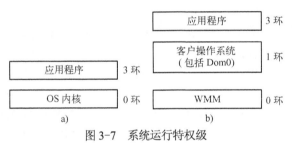

图 3-7　系统运行特权级

a) 无虚拟化　b) 半虚拟化特权级环

由于客户操作系统的特权级只有 Ring1，因此，当客户操作系统执行特权指令时，由于权限不够，会自动触发陷阱，CPU 会保存当前各寄存器的状态并将控制权交给相应的异常处理程序。Xen 可以通过这种硬件保护机制捕获客户操作系统调用的特权指令。对于调用特权指令的客户操作系统内核代码，只需将其替换成 Xen 提供的超级调用（Hypercall）。

异常的处理过程可以描述为：客户操作系统通过 Hypercall 注册异常向量表，VMM 将客户操作系统传来的异常向量表存入每个虚拟 CPU 的一个数据结构中，然后将自己的异常向量表放到真实的 CPU 上。当异常发生时，首先陷入 VMM，调用 Xen 自己的异常处理函数，Xen 的异常处理函数根据需要经过一些特别的操作之后，在客户操作系统建立异常处理函数的栈框，同时修改自己的栈框，将返回目标设置为客户操作系统之前注册的异常处理函数，从而给客户操作系统模拟了一次异常。这样，客户操作系统就可以按照普通的操作系统处理异常的方式来进行处理。由于异常处理需要在客户操作系统和 VMM 之间进行切换，开销比较大。

（2）内存虚拟化　Xen 采用分块共享的方式来虚拟计算机的物理内存，即将机器的内存分配给各个虚拟机，并维护机器内存和虚拟机的"物理内存"间的映射关系。内存地址的层次由原来的虚拟地址和物理地址两层增加为客户操作系统中的虚拟地址 VA、物理地址 PA 和机器地址 MA

三层。为了区分 PA 与普通操作系统中的物理地址，也有人把这个地址称为伪物理地址。

内存虚拟化主要解决的就是三层地址转换问题。为此，Xen 提供了直接模式和影子模式两种地址转换的方法。

半虚拟化一般采用如图 3-8 所示的直接模式。

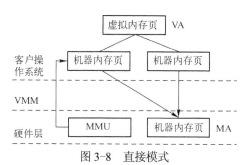

图 3-8 直接模式

由于对客户操作系统内核进行了修改，客户操作系统知晓 VMM 的存在，因此可以在客户操作系统建立的页表中直接存放 VA 和 MA 的映射，并让 MMU 使用，完成 VA 和 MA 之间的地址转换。在这种模式下，Xen 先将客户操作系统的页表映射为只读，即虚拟机可以直接读取自己的页表，但当客户操作系统第一次试图修改其页表时将产生页错误，从而陷入 VMM，VMM 中的 Virtual MMU 模块调用相应的异常处理函数。主要操作是将该页从页表层次结构中卸下，并映射为可写，以后对此页的更新操作不会触发页错误，最后当 TLB 快表刷新时，将该页再次挂回到页表层次结构中。

在半虚拟化中，客户操作系统的页表被设为写保护，这样每当客户操作系统试图修改其页表时就会产生异常。

（3）I/O 虚拟化 除了 CPU 和内存，计算机的运行离不开 I/O 设备。同样的，虚拟机的运行也离不开虚拟平台上的各种 I/O 设备。实际上，要为虚拟机虚拟出 I/O 设备是比较有难度和挑战性的。首先，I/O 设备种类繁多，如鼠标、显示器、键盘、硬盘、网卡和显卡等。即使是同类设备，由于开发商和编程接口不同，也会存在各种差异。其次，从虚拟机的性能方面考虑，虚拟 I/O 设备带来的开销不能太大，否则将会严重影响系统的性能。

在 Xen 中，只有 Dom0 和 IDD 拥有真正的 I/O 设备驱动和访问这些设备的权限，其他虚拟机只拥有虚拟的设备，如虚拟网卡和虚拟块设备。

在半虚拟化下，Xen 采用分离设备驱动模型来实现 I/O 虚拟化，如图 3-9 所示。

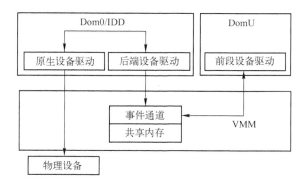

图 3-9 半虚拟化下 I/O 设备虚拟化

Xen 将设备驱动分为前端设备驱动、后端设备驱动和原生设备驱动。前端设备驱动在 DomU 中，后端设备驱动和原生设备驱动在 Dom0 和 IDD 中。前端驱动以事件通道的方式通知后端驱动需要服务，并把 I/O 请求通过共享内存机制请求传递给 Dom0 或 IDD 中的后端设备驱动，后端设备驱动负责接收这些 I/O 请求，确认它们是否安全，然后解析收到的 I/O 请求并映射到实际物理设备，最后交给它的原生设备驱动程序来控制硬件完成 I/O 请求。当 I/O 操作完成时，后端驱动以事件通道方式通知前端请求已经完成，并把数据放到共享内存中。前端驱动再通知客户操作系统内核 I/O 请求已经完成，由内核对结果进行处理。

前端设备驱动实际上是一个伪驱动（Pseudo Driver），它的功能是将 I/O 请求经过 VMM 传递给 Dom0 或 IDD 上真正的驱动程序。它只是处理数据和消息的转发，设计得比较简单。但后端设备驱动比较复杂，它需要翻译设备地址，确认请求的形成，保证设备访问的安全性等。

4. Xen 全虚拟化实现

下面分别从 CPU 虚拟化、内存虚拟化和 I/O 虚拟化三个方面出发，探讨在 Intel VT-x 的辅助下，Xen 是如何实现全虚拟化的 HVM 的。

（1）CPU 虚拟化　Intel VT-x 对处理器进行了扩展，为 CPU 增加了一种新的处理器操作，称为 VMX（Virtual Machine eXtensions），引入了两种新的 CPU 工作模式，VMX 根（Root）模式和 VMX 非根（Non-Root）模式。

如图 3-10 所示，通常 VMM（包括 Dom0）运行在根模式，其中 Xen 在 0 环（0P），Dom0 在 1 环（1P），应用程序在 Ring 3。而 HVM 在非根模式下运行，其中客户操作系统运行在 0 环（0D），应用程序在 3 环（3D）。

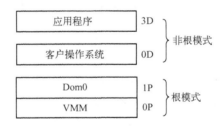

图 3-10　硬件虚拟化下的特权级环

根模式与传统的 x86 工作模式没有太大的差别，只是引入了一些新的支持 VMX 的指令。而非根模式是在 VMM 控制管理下的 x86 环境，非根模式的处理器行为是受限的。某些 VMM 设定的指令、事件或状态会导致虚拟机退出到 VMM，以确保 VMM 对系统的完全控制，但客户操作系统并不知道自己运行在虚拟机中。无论是根模式还是非根模式，都支持传统的四个特权级：Ring0~Ring3。这样就能支持不修改的操作系统和应用程序，非根模式下的操作系统虽然运行在 Ring0 上，但实际上却受根模式的 VMM 所掌控。

当虚拟机运行过程中需要 Xen 监控和处理敏感指令时，处理器会发生非根模式到根模式的切换，称为 VMExit，这时 VMM 从 VM 夺回控制权。Xen 处理完成后从根模式切换到非根模式，称为 VMEntry，这时控制权从 VMM 转交给 VM。根模式和非根模式的切换是通过新增的 CPU 指令来完成的。另外，VMEntry 和 VMExit 发生时都会重新加载用于控制和确定处理器的操作模式以及当前执行任务的特性的 x86 的控制寄存器 CR3，从而使得 VMM 和 VM 运行在不同的地址空间，有效地解决了隔离保护问题，提高了系统的稳定性。

正是由于 VT-x 的两个工作模式的思想，使得 VMM 既能运行在 0 环也能使客户操作系统运行在 0 环。

（2）内存虚拟化 在引入硬件虚拟化后，Xen 支持不用修改内核的操作系统，但必须使用影子模式完成地址转换。如图 3-11 所示，在全虚拟化下，VMM 对 HVM 的客户操作系统是透明的，HVM 不知道自己运行在虚拟环境中。客户操作系统看到的内存是 VMM 为其分配的物理地址，而且是一段连续的空间，客户操作系统负责维护虚拟地址 VA 到物理地址 PA 的转换页表，而 VMM 负责维护物理地址 PA 到真实的机器地址 MA 的映射，VMM 维护的这个页表就是全虚拟化中的"影子页表"（影子页表只是对实际页表的一个备份和实时复制），虚拟机看到的就是这个影子页表，VMM 负责维护这个影子页表，包括 PA 到 MA 的转换以及页表的同步等。HVM 可以把更新操作设为触发 VMExit 的条件，当虚拟机需要更新页表时，处理器会切换到根模式，然后 Xen 对影子页表进行修改，使影子页表和虚拟机操作系统页表保持一致。

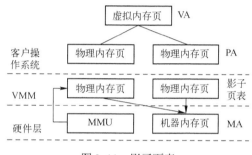

图 3-11 影子页表

对全虚拟化的客户操作系统而言，除去 CR3 寄存器是虚拟的以外，其他页表结构和通常的操作系统没有区别。

（3）I/O 虚拟化 在全虚拟化下，Xen 采用设备模型为未修改内核的虚拟机操作系统提供 I/O 设备抽象，如图 3-12 所示。客户操作系统借助这些设备模型来完成 I/O 访问，当 HVM 访问 I/O 设备时就会从非根模式切换到根模式，此时 HVM 处于 I/O 阻塞状态，运行在根模式的 Xen 将 I/O 请求转给 Dom0，Dom0 使用设备模块和驱动程序进行处理，完成之后再通过事件通道通知 Xen，然后解除 HVM 的阻塞，以共享内存的方式返回结果。

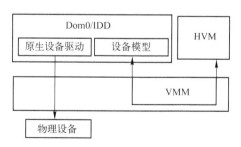

图 3-12 全虚拟化下 I/O 设备虚拟化

3.3.4 虚拟化与云计算

虚拟化技术允许在一台物理节点上同时运行多个不同的虚拟机，虚拟机共享使用的系统资源可以根据物理集群中的计算状态进行相应的调整，形成一种可伸缩的、可迁移的虚拟计算特性。这些虚拟机可以不因物理集群和物理机器的体系结构、计算能力的差异而丧失其计算能力。这样的虚拟特性和 MapReduce 框架形成天然的结合，使得云计算具有更加强大的可扩展性和健壮性。

1. 虚拟化与云计算的关系

作为当今流行的虚拟化技术已在云计算中被广泛使用，但是，虚拟化与云计算之间到底存在着怎样的关系呢？

虚拟化技术在长期的使用中已经渗透到各行各业，而云计算是近年来随着处理器技术、分布式技术和互联网技术的发展而产生的一种新的分布式计算模型，力图改变传统的计算系统的占有和使用方式。

云计算的特点之一是多租户架构，即不同的用户共享一个物理主机的软硬件资源，如果不能保证多个用户之间的有效隔离，那么用户的使用体验可能受到影响，数据隐私可能受到侵犯。如果采用虚拟化技术，用户的每个应用或服务单独在一个虚拟机环境内，这样不同虚拟机之间就有较强的隔离。

云服务提供商对外提供服务的服务模式是"按需使用，按使用付费"。因此，云计算供应商通常都会引入虚拟化技术。因为利用虚拟化，他们就能获得灵活的基础设施以提供终端用户所需的灵活性。

云数据中心具有规模巨大的硬件资源，而且这些硬件资源之间还各不相同，这为管理员对硬件资源进行统一管理带来了很大的麻烦。而虚拟化技术可以很好地屏蔽云数据中心硬件资源之间的差异，可以对硬件资源进行抽象为池化的虚拟化资源，方便管理员进行统一管理。

虚拟化技术能够使用户不再关心特定应用软件的服务方式，不用关心计算平台的操作系统以及软件环境等底层资源的物理配置与管理，可以方便地实现真正意义上的软件即服务、平台即服务和基础设施即服务。

正是因为虚拟化技术的种种优势，虚拟化技术已经逐步成为云计算服务的主要支撑技术。大部分云计算解决方案都采用了虚拟化技术。可以说，虚拟化和云计算正在共同重塑数据中心格局，云数据中心通过服务器虚拟化和应用虚拟化等形式，不但能有效提高各种资源的利用率，同时也赋予了业务管理更大的灵活性。但需要指出的是，云计算和虚拟化并非捆绑技术。

2. 服务器虚拟化

服务器虚拟化是被广泛接受和认识的一种虚拟化技术，通过虚拟化可以实现操作系统和物理计算机的分离，使得在一台物理计算机上可以同时安装和运行一个或多个虚拟机。

目前，在大规模计算资源集中的云数据中心大量使用以 x86 架构为基准的服务器。如果出于安全、性能上的考虑，可以使这些服务器只运行一个应用服务，但这必然导致服务器利用率低下。由于服务器通常具有很强的硬件能力，因此可以通过虚拟化技术将整个数据中心的计算资源统一抽象出来，形成可以按一定粒度分配的计算资源池，提高服务器的资源利用率，降低运行成本。

服务器虚拟化是基础设施即服务的基础。因此，服务器虚拟化需要具备以下功能和特点[24]：

1）多实例。多台虚拟服务器共用一个物理服务器。

2）隔离性。在多实例的服务器虚拟化中，不同虚拟机之间完全隔离，以保证系统的可靠性及安全性。

3）CPU 虚拟化。将物理 CPU 抽象成抽象计算单元。这样，多个虚拟机可以同时提供服务，进而提高物理 CPU 的利用率。

4）内存虚拟化。统一管理物理内存，将其包装成多个虚拟的物理内存分别供给若干个虚拟机使用，使得每个虚拟机拥有各自独立的内存空间，互不干扰。

5）设备与 I/O 虚拟化。统一管理物理机的真实设备，将其包装成多个虚拟设备给若干个虚拟机使用，响应每个虚拟机的设备访问请求和 I/O 请求。

6）透明故障恢复。运用虚拟机之间的动态迁移技术，可以使一个故障虚拟机上的用户在没有明显感觉的情况下转移到另一个正常运行的虚拟机上。

7）动态调度资源。在服务器虚拟化技术中，数据中心从传统的单一服务器变成了统一的资源池，用户可以及时地调整虚拟机资源，同时数据中心管理程序和数据中心管理员可以灵活根据虚拟机内部资源使用情况来分配调整给虚拟机的资源。

8）统一管理。由多个物理服务器支持的多个虚拟机的动态实时生成、启动、停止、迁移、调度、负荷和监控等，应当有一个方便易用的管理界面。比如管理员可以通过写时复制技术，轻松地在一台计算机上部置多个虚拟机。

3. 存储虚拟化

存储虚拟化的是伴随大型计算机的发展而出现的一个概念。早在 20 世纪 70 年代，由于当时存储设备的容量小、价格高，大型应用程序或多程序应用都受到了极大的限制。为克服这一局面，人们开始采用存储虚拟化技术。

SNIA 给出的存储虚拟化定义是："通过将存储系统/子系统的内部功能从应用程序、计算服务器及网络资源中进行抽象、隐藏或隔离，实现独立于应用程序、网络的存储与数据管理"。通俗地讲，存储虚拟化就是把底层存储介质模块如硬盘、磁盘阵列 RAID 等通过一定的手段集中起来管理，所有的存储模块在一个存储池中得到统一管理，为使用者提供大容量、高数据传输性能的存储系统。

随着需求的增长与云计算技术的出现，虚拟化和云计算聚焦于统一存储。存储虚拟化将整个云系统的存储资源进行统一整合管理，为用户提供一个统一的存储空间。而且，云计算在概念上延伸和发展出了一个新概念，即云存储。云存储是指通过集群应用、网格技术或分布式文件系统等技术，将网络中大量各种不同类型的存储设备通过应用软件集合起来协同工作，共同对外提供数据存储和业务访问功能的一个系统。

根据云存储的构成，可将虚拟化存储的模型划分为图 3-13 所示的三层结构。

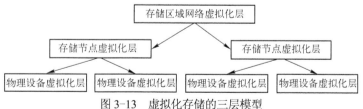

图 3-13　虚拟化存储的三层模型

（1）物理设备虚拟化层　主要用来进行数据块级别的资源分配和管理，利用底层物理设备创建一个连续的逻辑地址空间，即存储池。

（2）存储节点虚拟化层　可实现存储节点内部多个存储池之间的资源分配和管理，将一个或者多个按需分配的存储池整合为在存储节点范围内统一的虚拟存储池。

（3）存储区域网络虚拟化层　可实现存储节点之间的资源分配和管理，集中地管理所有存储设备上的存储池，以便组成一个统一的虚拟存储池。

上述三层虚拟化存储模型大大降低了存储管理的复杂度，有效地封装了底层存储设备的复杂性和多样性，使系统具备了更好的扩展性和灵活性。用户只需将存储设备添加到存储池中并进行简单配置，就可以创建虚拟卷，而不必关注系统中单个设备的物理存储容量和存储介质的属性，从而实现统一的存储管理。

4. 应用程序虚拟化

对于应用程序如微软的 Office 的虚拟化来说，具体操作流程如下：Office 软件应用程序被安装在服务器中，但可以被众多用户远程使用。与安装在个人计算机中的 Office 应用程序所不同的是，在应用程序虚拟化中，用户是通过网络中的虚拟机制实现对 Office 应用程序的调用。一旦终端用户在虚拟机中开始使用 Office 应用程序，Office 应用程序将被存储在缓存里，这样节省了服务器和终端用户个人计算机之间的传输过程，同时在离线状态下用户依然可以使用 Office 应用程序。

从实现机制来看，应用程序虚拟化是把应用对底层系统和硬件的依赖抽象出来，从而解除应用程序与操作系统和硬件的耦合关系。应用程序虚拟化是软件即服务的基础。应用程序虚拟化需要具备以下功能和特点[21]：

1）独立性。对于终端用户来说，虚拟应用程序之间是相互独立的，所以利用应用程序虚拟化不会出现应用程序之间相互冲突的现象。

2）共享性。应用虚拟化可以使一个应用程序运行在任何共享的计算资源上。

3）虚拟环境。应用虚拟化为应用程序提供一个虚拟的运行环境，不仅拥有应用程序的可执行文件，还包括所需的运行环境。

4）兼容性。虚拟应用应屏蔽底层可能与其他应用产生冲突的内容，从而使其具有良好的兼容性。

5）快速升级更新。真实应用可以快速升级更新，通过流的方式将相对应的虚拟应用及环境快速发布到客户端。

6）用户自定义。用户可以选择自己喜欢的虚拟应用的特点以及所支持的虚拟环境。

但是，应用程序虚拟化也存在一些缺陷，如部署及使用应用程序虚拟化需要消耗更多的服务器资源；虚拟环境下的终端运行应用程序时可能会出现延迟的现象，所运行的应用程序规模越大，延迟现象越明显。

5. 平台虚拟化

平台虚拟化是集成各种开发资源虚拟出的一个面向开发人员的统一接口，软件开发人员可以方便地在这个虚拟平台中开发各种应用并嵌入云计算系统中，使其成为新的云服务供用户使用。平台虚拟化通常具备以下特点[21]：

1）通用接口。支持各种通用的开发工具和由其开发的软件。

2）内容审核。各种开发软件在接入平台前都将被严格审核，包括身份认证，以保证软件及服务的合法性。

3）测试环境。新服务在正式推出之前必须在一定的测试环境中经过完整的测试。

4）服务计费。合理计费系统可以保证服务提供者获得准确的收入，而虚拟平台也可以得到一定比例的管理费。

5）升级更新。允许服务提供者不断完善自己的服务，平台要提供完善的升级更新机制。

6）管理监控。平台需要有一个完善的管理监控体系以防出现非法行为。

3.3.5　虚拟化的安全问题

云服务的核心技术之一就是虚拟化，不同用户的数据可能存储在共享的物理存储设备上。基于共享的存储方式，可以节约存储空间，进行统一管理，节省管理费用。利用存储整合，便于备份和管理。提供足够有效地安全数据，当使用共享存储设备存放数据时，由于通过存储设备自身的措施，可以很好地确保数据的隔离性。但是，虚拟化技术主要面临两个问题：虚拟机本身的安全和用户虚拟机之间的隔离问题。针对这两个问题，研究者们提出了一些解决方案。

1. 虚拟机常见安全威胁

几乎所有的云服务提供商都是通过虚拟化技术，在基础设施、平台和软件不同层面向用户提供相应的云服务。目前，云计算的虚拟化安全问题主要集中在以下几个方面[21]：

（1）虚拟机跳跃　虚拟机跳跃是指借助与目标虚拟机共享同一个物理硬件的其他虚拟服务器，对目标虚拟机实施攻击。

如果两个虚拟机在同一台宿主机上。一个在虚拟机 A 上的攻击者通过获取虚拟机 B 的 IP 地址或通过获得宿主机本身的访问权限接入虚拟机 B。攻击者可将虚拟机 B 由运行改为离线，造成通信中断。

（2）虚拟机逃逸　虚拟机逃逸是指虚拟机内的程序可能会逃出到虚拟机以外，危及主机的安全。

虚拟机逃逸是一种应用，其中攻击者在允许操作系统与管理程序直接互动的虚拟机上运行代码。这种应用可以使攻击者进入主机操作系统和在主机上运行的其他虚拟机。

虚拟机逃逸被认为对虚拟机的安全性最具威胁。因为一旦攻击者获得 VMM 的访问权限，它就可以关闭 VMM，最终导致相关虚拟机关闭。

（3）拒绝服务　在虚拟化环境下，系统资源由虚拟机和宿主机一起共享。因此，拒绝服务攻击可能会被加载到虚拟机上从而获取宿主机上所有的资源。当有用户请求资源时，由于宿主机没有可用资源，从而造成系统将会拒绝来自客户的所有请求。可以通过正确的配置，防止虚拟机无节制地滥用资源，从而避免拒绝服务攻击。

（4）基于 Rootkit 的虚拟机　在云计算环境下，大多用户都是通过公共服务程序对数据发起访问，被共享访问的载体成为权限的汇聚点，如果虚拟化技术被恶意代码滥用，则虚拟化特权被攻击者获取，将危害使用云计算服务的所有用户。基于虚拟化技术的 Rootkit 是这类攻击的典型代表。

Rootkit 是一个用来隐藏自身踪迹和保留系统访问权限的工具集。20 世纪 90 年代初，Rootkit 就已经与 UNIX 系统一起出现，直到 1996 年发布 LinuxRootkit 时，概念 Rootkit 才第一次进入公众的视线。当初 Rootkit 是指经过改进的常用 UNIX 使用工具，如 ps、ls、login、passwd 和 netstat 等。

由于 Rootkit 技术可以帮助恶意代码隐藏程序属性和攻击行为，躲避反病毒软件的监控。因此，攻击者可以使用 Rootkit 技术修改原始文件，经过改进的版本隐藏特定的系统信息，从而达到隐藏 Rootkit 的目的。

如果 VMM 被 Rootkit 控制，Rootkit 可以通过 VMM 利用系统底层的优势实现深度隐藏，并可以获取整个物理机的控制权。

（5）迁移攻击　虚拟机迁移分为静态迁移和动态迁移两种方式。静态迁移是指在迁出端将虚拟机域暂停，并转化为虚拟机映像存放到文件系统，然后通过一定的方式（如借助可移动存储）将该虚拟机映像复制到迁入端的物理计算机上，最后通过虚拟机恢复机制，在迁入端将虚拟机映像恢复成虚拟机域。动态迁移是指在迁出端发起动态迁移后，迁入端 VMM 通过与迁出端 VMM 进行网络通信，先行复制迁出端虚拟机域的内存数据，然后迁出端停止被迁移虚拟机域工作，迁移运行中的各种环境数据，最后由迁入端恢复虚拟机域的运行。

在多数情况下，迁移攻击主要是指虚拟机动态迁移攻击。在虚拟机动态迁移过程中，攻击者能够改变源配置文件和虚拟机的特性。一旦接触到虚拟硬盘，攻击者可攻破所有的安全措施，如密码。由于该虚拟机是一个实际虚拟机的副本，难以追踪攻击者的此类威胁。

（6）虚拟机之间的相互影响　虚拟机技术的主要特点是隔离，如果我们从一台虚拟机去控制另一台虚拟机，安全漏洞就会出现。CPU 技术可以通过强制执行管理程序来保护内存，内存的管理程序应该是独立的，在正确的规则里，应该禁止从正在使用的内存看到另外一个虚拟机。也就是说，即使一台虚拟机上有内存没有被使用，另一台虚拟机也不能去使用这些闲置的内存。对于网络流量来说，每个虚拟机的连接都应该有专用的通道，虚拟机之间不能嗅探对方的数据包。但是，如果虚拟机平台使用了虚拟交换等技术来连接所有虚拟机，那么虚拟机就可以进行嗅探，或者使用 ARP 来重新定向数据包。

（7）宿主机与虚拟机之间的相互影响　宿主机对于虚拟机来说，是一个控制者，宿主机负责对虚拟机的检测、改变和通信，对宿主机的安全要更严格管理。依据虚拟机技术的不同，宿主机可能会在如下几个方面影响虚拟机：① 启动、停止、暂停和重启虚拟机；② 监控和配置虚拟机资源，包括 CPU、内存、硬盘和虚拟机的网络；③ 调整 CPU 数量、内存大小、硬盘数量和虚拟网络的接口数量；④ 监控虚拟机内运行的应用程序；⑤ 查看、复制和修改数据在虚拟机的硬盘存储。由于所有的网络数据都会通过宿主机发往虚拟机，那么宿主机就能够监控所有虚拟机的网络数据。

（8）旁道攻击　随着多租户、多个组织共享一个物理服务器，使云提供商能够以极低的价格出售他们的服务。具有相同的物理服务器上拥有多个用户的多个虚拟机实例意味着，除非一个组织特别要求物理隔离。否则，其虚拟机实例可能会同竞争对手或恶意用户的虚拟机实例运行在同一台物理服务器上。

旁道攻击者就是通过共享 CPU 和内存缓存来提取或推断敏感信息。由于旁道攻击的目标是共享一台物理机的虚拟机实例，因此，最终的解决办法是避免多租户。对此，云提供商可以为客户提供选择独占物理机的选项，而客户要为资源利用率的降低而多付钱。

2. 虚拟化软件安全

虚拟化软件直接部署于裸机之上，提供能够创建、运行和销毁虚拟服务器的能力。服务器层的虚拟化能通过任何虚拟化方式完成。

虚拟化软件层完全由云服务提供商来管理。由于它是保证虚拟机在多租户环境下相互隔离的重要层次，所以必须严格限制任何未经授权的用户访问它。

这一层的特点是虚拟机的安全，因此，云服务提供商应建立必要的安全控制措施，限制对于虚拟化的核心 VMM 和其他形式虚拟化层次的物理和逻辑访问控制，确保虚拟化层的安全。

针对此虚拟化软件层，主要有两种攻击方式：① 恶意代码通过应用程序接口（API）攻击，因虚拟机通过调用 API 向 VMM 发出请求，VMM 要确保虚拟机只会发出经过认证和授权的请求；② 通过网络对 VMM 进行攻击，通常 VMM 所使用的网络接口设备也是虚拟机所使用的，这意味着虚拟机可以连接到 VMM 的 IP 地址，并侵入 VMM。

3. 虚拟服务器安全

虚拟服务器位于虚拟化软件之上。虚拟化服务器的最大特点之一是网络架构。网络架构的改变相应地产生了许多安全问题。在不使用虚拟化技术时，用户可以对不同服务器采用不同的规则进行管理。对一个服务器的攻击不会扩散到其他服务器。采用虚拟化技术后，一台服务器将支持若干应用程序。可能会出现负载过重的现象，甚至会出现物理服务器崩溃的状况。在管理程序设计过程中的安全隐患会传染到同一物理主机上的所有虚拟机。另外，虚拟机迁移以及虚拟机间的通信也会增加服务器遭受渗透攻击的机会。

虚拟服务器面临着许多主机安全威胁，包括接入和管理主机的密钥被盗、在脆弱的服务标准端口侦听、劫持未采取合适安全措施的账户等。面对这些不安全因素，可以采取以下措施：

1）选择具有可信平台模块（TPM）的物理服务器。TPM 可以在虚拟服务器启动时检测用户密码，并依据检测结果决定是否启动此虚拟服务器。如果有可能，应使用新的带有多核处理器，并支持虚拟技术的 CPU，这样就能保证 CPU 之间的物理隔离，减少部分安全问题。

2）每台虚拟服务器应通过虚拟局域网（VLAN）和不同 IP 地址网段的方式进行逻辑隔离。需要通信的虚拟服务器间通过 VPN 进行网络连接。

3）安装虚拟服务器时，应为每台虚拟服务器分配一个独立的硬盘分区，以便进行逻辑隔离。虚拟服务器系统还应安装基于主机的防火墙、杀毒软件、日志记录和恢复软件，以便将它们相互隔离，并与其他安全防范措施一起构成多层次防范体系。

4）在防火墙中，尽量对每台虚拟服务器做相应的安全设置，进一步对它们进行保护和隔离，将服务器的安全策略加入系统的安全策略中，并按物理服务器安全策略的方式来对等。

5）对于虚拟服务器系统，应当像对一台物理服务器一样地对它进行系统安全加固。同时严格控制物理主机上运行虚拟服务的数量，禁止在物理主机上运行其他网络服务。因为一旦物理主机受到侵害，所有在其中运行的虚拟服务器都将面临安全威胁，或者直接停止运行。

6）避免服务器过载崩溃，要不断监视服务器的硬件利用率，并进行容量分析，使用容错服务器或容错软件是一个好的选择。

7）对虚拟服务器的运行状态进行严密监控，实时监控各虚拟机当中的系统日志和防火墙日志，以此来发现存在的安全隐患，对不需要运行的虚拟机应当立即关闭。

4. 虚拟机安全防护

目前基于虚拟机技术，出现了以下安全类研究成果[22]：

（1）隔离执行　隔离执行是指将程序隔离到一个封闭的环境中运行。目前大多数此类研究都使用了虚拟化技术。比如 Huang 等人[23]基于 OpenVZ 实现了一个隔离执行架构，能够维护整个虚拟环境的完整性，并追踪多个应用之间的交互。

（2）虚拟机监控　虚拟机的隔离性会引入一个新的问题，即虚拟环境中的用户行为不可见，无法对其进行监控。于是出现了虚拟机自省技术，用以消除不同虚拟机之间的语义鸿沟。参考文献[24]阐述了这种技术。

（3）内存保护　面向虚拟化的内存保护技术已经出现，如 Intel 实现了一种基于轻量级虚拟机的内存保护方法，通过分离式页表将内核内存和应用程序内存分离，从而解决操作系统共享内核空间带来的安全性问题。然而这种轻量级虚拟机不具有通用性。

5. Xen 平台的安全

虽然虚拟机具有良好的隔离性，但在很多应用上，必须进行虚拟机间的通信，而虚拟机之间频繁的交互带来了新的安全挑战。例如，虚拟机之间未经授权的非法访问、通过虚拟机之间通信产生的病毒传播。

针对上述情况，Xen 通过自己的访问控制模块 ACM（ACM 也称为 sHype，是由 IBM 提出的一个在 Xen 上实现的安全架构 XSM（Xen Security Module），其作用类似一个安全容器。在使用 ACM 进行安全控制时，它首先加载用户设置的安全策略，在加载完毕，当 Xen 上的一个 Hypercall 被调用时，ACM 的决策算法根据用户所配置的策略，对此次访问请求做出允许或拒绝的决定，并反馈给 XSM），能有效解决访问不当造成的安全问题。

ACM 实现了中国墙 CW[25]和简单类型强制 STE[26]两种策略。中国墙策略的基本原则是没有任何信息流导致利益的冲突。其基本原理是：先定义一组中国墙类型和一个冲突集，然后根据类型定义标签。该策略根据标签进行判断，若两个虚拟机的标签处在同一个冲突集中，则不能同时在相同的系统上运行，即中国墙策略不允许有利益冲突的虚拟机同时运行在一台虚拟机监控器上。因此该机制主要用于虚拟机之间的信息流控制。ACM 中的 STE 模型是对传统类型强制 TE 模型的改进。STE 策略主要用于虚拟机系统节点内部，用于控制虚拟机系统资源在虚拟机之间的共享。STE 策略也定义了一组类型，然后根据类型定义标签，当主体（一般是指系统中运行的进程）拥有客体（一般是指系统中存在的资源）标签时，主体才能访问客体。比如一个虚拟机可以访问多个系统资源，则该虚拟机将拥有所有可以访问资源的类型标签。

除此以外，Xen 的 Domain 0 用户可以根据自己的需求制订安全策略。当虚拟机请求与其他虚拟机进行通信或访问资源时，ACM 模块能根据用户定义的策略判断，以此达到对虚拟机的资源进行控制以及对虚拟机之间的信息流进行控制的目的。

Xen 3.0 引入虚拟 TPM 的概念，可信计算实现了对虚拟化系统的扩展。扩展后的虚拟系统上的多个 VM 共享同一个物理硬件 TPM。虚拟 TPM 可以使平台上的每个虚拟机利用其功能，让每个需要 TPM 功能的虚拟机都感觉是在访问自己私有的 TPM 一样。在实践中，可以创建多个虚拟 TPM，这样每一个如实地效仿硬件 TPM 的功能，可有效维护各个虚拟机的安全，从而使采用 Xen 实现的云计算平台处于较稳定状态。

但是，目前 Xen 的安全性还有较多的安全问题。比如 Domain 0 是一个安全瓶颈，其功能较其他域强，所以容易遭受蠕虫、病毒和 DoS 等攻击，如果 Domain 0 瘫痪，那么将破坏整个虚拟机系统。Xen 的隐蔽信道问题不解决，在 Xen 上就不可能运行高安全等级的操作系统。虚拟机共享同一套硬件设备，一些网络安全协议可能更加容易遭到恶意破坏和恶意实施。尽管 Xen 提供了方便的保存和恢复机制，使得回滚和重放机制非常容易实现，但这些将影响操作本身的安全特性。除此之外，在 Xen 中，由于安全机制嵌入在客户操作系统中，所以不能保证 VMM 的安全。

3.4 云服务级安全

云计算服务模式拥有传统服务模式所不具备的很多特性，它融合多种技术以集约化的资源管理方式向用户提供方便和灵活的服务，这种新的服务模式已引起历史上又一次重大的产业变革，但同时也带来不少值得深思的新安全问题。

对云计算平台而言，无论 IaaS、PaaS、SaaS 中的哪一种服务模式，都应保证应用和数据的安全性。

3.4.1 IaaS 云安全

IaaS 云服务提供商会提供给用户所有设施的使用权，用户可以自由地部署自己的操作系统镜像，所以 IaaS 模式面临的安全问题是最多的，而且这些问题也主要与云平台本身相关。同时，IaaS 云服务提供商将云用户部署在虚拟机上的应用看作是一个黑盒子，因此云用户负责 IaaS 云之上应用安全的全部责任。

作为云计算的最底层服务，IaaS 涵盖了从底层的物理设备到硬件平台等所有的基础设施资源层面。其主要功能是为其上的各种服务提供支撑功能。这种支撑功能主要是通过对基础设施资源进行抽象虚拟化后，借助于虚拟化技术实现的。虚拟化的终极状态是 IaaS 提供商提供的一组应用程序编程接口，API 允许用户与基础设施进行管理和其他形式的交互。IaaS 主要的用户是云管理人员。

1. IaaS 的安全问题

IaaS 层处于云计算平台的最底层，为上层云应用提供安全数据存储和计算等资源服务，是整个云计算体系安全的基石。IaaS 平台既有传统数据中心的安全特性，更面临自身特有的安全风险。

如图 3-14 所示，IaaS 层的安全包括物理设施安全、硬件资源层安全、虚拟化平台安全、虚拟化资源层安全、接口层安全、数据安全、加密和密钥管理、身份识别和访问控制、安全事件管理和业务连续性等。

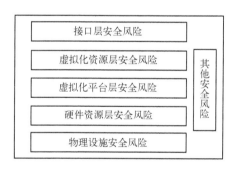

图 3-14　IaaS 层安全

（1）物理设施安全问题　物理设施安全是指保护云计算平台包括服务器、通信网络和电源等物理实体免遭地震、水灾和火灾等自然事故以及人为行为导致的破坏，如云数据中心供电设备失效导致服务器宕机及数据丢失等问题。

基础物理实体的安全是整个云计算系统安全的大前提。虽然云计算并没有改变传统物理实体所面临的安全问题，但是因为云平台，尤其是公有云平台托管的用户将比传统信息系统多很多，物理设备的安全问题会造成更广泛的影响。

（2）硬件资源层安全问题　硬件资源层安全包括服务器安全、存储安全和网络安全等。

服务器安全是指云计算系统中的作为海量数据存储、传输和应用处理的基础设施服务器的安全性。主要防护措施包括身份认证、访问控制、主机安全审计和安全规则等。

存储安全是指提供存储资源的物理设施及存储网络，确保存储资源的可用性和可靠性等目标。主要通过提供存储设备冗余设置、存储网络访问控制以及存储网络监控等安全措施来预防存储硬件失效和共享存储网络拒绝服务等安全问题。

网络安全是指网络架构、网络设备和安全设备方面的安全性，主要体现在网络拓扑安全、安全域的划分及边界防护、网络资源的访问控制、远程接入的安全、路由系统的安全、入侵检测的手段和网络设施防病毒等方面。主要是通过提供安全措施划分安全域、实施安全边界防护、部署防火墙、部署 DoS、防病毒网关和身份认证等措施解决此类安全问题。

（3）虚拟化平台安全问题　虚拟化平台层安全是指虚拟化相关软件的安全风险，各种虚拟化软件引入了新的攻击界面，如服务器虚拟化软件的 VMM 和其他管理模块。主要安全风险及对策如下：

1）平台完整性篡改。虚拟化软件被攻击者注入恶意代码或进行篡改导致系统进入不安全状态。主要通过提供基于可信计算技术实施对虚拟化平台完整性的保护。

2）管理接口非法访问。主要是指虚拟化软件面向管理员的访问接口没有设置访问控制措施或因为软件缺陷被利用。攻击者访问管理接口将直接影响整个虚拟化平台的安全。主要通过引入访问控制机制来确保管理接口的安全性。

3）资源分配拒绝服务。在虚拟化环境下，CPU 和内存等资源是虚拟机和宿主机共享的，如果虚拟机发起 DoS 攻击以获取宿主机上所有的资源，可能造成主机拒绝服务。主要通过引入身份认证技术确保其他管理模块的安全。

（4）虚拟资源层安全问题　IaaS 平台大量采用虚拟化技术，包括虚拟服务器、虚拟存储、虚拟网络和虚拟交换机等，虚拟化安全成为 IaaS 层面临的最大安全风险。虚拟化安全问题主要包括以下几个方面：

1）虚拟化软件本身的安全问题。虚拟化软件位于裸机与用户实例之间，提供能够创建、运行和销毁虚拟服务器的服务。云服务提供商应建立必要的安全控制措施，限制对于 Hypervisor 和其他形式的虚拟化层次的物理和逻辑访问。在 laaS 服务中，用户不能接入虚拟化软件层，该层由云服务提供商来操作和管理。不安全的虚拟化软件，会直接造成用户实例的不安全，如可能造成用户实例的非授权访问、用户实例的非法删除等问题。

2）虚拟服务器安全。在服务器虚拟化的过程中，单台的物理服务器本身可能被虚拟化成多个虚拟机并提供给多个不同的租户，这些虚拟机可以认为是共享的基础设施，部分组件如 CPU 和缓存等对于该系统的使用者而言并不是完全隔离的。此时任何一个租户的虚拟机漏洞被黑客利用都将导致整个物理服务器的全部虚拟机不能正常工作。

虚拟服务器面临着许多主机安全威胁，包括接入和管理主机的密钥被盗、在脆弱的服务标准端口侦听、劫持未采取合适安全措施的账户等。

（5）接口和 API 安全问题　IaaS 云主要是通过接口向用户提供服务。但是当前 IaaS 的接口本身还不够安全，尤其像是提供认证服务、加密服务和访问控制服务的接口必须能够保证不会被偶然或恶意地规避，否则，可能会导致整个系统安全防护的丧失。

接口安全问题是指需要采取相应的措施来确保使用接口的用户认证、加密和访问控制的有效性，避免利用接口对内和对外的攻击等。

不安全的 API 也会造成恶意用户利用接口对系统内或者系统外进行非法攻击，以及对云资源的滥用。造成不安全 API 的原因有很多，如匿名访问、重用的令牌或者密码、认证与数据传输以明文的方式进行、不灵活的访问控制和认证、有限的监控和日志能力都会导致 API

变得不安全。

（6）共享技术带来的安全问题　IaaS 层允许用户直接使用云计算硬件基础架构，却没有为不同用户之间提供有效的隔离措施。虽然一些云服务提供商在用户的操作系统与底层架构之间设置有一层管理程序，以避免用户不恰当地使用底层服务，但是这些措施还不能完全保证用户之间的隔绝。如果不能有效地管理和隔离用户，可能会造成用户对共享资源的非法使用，甚至出现用户之间互相攻击的情况。

2. IaaS 安全对策

解决上述提到的安全问题是运营商发展 IaaS 业务的重点。解决 IaaS 安全问题主要通过管理和技术。

1）用户数据可控和数据隔离。通过用户控制其使用的网络策略和安全以及虚拟化存储可以解决数据泄露的风险。

2）综合考虑数据中心软硬件部署。在选购硬件时，要综合考虑质量、品牌、易用性、价格和可维护性等因素，并选择性价比高的厂商产品。在选择虚拟化软件中，也需要在价格、厂商和质量之间平衡。

3）针对服务中断等不可抗拒因素。服务中断在信息环境中始终存在，在设置云计算数据中心时，最好采用"两地三中心"策略，进行数据的备份，即数据中心附近设置同地域灾备中心，在其他地域设置另一个异地灾备中心。

4）针对 IaaS 的网络层采取多项措施。比如：① 每个用户采用单独的 VLAN，确保用户内部可以自由通信，不同的用户不能互通；② 采用端口绑定和端口隔离等措施，保证云平台的正常运行；③ 构建虚拟防火墙，用户可以采用虚拟防火墙对特定的虚拟机进行访问策略设定；④ 为云平台用户提供反 DDoS 服务，自动发现攻击，并实施清洗，确保云平台不受 DDoS 攻击影响。

5）在系统管理层面，提供多种安全措施。比如：① 当用户进行登录时，除采用用户名密码认证外，同时采用手机动态密码认证，确保客户自服务账号安全，避免非授权操作；② 提供 SSL 和 VPN 通信链路支持，确保用户在接入虚拟系统时，避免用户关键信息在公网上被泄露、窃听或截获；③ 为客户机提供集中的补丁管理，通过快速有效的安全补丁集中管理策略，及时保障云平台各组件的安全。

6）建立健全行业法规。在云服务中，用户的焦虑很大一部分来自于不知道自己的数据究竟存储在哪，通过建立健全的法规可以对数据泄露和数据丢失等问题进行改善，减少用户对云服务的不信任。

3.4.2　PaaS 云安全

相对 IaaS 层，PaaS 层主要增加了应用开发框架、中间件能力以及数据库、消息和队列等功能的集成，并提供了一组丰富的 API。开发者在 PaaS 平台之上可以非常方便地编写应用。开发的编程语言和工具由 PaaS 支持提供。另外，通过 PaaS，用户无须涉及服务器、操作系统、网络和存储等资源的管理，这些烦琐的工作都由 PaaS 供应商负责处理。PaaS 主要的用户是开发人员。

1. PaaS 的安全问题

PaaS 层的安全包含两个层次：一层是 PaaS 平台自身的安全；另一层是用户部署在 PaaS 平台上应用的安全。云服务供应商负责保障云计算基础架构（防火墙、服务器和操作系统等）

的安全，但控制和保证云应用安全的任务需要用户自己来承担。

对 PaaS 提供商来讲，PaaS 层需关注平台本身安全，主要包括对外提供安全 API、运行安全和数据安全。

（1）API 安全问题　PaaS 层的特点就是提供丰富的 API，让用户可以通过这些 API 在云平台上开发和部署自己的应用。不安全的 API 会直接导致用户开发的应用程序安全性降低。同时 PaaS 层也有其特有的 API 安全问题，如不同云服务提供商没有统一的 API，这会导致在某一个云平台上安全的应用程序移植到另一个云平台后变得不再安全。例如 Google App Engine 使用 Python、Java 或 Go 语言设定用户安全配置，而 Force.com 使用 Apex 语言设定安全参数，不仅使用的编程语言不同，二者所能提供的安全服务水平也不相同。

对于 PaaS 的 API 设计，目前国际上并没有统一的标准，这给 API 的安全管理带来了不确定性。另外，目前 PaaS 提供的安全保障 API 数量还不足，只能向用户提供如 SSL 配置、基本的访问控制和权限管理等基本安全功能。所以增加安全功能 API 的数量，并向用户提供完善的安全保障服务也是 PaaS 服务所要考虑的一个主要问题。

（2）数据安全问题　在应用管理方面，PaaS 的安全原则就是确保用户数据只有用户本人才能访问和授权，实行多用户应用隔离，不能被非法访问和窃取。在这种环境下，PaaS 层的数据安全问题主要来源于应用程序使用的静态数据是不加密的。这些不加密的静态数据很有可能被来自内部的攻击者或者非授权访问者所窃取，从而破坏数据的保密性。

（3）运行安全问题　云服务提供商应负责监控 PaaS 平台的运行安全，主要包括对用户应用的安全审核、不同应用的监控、不同用户系统的隔离和安全审计等。主要措施是加强软硬件系统的运行稳定性，如及时发布软件补丁更新，解决安全漏洞。

2．PaaS 安全对策

针对上述提到的安全问题，可以采用如下对策来减少 PaaS 安全风险：

1）严格执行配置操作流程。严格按照应用程序供应商提供的安全手册进行配置，不要留有默认的密码或者不安全的账户。

2）确保及时更新补丁。必须确保有一个变更管理项目，来保证软件补丁和变更程序能够立刻起作用。

3）重新设计安全应用。要解决这一问题，需从两方面来考虑：一方面需要对已有应用进行重新设计，把安全工作做得更细一点，确保使用应用的所有用户都能被证明是真实可靠的。另一方面，可以应用适当的数据和应用许可制度，确保所有访问控制决策都是基于用户授权来制订的。

3.4.3　SaaS 云安全

云计算市场上增长最快的服务模式是 SaaS。SaaS 模式是指供应商通过 Internet 交付的一些核心应用服务。用户只要接上网络，通过浏览器，就能直接使用在云端上运行的应用，而不需要顾虑类似安装等琐事，并且免去初期高昂的软硬件投入。SaaS 主要面对的是普通用户。

SaaS 能够提供独立的运行环境，用以交付完整的用户体验，主要包括表现层、接口层及应用实现层，如图 3-15 所示。

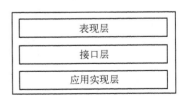

图 3-15　SaaS 三层结构

表现层将 SaaS 软件中的管理流与业务流进行分离，解决了投资和维护问题。SaaS 软件在接口方面，以统一接口的方式方便用户和其他应用远程通过标准接口调用软件模块，实现业务组合。SaaS 模式面向长尾市场[27]，要求 SaaS 软件具备配置能力和资源共享，使得一套软件能够方便地服务于多个用户。

由于 SaaS 模式一般是基于 Web 客户端或一组 Web 服务，因此大多数威胁都被留给了供应商，客户通常只需负责操作层的安全功能，包括用户的访问管理、身份认证，所以选择SaaS 提供商需要特别慎重。

1. SaaS 的安全问题

SaaS 的特性决定了云服务提供商对整个服务的安全性负主要责任，因为用户只是使用服务提供商提供的应用程序，除了避免误操作，用户只能使用服务提供商提供的安全措施。

SaaS 层面临的主要安全问题有权限管理的安全问题、数据处理的安全问题、软件漏洞、云服务不透明和版权等问题。其中的版权问题属非技术性安全机制[28]。

（1）权限管理的安全问题　在 SaaS 层，云服务提供商所提供的身份验证与访问控制等权限管理手段可以说是用户可用的唯一安全控制手段。但是目前 SaaS 层提供的权限管理手段存在着访问控制标准不一致的问题。比如 Google Docs 处理文件的内嵌图片的访问控制机制与旧版本文件的访问控制就存在着不一致问题，这就可能造成当用户停止共享这个文件时，其他用户仍然可以共享文件中的内嵌图片。

在云计算中实施成功有效的权限管理至少应包括：① 云服务提供商安全和及时地创建、更新以及删除账户；② 实现跨云的身份认证和管理；③ 建立可信任用户配置文件和规则信息，不但用它来控制在云端服务的访问，而且运行方式符合审计的要求。

（2）数据处理的安全问题　SaaS 层的应用程序在使用静态数据时不对数据进行加密，存在着数据泄露的风险。但是 SaaS 层数据泄露的风险比 PaaS 层要大，这是因为在 PaaS 层，用户可以通过自己开发一定的防范程序来预防数据泄露，而在 SaaS 层用户无能为力，所有的安全防范只能由云服务提供商提供。

（3）云服务不透明问题　IaaS 和 PaaS 服务模式会向用户开放相应的服务接口，用户可以借此评估整个云平台的安全性，尤其在 IaaS 层，用户的自由度更大。但在 SaaS 层，用户直接使用服务，无法评估整个云平台的安全性，这会使用户的数据受到未知安全风险的威胁。用户和云服务提供商应该在保密协议的约束下，分享包括结构、实现、部署、白盒和黑盒测试等方面的信息，以便用户可以有效评估云平台安全性。然而，多数云服务提供商都不愿意过多地提供云平台的技术细节等安全评估内容。

2. SaaS 安全对策

1）建立用户登录机制。所有存在安全需求的云应用都需要用户登录。在 SaaS 层中，服务提供商应提供身份识别与访问控制等权限管理手段，这是保证云计算正确运行的关键所在。

2）数据存储与备份。

3）选择可靠的操作系统，定期升级软件补丁，并关注版权信息。选择稳定的主流操作系统，定期更新操作系统与软件补丁，定时扫描漏洞。有条件的客户可以选择安全专家对系统做评估，并选用定制的网络设备或硬件设施。

4）对服务器和客户端的安全都要重视。对于客户端，最好采用通过 SSL 服务器端认证的HTTPS，保证所有传输的数据都是加密的，以保证数据传输安全。

5）选择可靠的 SaaS 提供商。首先，可靠的 SaaS 提供商应该具有业界领先的成熟的安全技术，如对于 SaaS 邮件提供商而言，成熟的反病毒和反垃圾邮件技术必不可少。其次，SaaS 提供商应拥有核心知识产权，可以保证以后服务的延续性与可靠性。最后，SaaS 提供商最好有良好的信誉以及安全资质，可以保证服务运行的可靠性与可信度，并能够提供持续的技术支持。

6）安全管理。首先，建立第三方监管制度，只有这样才能使 SaaS 更合理、有效地运营下去。其次，建立服务商与客户之间的诚信体系，社会方面也需要提供外部的法律支持，使泄露客户商机的行为能够收到惩处。良好的信用体系是 SaaS 安全发展的一个必要条件。最后，需要加强对人员技术知识和应急安全事件处理能力的培训，增强安全管理意识，并遵守安全管理规范。

3.5 应用级安全

云应用程序的安全是云安全项目的重要组成部分。应用程序安全的范围包括了从简单的个体用户应用到复杂的多租户电子商务应用程序和网站应用程序。

3.5.1 云应用的安全

1. SaaS 应用的安全性

用户可以使用智能终端设备通过浏览器来访问 SaaS 应用。这种模式决定了服务提供商需要最大限度地保证提供给客户的应用程序和组件的安全，而客户终端通常只需执行应用层安全功能。

需要特别关注的是 SaaS 服务商提供的授权和访问控制，因为这通常是管理信息的唯一安全控件。比如 Salesforce.com 和 Google 的大多数服务器都会提供一个基于网站的管理员用户接口工具，用来管理应用程序的授权和访问控制。

2. PaaS 应用的安全性

由于用户缺乏对 PaaS 中底层基础设施的控制。因此，通常来说，PaaS 服务提供商负责保护运行客户应用程序的平台软件堆栈的安全。

首先，从技术上看，目前 PaaS 对底层资源的调度和分配采用"尽力而为"机制，如果一个平台上运行多个应用，就会存在资源分配和优先级配置等问题。要解决这些问题，需要借助 IaaS 层的虚拟化机制来实现多个应用的资源调配和 SLA。

其次，用户基于 PaaS 平台开发的软件最终也会部署在该平台上。要保证应用程序的可靠运行，尤其是保证不同应用的运行环境之间相互隔离，避免不同用户的应用程序在运行时相互影响，同时用户数据则只有自己的应用程序可以访问。所以，PaaS 云提供商为了实现平台安全性以及应用安全性，必须提供不同应用运行的"沙箱"环境，实现不同应用运行环境的逻辑隔离。为了提供"沙盒"环境，现有云提供商一般通过为每一个用户应用提供一个容器来实现逻辑上的隔离，如 Google App Engine。

3. IaaS 应用的安全性

IaaS 层上的用户应用程序主要是指用户自己部署的操作系统镜像。在实际应用中，提供 IaaS 服务的云服务提供商会将用户的操作系统实例当作黑盒来处理，即 IaaS 提供商完全不了解客户应用的管理和运维情况。因此，用户的应用程序，无论运行在何种平台上，都由客户部署和管理，因此用户肩负有 IaaS 云主机之上应用安全的全部责任。

具体来讲，用户应用程序、运行时的应用平台应运行于用户虚拟机中，用户对其进行部署和配置，除了一些基础的引导和可能影响应用程序与云外的应用程序、用户、服务器交互的防火墙策略，用户通常需要独自保护 IaaS 中应用程序的安全，即相应的应用程序安全措施必须由用户提供。因此，云服务提供商在设计 IaaS 云框架时，其公有云内的网站应用程序必须能够抵御来于因特网的威胁，至少有一套针对主流网站漏洞的标准安全策略，同时应定期对漏洞进行检测。

用户应该能够对应用程序和运行平台定期打补丁，以保护系统不遭受恶意软件和黑客对云内数据进行非授权访问，同时让账户以最低权限的运行方式运行应用程序。

3.5.2　最终用户的安全

云安全的主要目标之一是保护用户数据安全。作为云服务的使用者，应该有自己的安全防御体系，如在终端设备上安装防病毒软件和防火墙等。

由于所有的浏览器在面临终端用户攻击时都变得非常脆弱。因此，云用户应采用适当的方法保护浏览器不受攻击。比如定期升级浏览器、打补丁等可以减少软件漏洞方面的威胁。终端还应该加强虚拟化软件的管理，因为虚拟化软件之间的通信不受网络通信的监控，所以存在安全隐患，容易受到网络的匿名攻击。因此，接入云端的用户应该尽可能降低这一方面的安全隐患。此外，还可以使用以下协议和组件来确保浏览器及传输通道的安全[29]：

1）SSL 和其继任者 TLS 是大部分网站浏览器都支持的基础协议，主要用于安全的传输网站和客户端数据，并使用数字证书进行认证。

2）SSH 是一种在不安全网络上提供安全远程登录及其他安全网络服务的协议，最初是UNIX 系统上的一个程序，后来扩展到其他操作平台。

3）VPN 是一个通过因特网的临时的、安全的隧道，使用这条隧道可以对数据进行加密以达到安全使用互联网的目的，并保证数据的安全传输。

参考文献

[1] Michael A, Armando F, Rean G，et al. Above the clouds: A Berkeley view of cloud computing[R]. Dept. Electrical Eng. and Comput. Sciences, University of California, Berkeley, Rep. UCB/EECS 28 , 2009: 13.

[2] 黄瑛，石文昌. 云基础设施安全性研究综述[J]. 计算机科学, 2011, 38(7): 24-30.

[3] Dzmitry K, Bouvry P, Khan S U. DENS: Data center energy-efficient network-aware scheduling[C]. IEEE/ACM Int'l Conference on & Int'l Conference on Cyber, Physical and Social Computing, Hangzhou, 2010: 69-75.

[4] 云数据中心网络架构需具备的五大特性[J/OL]. http://www.cioage.com/art/201306/102300.htm.

[5] 李舒磊. 云计算及其架构技术研究[J/OL]. http://articles.e-works.net.cn/infrastructure/article111455.htm.

[6] 李凌. 云计算服务中数据安全的若干问题研究[D]. 合肥: 中国科学技术大学, 2013.

[7] Reddy K B, Paturi V R，Rakshit A. Cloud security issues[C]. IEEE International Conference on Services Computing, Bangalore, 2009: 517-520.

[8] Roy I, Setty S T, Kilzer A, et al. Airavat: Security and privacy for MapReduce[C]. 7th USENIX

Symp. on Networked Systems Design and Implementation, San Jose, 2010: 297-312.

[9] Bowers K D, Juels A, Oprea A. Proofs of retrievability: Theory and implementation[C]. The ACM Workshop on Cloud Computing Security, New York, 2009: 43-54.

[10] Kirch J. Virtual machine security guidelines[S]. The Center for Internet Security, 2007.

[11] Singh A. An introduction of virtualization[J/OL]. http://www.kernelthread.com/publiccation/ virtualization.

[12] Strachey C. Time sharing in large fast computers[C]. International Conference on Information Processing, Paris, 1959: 336-341.

[13] Padegs A. System/360 and beyond[J]. IBM Journal of Research and Development, 1981, 25(5): 377-390.

[14] Semnanian A A, Pham J, Englert B, et al. Virtualization technology and its impact on computer hardware architecture[C]. Eighth International Conference on New Generations, Las Vegas, 2011: 719-724.

[15] VMware. Vmware products[J/OL]. 2006, http://www.vmware.com/products/.

[16] Chaudhary V, Minsuk Cha J P, Walters S G, et al. A comparison of virtualization technologies for HPC[C]. 22nd International Conference on Advanced Information Networking and Applications, Ginowan, 2008: 861-868.

[17] 王国忠. 计算系统虚拟化: 原理与应用[M]. 北京: 清华大学出版社, 2008.

[18] 互动百科. 虚拟化[J/OL]. http://www.baike.com/wiki/虚拟化.

[19] Smith J E, Nair R. Virtual Machines: Versatile Platforms for Systems and Processes[M]. 北京: 电子工业出版社, 2006.

[20] XEN3.0 虚拟化架构[J/OL]. http://www.codeweblog.com/xen3-0-虚拟化架构/.

[21] QY003. 浅说虚拟化与云计算的关系[J/OL]. http://www.qycn.com/news/9833.html.

[22] 赖英旭, 胡少龙, 杨震. 基于虚拟机的安全技术研究[J]. 中国科学技术大学学报, 2011, 41(10): 907-914.

[23] Huang Y, Stavrou A, Ghosh A, et al.Efficiently tracking application interactions using lightweight virtualization[C]. Proceedings of the 1st ACM Workshop on Virtual Machine Security, Alexandria, 2008: 19-28.

[24] Garfinkel T, Mendel R. A virtual machine introspection based architecture for intrusion detection[C]. Proceedings of the Network and Distributed System Security Symposium, San Diego, 2003, 3: 191-206.

[25] Brewer David F C, Michael J Nash. The chinese wall security policy[C]. IEEE Symposium on Security and Privacy, Oakland, 1989: 206-214.

[26] Griffin L, Berger S. sHype: Secure hypervisor approach to trusted virtualized systems[R]. Techn. Rep. RC23511, 2005.

[27] 百度百科. 长尾效应[J/OL]. http://baike.baidu.com/view/350131.htm.

[28] Zhao G S, Rong C M, Martin G J, et al. Reference deployment models for eliminating user concerns on cloud security[J]. The Journal of Super-Computing, 2012, 61(2): 337-352.

[29] 薛凯. 云计算安全问题的研究[D]. 青岛: 青岛科技大学, 2011.

第4章 数据安全与云存储

自云计算概念提出以来，关于其数据安全性的质疑就一直不曾平息。目前，业界普遍认为外包数据的安全是云服务推广的最大障碍。本章首先分析了在外包数据全生命周期过程中数据所面临的威胁、相应的安全需求以及针对这些需求可以采取的应对措施，然后对云存储上的数据安全做一个简单阐述。

4.1 概述

在云计算环境中，企业和个人用户需要将自己的数据存放在云数据中心，委托云服务提供商完成数据的存储和计算任务，而用户只需通过网络获取相应服务。对于一直以来都在企业内部保存其数据的企业来讲，这种数据外包的存储方式是难以接受的。其主要担忧就是外包数据的安全问题。

4.1.1 数据外包的安全风险

数据服务外包是云计算的一个自然适应过程。然而，企业和个人考虑到数据外包的安全和隐私问题都不愿采用公有云服务。他们的犹豫是合理的。一方面，人们希望充分利用云中存储和计算资源来存储和处理他们的数据；另一方面，用户不知道自己的个人数据会以何种形式存储、存储在何处、又与哪些用户的数据存储到一起。

换言之，当用户选择云存储服务时，总希望仍能够保持对其外包数据的完全控制。但到目前为止，很少有云服务提供商能够为其客户提供这种支持。相反，云客户却有责任为自己保存在云中的外包数据提供安全保障。

1. 数据移转风险

从公有云、社区云与混合云三种云计算模式可知，它们的数据存储系统采取的是共享模式，这样，客户之间有可能会无意间获取对方的数据。大多数企业为了节省成本而把数据转移到外部的云，数据移转到云端的过程是通过互联网进行的，这中间也会出现数据移转风险。

除云系统本身存在的缺陷外，内部人员监守自盗，即假设云服务提供商的内部员工利用云上的用户数据做非法之事，会影响企业使用者或云服务提供商的信誉。所以当第三方或云服务提供商使用未经用户授权的个人数据时，就会涉及法律问题。因此，云安全联盟（CSA）提出的七大威胁中，就包括"数据泄露"和"恶意内部员工"，这两项威胁与数据移转风险有关联，会影响到 IaaS、PaaS 和 SaaS 云。

2. 黑客风险

如今网络环境多元化，如 3G、4G 或 Wi-Fi，加上连接网络的工具多样化。云计算面临新形态的网络黑客攻击。比如云计算的虚拟平台有可能会遭到黑客篡改、窃取或删除数据。网络罪犯会利用云计算的基础设施，从事非法行动。例如散播僵尸网络，即将云计算的服务器当作僵尸网络的控管中心，通过网络来感染病毒。

3．身份验证风险

目前，云计算安全机制令人担忧的事是只需要密码，就可以窃取机密，让投机分子得利。当只采用密码作为访问云系统的钥匙时，若用户忘记注销，数据可能会被其他人窥视，因为只有一道防范措施。同时这也凸显身份验证存在的问题。云服务提供商该如何确认云端服务的用户就是用户本人，这牵扯到授权问题。依照 2009 年 IBM 的云端安全指南，还有可能出现的威胁是挟持账户或服务，如通过网络钓鱼的方式，入侵账户来攻击云计算服务提供商的弱点。若此情况发生，这也会涉及法律问题。

4．云服务器失效风险

若云服务器发生宕机，可能会给云使用者造成极大损失。云服务提供商出现故障、停电或宕机等问题，这样云用户的数据处理服务被中断，如果耽搁到用户数据处理的时间，该如何处理。另外，云系统软件版本更新，也可能会造成数据丢失。当与他人共享云服务提供商所提供的资源、软件版本和硬件时，在系统更新后，云计算存在失效风险。鉴于此，云用户和云服务提供商之间应该订立 SLA，避免服务器失效所带来的损失。

5．标准与规范缺失风险

目前，云计算在技术上没有统一的标准和规范，各大云服务提供商在推出自己产品的同时也纷纷建立自己的技术标准，云服务提供商的平台以及应用通常不兼容，这使得数据在各个平台间的迁移变得相当困难，而在复杂的商业竞争环境中，云服务提供商若终止服务，用户数据安全也甚为堪忧。

产生上述数据安全问题的本质是数据所有方和服务方之间的信任管理，这是一个社会问题，不是纯技术问题，但可以通过技术手段协助解决。因此，用户和云服务提供者之间需形成一定的数据使用约束，通过双方的信誉和技术约束手段，共同促成数据的合法使用而不被滥用和破坏。就用户来讲，可以选择信赖的服务提供商，约定一种双方都满意的安全机制，以达到个人利益最大化的保障。就服务提供商而言，一旦失去诚信，将无立足之地。

4.1.2　数据外包的生命周期

一个典型的云应用需求从云终端发起，达到云端后通过各层云服务完成一次服务请求并将结果返回到云终端的过程。从服务流程可以归纳出云计算服务的典型数据生命周期，如图 4-1 所示。

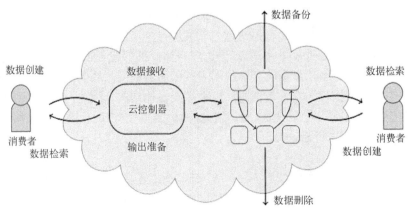

图 4-1　云环境下数据的生命周期

从图 4-1 可以看出，数据生命周期大致包含以下几个阶段：

1）数据创建/传输（Data Creation/Transmission）。这是数据初始阶段，数据是由用户创建的，然后被推送到云中进行消费。为了保障这一过程的可信与安全，需要对数据进行加密和访问权限、安全等级等控制，同时需要维护传输过程中数据的私密性和传输后的数据完整性。

2）数据接收（Data Reception）。数据在云中被接收，然后写入内存和硬盘等存储空间中。为了保证这一阶段的数据安全，需要进行数据完整性校验，采取数据加密、完整性保证和数据隔离等措施。

3）输出准备（Output Preparation）。对数据进行加工，并反馈给用户。

4）数据检索（Data Retrieval）。用户接收来自云端的数据，并使之处于用户域内。当数据被云终端用户或其他云服务使用时，需要检查数据的来源以及完整性，同时进行解密。

5）数据存储/备份（Data Storage/Backup）。数据存储就是数据以某种方式、某种格式存储在计算机本身或者外部存储介质上。常规的存储方式就是将数据存在硬盘等存储介质上。但是云计算的海量数据如果按此方法存储，不仅需要巨大的存储介质，而且用户对于这些数据的查询与更新等操作所花费的时间也可能满足不了要求。而且这些存储介质容易损坏和被盗窃，这样的存储方式就使得云计算平台完全不具备安全性和高效性的特点。

6）数据迁移（Data Migration）。为了数据的可用性或可伸缩性，经常需要在云内部对数据进行迁移。

7）数据删除（Data Deletion）。生命周期已经结束的数据必须采用数据销毁技术从云中永久删除，处理后的存储空间可以被回收，继续使用。此阶段可能会存在数据残留问题，数据残留是数据在被以某种形式擦除后所残留的数据碎片，这些碎片有可能被用来重建原始数据。

云服务提供商应保证，在释放用户存储空间后，并在重新分配给其他用户使用前，应该将存储介质上的信息完全清除。同时还要向用户提供完善的数据备份与灾难恢复功能，这些在保证数据安全方面将发挥重要作用。

4.2 数据安全需求

云存储是云计算中一项非常重要的云服务。云存储供应商应考虑的问题是数据的保密性、完整性、有效性、相互不可抵赖性、数据新鲜度、数据复制和恢复等。云客户更关心的是机密性、完整性和可用性。其中，机密性、完整性和可用性是被广泛认可的能确保存储在云中数据安全的重要特性。

4.2.1 机密性

保护数据机密性的常用方法就是对存储在服务器中的数据进行加密并且从不发送解密密钥到云端服务器。因为攻击者在云端服务器只能访问加密数据，因此不会看到数据内容。但是，这种方法不能应用于需要对数据进行计算的系统中，如 Web 应用程序、移动应用程序和机器学习工具等。

事实上，目前几乎所有系统都遵循相同的策略，即尽量防止攻击者闯入服务器。采取此策略的内在原因是，如果攻击者无法入侵服务器，他们就不能访问服务器中数据。这种策略具有多种实现方法，如在操作系统层面进行安全策略检查、应用程序代码的静态或动态分析等。

尽管如此，数据泄露问题依然存在。首先，众所周知，黑客能够通过软件缺陷侵入系统，并获得敏感数据。其原因是，如今的软件都异常复杂，很难做到没有漏洞。另外，黑客可以设法获取访问服务器的管理权限，从而可以访问所有存储在服务器上数据。

在云环境下，导致数据机密性问题的主要缘由有以下几种：

1）多租户问题。多租户共享存储器、CPU、数据、应用程序、网络和缓存等都可能造成数据泄露和隐蔽通道等问题，故多租户可能产生机密性问题。

2）弱认证机制。身份认证能保护用户账号以防被盗，只有合法的用户才能访问存储器、设备和软件等。云中缺少强身份认证机制将导致机密性问题。

3）客户端系统漏洞。客户端操作系统的设计缺陷会成为云环境外攻击者的目标，攻击者有机会访问云环境存储的数据信息，造成数据泄露。

4）软件更新和维护。云服务提供商承担着客户的软件更新和维护责任，它有权力访问应用程序的数据信息，客户不仅要信任云服务提供商而且要信任云服务内部运维人员。运维人员不仅能访问隐私数据，而且也能搜集谁访问过这些信息的元数据，这也会导致数据机密性问题。

5）API 泄露。云服务应该使用标准的 API 并向公众开放，以方便用户更换云服务提供商。然而，这会使黑客掌握 API 以及云结构信息，给数据机密性带来安全问题。

机密性是云平台最大的安全问题，也是目前研究最多的云安全问题。数据从产生、使用、传输、转变、存储、存档到销毁的各个阶段都需要保证机密性。加密技术、授权和访问控制、身份认证机制等能保证数据机密性。

为保证云计算系统中数据的机密性，首先需要加强对相关人员的管理，其次可以通过一些技术手段保障数据机密性。目前的主要技术解决方案有以下几种：

1）加密技术。加强数据的私密性才能保证云计算安全，无论是用户还是存储服务提供商，都要对数据进行加密，这样既保证数据的隐私性，又可以进行数据隔离。

2）访问控制。访问控制机制用来保证授权用户可以访问数据和阻止非授权用户访问系统数据。访问控制包括认证和授权两个方面。目前的云服务提供商都是通过弱认证机制如用户名密码形式来完成认证，并提供给用户相对粗粒度的授权访问控制。一般云计算提供商所提供的授权级别仅有管理员授权和用户授权，而在这两种授权中间没有其他等级，这种粗粒度的访问控制机制存在重大安全问题。因此，需要在云计算平台中引入高安全性的身份认证机制和访问管理技术，提高云用户身份及其访问控制的安全性。

3）身份认证。身份认证的方式有很多，比较常用的是密码验证法，即系统通过用户所设定的用户名和密码判断用户身份是否合法。密码验证法又可以被分为直接存储法、单向函数法、密码加密法、时戳法和随机法等。这种方法的安全性较低，若是服务器将用户信息泄露，攻击者很容易获取用户数据。

还有一些身份认证技术，如生物认证技术、动态电子口令系统认证方式、基于智能卡的认证方式等。这些认证方式都有各自的优点和缺点，为了保证安全性，系统应该采用多重身份认证机制，提高云端数据的安全性。

4）孤立虚拟机。既然多租用户是数据隐私问题的主要来源，因此孤立虚拟机也是解决方法之一，即：在 IaaS 级，对存储、内存和处理等进行孤立；在 PaaS 级，需要对 API 调用、操作系统处理进行孤立；在 SaaS 级，要强调对同一软件上运行的事务进行孤立。

4.2.2 完整性

除了数据的机密性，还需要关注数据完整性。机密并不意味着完整性，数据可通过加密技术来实现机密的目的，但可能无法验证数据的完整性。

云平台存在的完整性问题主要如下：

1）节点完整性。云平台将数据存储在某个节点上，该节点必须保证自己就是声称的身份，云才能信任该节点并将数据存储在该节点上。数据存储在节点上还要防止数据被非授权的删除、修改和伪造等。

2）过程完整性。过程完整性是指数据在节点之间传输时，不会受到非法的篡改。

3）信任管理问题。这主要是指节点完整性和过程完整性的证明过程在多大程度上是可信的，是对节点和通信过程安全性的主观认知。

目前，对于数据完整性的检测方法主要有数字签名和数字水印两种方法。

1）数字签名。采用计算机加密技术，对数据的单元格进行变化。

2）数字水印。将数字信息直接或间接地加载到数字载体中，这不但不会对原有的数据价值有影响，还能够有效防止二次修改。但是，数字水印检测对数据拥有者也具有辨识性能，可以通过检测载体中隐藏的信息对数据进行辨别。

4.2.3 可用性

云环境不仅需要关注机密性和完整性等问题，还要关注数据的可用性问题。如果由于某些原因，用户的数据变得不可用，这对于用户来说是非常不方便的。因此，云端内部的节点必须具有一定的容错性来支持 24×7 的操作，在发生故障或中断的情况下，保证用户的数据仍然可用。

在云计算环境中，对数据可用性存在的威胁主要有三个方面：① 基于网络的攻击，即要保障现有云系统的基础网络环境的安全；② 云服务本身的可用性，即云计算系统安全性；③ 云用户者必须确定他们的云服务提供商真正提供什么服务，如有些服务提供商不提供数据备份等。

数据备份和不依赖云为数据唯一来源是解决可用性问题的一种可行方法。

4.2.4 远程访问

在本质上说，云端是一个公共区域。这些服务通过 HTTP 都可以访问。对数据和服务的访问需要控制只有获取到授权的人才能够进行。云环境中存在的远程访问问题主要如下：

（1）认证 云服务提供商必须确保那些试图访问服务的人是经过认证的。没有经过认证的人员都不能访问数据，实体的身份必须经过确认，这意味着必须进行身份管理。

（2）授权 一旦访问数据的实体的身份被认证，那么云服务提供商就需要对这些被访问的数据进行控制和管理。经过认证的用户不能访问那些他们未授权的数据。

（3）位置 用户获得服务或资源总是在不同的位置。认证的用户应该始终被执行，而不应该通过链接到中间的设备来获得服务。

（4）废止 对个人数据访问的废止或对服务的禁止是一个重要的安全需求。

其中，位置隐私、身份和授权这几个问题是云服务提供商应该解决的，服务的废止、对数据的分配和访问应该由用户自己解决。

4.2.5 不可依赖性

无论是云服务提供商还是用户都不能否认数据的来源，并且拒绝数据的完整性。而且，数据生命周期中每一个可变的记录都需要被保存下来。如果一个云服务提供商试图骗取用户，那么数据生命周期中对数据的操作应该是有据可查的。如果一个云服务提供商是不诚信的，那么他可能宣称用户使用了比实际更多的资源。在这种情况下，用户将支付更多的费用。不可抵赖性的实现需要由用户和云服务提供商共同协商来解决。

4.2.6 新鲜度

确保被检索数据是新鲜的，即新鲜数据是系统最近更新的数据。当多个用户可以同时更新数据时，共享的和动态的环境非常重要。云用户需要确保检索到的数据是最新的版本。CloudProof 是目前唯一宣称支持数据新鲜度的云存储方案[1]。

4.3 数据安全

我们已经知道，数据安全是指保护存储在云端的数据防止被未经授权的用户访问或修改。机密性、完整性和可用性是其主要的安全属性。

现阶段，云中数据安全防护技术主要有数据加密、数据隔离和数据残留等。

4.3.1 数据安全的内涵

数据安全有两个方面的含义：一方面是指对数据进行主动保护，保证数据不会被泄露而造成不必要的损失；另一方面是数据防护的安全，主要是采用一些技术手段对数据进行防护，如通过数据备份和异地容灾等手段保证用户能够随时准确无误地获取自己的数据。

总的来讲，用户在选择云计算服务时，应该关注与数据安全有关的内容如下：

（1）数据传输和处理安全　将用户私密数据通过网络传递到云端进行处理时，需要考虑以下几个方面的问题：① 确保用户数据在网络传输过程中不被窃取；② 保证云计算服务提供商不将企业数据泄露出去；③ 在云计算服务提供商处存储数据时，保证访问用户是经过认证的合法访问者，并保证用户在任何时候都可以安全地访问自己的数据。

（2）数据存储安全　数据存储包括数据的存储位置、数据的相互隔离、数据的灾难恢复等问题。在云环境下，相比传统数据存储模式而言，用户可能面临一些新的风险：① 用户并不清楚自己的数据被放置在哪台服务器上，甚至根本不了解这台服务器放置在哪个国家，得到的只是云服务提供商的保证；② 云计算服务提供商在存储数据所在国是否会存在信息安全等问题，能否确保用户数据不被泄露；③ 云计算服务提供商能否保证不同用户的数据之间进行有效隔离；④ 即使企业用户了解数据存放的服务器准确位置，也必须要求服务提供商作出承诺，对所托管数据进行备份，以防止出现重大事故时，企业用户的数据无法得到恢复。

4.3.2 数据加密

对于存储在第三方云平台上的数据在存储设备上以及传输过程中都会变得透明化，要保证数据安全，最基本的措施是使用公钥对云中数据进行加密，接收者使用私钥对加密的内容进行解密。

在多数情况下，云用户希望云服务提供商能为用户数据进行加密，以确保他们的数据无论存储在哪里都会受到保护。同时，云服务提供商也有责任保护云用户数据的安全性。

云计算中的数据所处的状态可以划分静态存储状态、传输状态和处理状态。在这三种状态中，数据都面临着泄露的风险。针对这三种状态，云服务提供商可以分别提供相应的解决方案。

1. 静态数据存储

静态的数据表示存在于存储服务中没有必要进行处理的数据，通常以文字、图片和影音文件等形式存储在云平台中。该类静态数据不需要参与运算，仅仅利用云的存储功能。用户对此类数据的关注点是数据的完整性和可用性。因而静态数据能够用密码学加密技术进行保护。

静态数据的加密方案可以使用传统的数据加密方式，但不同的云服务提供商会提供不同的解决方案。比如 Amazon 的简单存储服务（S3）并不加密用户数据，但是用户可以在上传数据之前自行加密数据。S3 会在用户存储数据的时候自动生成一个 MD5 散列，不需要使用外部工具为数据生成 MD5 校验，这样可以有效地保证数据的完整性。微软的云存储系统则会辨识用户数据的敏感度，然后再根据数据敏感度划分数据，对比较敏感的数据进行加密。

IaaS 层数据的机密性、完整性和可用性三个方面是用户对于存储数据关注的核心安全问题，也是云存储安全技术的研究重点。数据的可用性主要是通过冗余备份的方式来保证；数据的完整性主要通过访问管理和数据校验等方式进行保证；数据的私密性主要是通过身份验证、访问管理和静态数据加密来保证。静态数据加密可以使用云服务供应商或者第三方软件工具进行。

在 PaaS 层加密静态数据通常比较复杂，需要提供商提供的或专门定制的设备。在 SaaS 层加密静态数据是云用户无法直接实施的，需要向云服务提供商提出加密请求。

对于 PaaS 和 SaaS 模式中基于云的应用程序所使用的静态数据，在许多情况下是不加密的，因为加密数据将导致索引和查询方面的问题。

2. 数据加密传输

数据传输安全问题是指如何确保数据在传输过程中的机密性和完整性。为保证数据在传输过程中的安全性，通常采用的方法有两种：① 通过传输层安全性实现，主要是使用加密网络通信信道，如使用虚拟专用网络在用户和数据中心节点之间提供安全通道，从而确保传输的数据是安全的；② 通过数据层安全性实现，即不对通信信道进行加密，而是对所交换的数据进行加密。在分布式系统中，第二种方法效率更高，很容易实现对公共网络上分发的数据进行加密。

在云环境中数据传输安全问题可分为用户与云平台数据传输时的安全问题和云平台内部数据传输的安全问题。

在使用公有云时，无论使用 IaaS、PaaS 或 SaaS，都需要考虑对数据的传输是否已经部署了恰当的加密方式。数据在通过网络传输到云端处理过程中，可以采用能保证数据完整性的传输协议，如安全套接层（SSL）、安全传输层协议（TLS）、点对点隧道协议（PPTP）或虚拟专用网（VPN）等。尽管采用加密数据和使用非安全传输协议的方法也可以达到保密的目的，但无法保证数据的完整性。

比如 SalesForce 采用 SSL 3.0 和 TLS 1.0 保证数据的传输安全，SSL 和 TLS 在传输层对数据进行加密，防止数据被截取和窃听。SSL 和 TLS 一般用于用户与云系统之间的安全数据通信，或者是不同云系统之间的数据迁移，而云系统内部的安全数据传输方式目前还没有一个比较理想的解决方案。

3. 数据加密处理

在云计算环境中，确保数据机密性的方法之一就是将所有数据在传送到云端前进行加密。然而，该方法面临的一个重要问题就是加密限制了数据的使用。除了存储和检索数据，信息系统需要执行更复杂的操作。对加密后的数据而言，高效执行上述操作目前基本上是不可能的。

可喜的是，密码学家已引入一些新技术来解决与处理加密相关的问题，这使得它可以做到在操作时加密数据。这样的操作将会被云服务提供商作为一种服务提供给用户使用，而不需要用户先对加密数据进行解密，然后再进行计算。

（1）同态加密　参考文献[2]首次提出同态加密的概念。采用此方法加密的数据可以直接进行计算。同态加密系统具有部分同态和全同态两种类型。

部分同态是指密码系统只使用加法或乘法对明文进行计算，如 RSA 算法。部分同态加密系统的主要优点是，它比全同态加密系统更有效。

全同态加密[3]是指允许密码系统使用加法和乘法对明文进行计算。在不受信任的环境中，全同态加密是完美的技术。全同态加密机制可使用户的数据在其整个生命周期都处于加密状态，减少了数据泄露的概率。

全同态加密是密码学上一大进步，虽然在理论上解决了处理加密数据的难题，但是在实际使用中还有许多问题没有解决，需要进一步研究与发展。比如待解决的问题之一是海量计算需求。参考文献[3]指出，如果在一个简单的明文搜索中应用同态加密技术，将使得运算量增加上万亿倍。

（2）可检索的加密　尽管传统的加密技术可以确保存储在云中数据的保密性和完整性，但是具有一定的局限性，如无法搜索存储过程中的加密数据。云用户搜索自己存储在云端的数据有两种基本解决方案。方案一是下载全部数据，然后在客户端将其解密，但该解决方案具有较高的通信复杂性；方案二是在客户端保留可搜索的索引，但随着时间的推移，索引数据可能会变得过于庞大。

如果具备可检索的加密技术，云用户可以使用可搜索的加密进行编码搜索查询，并将其发送给云服务提供商。云服务提供商将执行此加密的搜索查询，并返回与搜索查询匹配的信息，而无须了解被搜索的数据是什么。

可检索的加密技术主要有对称检索加密和非对称加密检索两类。每一种方法都有其特定的应用场景。例如，当用户所检索数据的创建者就是其本人时，可以使用对称加密检索。此时，用户需要发送一个包含某关键字的令牌，服务提供者将返回包含此关键字的加密文档。此外，云服务提供商对数据一无所知，除非他知道该令牌；当用户所检索数据的创建者不是其本人时，可以使用非对称加密检索技术。

4.3.3 数据隔离

数据加密有时会意外导致数据无法使用，并且加密算法一般过于复杂。而数据隔离操作则相对简单，并且还可以防止多租户共享模式带来的数据盗取和非授权访问等风险。

虽然云应用在设计时可以采用多种技术如"数据标记"，防止某些用户非法访问他人数据，但是通过应用程序的漏洞，非法访问还时有发生。比如 2009 年 3 月 Google 发生的大批用户文件外泄事件。

为了保证每个用户的数据安全及隐私，可根据应用的具体需求，采用不同的技术方案实现不同用户之间数据和配置信息的安全隔离。比如通过沙箱技术对不可信程序的权限进行限制，这样不可信程序的不良行为被限制在沙箱内，对其他程序不会造成破坏，实现对数据的隔离。

虽然云服务提供商会使用安全机制减少此类安全事件发生的概率，但从本质上来看，如果无法实现单用户专用数据平台，这种安全威胁将无法彻底根除。

4.3.4　数据访问

数据访问权限控制，可以通过安全认证技术来解决。通过统一单点登录认证、协同认证、不同安全域之间的认证或者多种认证方式相结合的形式，对用户身份进行严格审查。在对数据进行操作前，一定要对操作者身份进行严格核查。另外在权限的合理分配方面也要做好规划和管理。数据访问的监视和日志审计也必不可少，特别是对敏感数据的访问，要做到可溯源。

4.3.5　数据残留

数据存储的安全问题还包含一个经常被忽视的问题，即数据残留问题。这是目前一直没有受到重视的问题。随着越来越多的用户将敏感数据迁移到云平台上，如何保证用户所删除的数据在云中被彻底销毁，不会被云服务提供商或者其他用户恶意恢复，已变得越来越紧迫。

数据残留是指存储在介质上的数据在被以某种方法进行删除或移动后，在介质内留下的一些物理残余。即数据已经被擦除，但可以根据这些留下的物理特性，通过某些特定的手段来重构出已经被擦除的数据。

在云环境中，不同用户可共享同一物理存储资源，当一个用户所分配的物理存储资源被回收后，如果其上的数据没有被彻底删除，则后来用户可能通过残留数据，获取其他用户的敏感信息。即在云计算环境中，数据残留有可能会无意泄露用户敏感信息给未授权的用户。所以，当云内数据所占的存储空间需要释放或重新分配给其他用户之前，其所在介质上的数据需要进行完全的擦除或销毁，确保不会由于残留数据造成敏感数据的无意泄露。

常见的数据残留现象主要表现在：① 为了优化资源分配、提高数据可用性等目的，服务供应商可能会在数据所有者不知情的情况下移动数据，而初始存储位置上的数据未被销毁，就会造成数据残留；② 云服务提供商本该删掉用户要求删除的数据，但是并未按照用户要求删除，用户又无法确认是否已被删除，而造成数据残留；③ 为了避免重要数据丢失，数据需要在多处进行备份，这样在删除数据时，可能由于遗忘某一处数据存储位置而忘记删除，导致数据残留；④ 物理介质的某些特性，在删除时显示完全删除，但是物理介质却因为某些原因留下部分数据，造成数据残留。

针对残留数据被盗用问题，美国国防部提出清零和特殊处理等指导性建议解决方案[4]。参考文献[5]提出可利用自加密和完全硬盘加密方法对虚拟机映像及组成映像文件中的加密数据实行保护。参考文献[6]提出了一个云端数据的全生命周期保护以及自我销毁的框架和协议，并根据框架和协议设计了 Dissolver 原型系统。该系统在用户指定的时刻会将相关的可执行文件及数据文件等进行销毁。销毁方式有用户自主显式销毁和生存时间耗尽后的数据自我销毁两种方式，从而保证在指定时限后，在云端任何地方都不会存在明文形式的用户数据和密钥。虽然 Dissolver 系统实现了数据的自我销毁，但是并没有使用数据覆写等销毁技术，仍然存在着数据删除后被恶意恢复的可能性。参考文献[7]提出一种数据自毁机制，该机制将用户敏感数据进行加密，然后控制解密密钥的时间期限。在超过预先确定的时间期限后，该机制通过将解密密钥自动删除，来达到销毁用户敏感数据的目的。参考文献[8]提出一种称为 Ephemerizer 的机制。该机制需要一个或者多个可信第三方来为用户保存数据解密密钥。这种解决方案有一个明显的缺点，即它需要由可信第三方来控制解密密钥的生命周期。然而本应值得信赖的第三方可能在某些情况下并不是可信的。

总之，关于数据残留问题在目前还缺乏相应的彻底解决方案，即在物理层还缺乏必要的数据销毁机制。

4.4 数据威胁模型

利用威胁模型可以将系统的威胁和弱点转换为普通类别，以便由存储保护技术来解决。因此，在设计或实施任何存储保护解决方案之前，需要识别当前存储系统中存在的所有威胁和漏洞，因为威胁的类型决定了可以使用的安全对策。

4.4.1 数据安全的威胁因素

威胁云端数据安全的因素很多，除去如天灾等自然因素外，主要包括技术因素、人员管理因素和政治法律因素等。参考文献[9]把云计算数据安全的威胁细分为网络通信因素、数据存储因素、身份认证因素、访问控制因素、数据残留因素、虚拟环境因素、审计因素、法律制度因素和人员因素九类。

1．网络通信因素

网络通信威胁是指云计算环境下，用户数据在传输过程中由于网络安全所面临的威胁，以及由于受到网络攻击而导致服务器受到拒绝服务。网络通信威胁的主要表现形式如下。

（1）数据篡改　数据篡改是指在未经授权的情况下截获并修改、增加或删除网络上传输的数据。在此情况下，数据的完整性和可用性受到攻击。

（2）数据盗窃　在云环境下通过网络监听、中间人攻击等手段获取网络上传输的用户数据。此时，用户数据的机密性受到威胁。

（3）拒绝服务攻击　攻击者利用云计算的超强发送能力向特定服务器发送成千上万的访问请求，造成缓存溢出，导致其不能接收来自正常用户的请求，造成服务器瘫痪。

（4）网络嗅探　利用计算机的网络接口截获其他计算机的数据报文的一种手段。网络嗅探最初的用途是为了网络管理员可以随时掌握网络的实际情况，查找网络漏洞和检测网络性能等而配备的工具。但它通常会被黑客利用，给网络安全带来了严峻的威胁。

2．数据存储因素

数据存储因素是指数据在存储过程中由于物理安全或未经加密处理所面临的威胁。这一类安全威胁因素除了自然灾害因素外，主要是由于内部人员造成的威胁因素，他们往往会逃避监控或审计等跟踪控制。数据存储主要有以下几种威胁表现形式：

（1）数据存放介质被攻击者直接接触　攻击者通常会躲避数据中心的监控和访问控制，

直接对数据存放的物理介质进行接触，对上面的用户数据信息进行篡改、盗窃或删除。在此种情况下，数据的保密性、完整性和可用性都遭到破坏。

（2）数据未加密　静态存放的用户数据未经过加密处理，一旦被攻击者获取，将会造成用户数据泄露。数据的保密性受到威胁。

（3）数据未备份　由于云服务提供商未对用户数据进行及时备份，一旦出现重大事故，用户数据无法得到恢复。数据的完整性和可用性受到威胁。

（4）数据隔离　不同用户的数据都存储于一个共享的物理存储介质上，用户在存储和提取过程中可能会出现错误数据的获取，所以需要采取技术将不同用户的数据进行隔离存储。

3．身份认证因素

身份认证因素是指攻击者不直接攻击数据服务提供商的物理存储介质，而是攻击用户的认证服务器。在这个情况下，攻击者就会以窃取到的用户身份进入数据存储区获取数据，给数据带来严重威胁，但不会受到数据服务提供商的任何阻挡和拦截等。具体表现在以下几个方面：

（1）攻击第三方认证服务　在云环境下使用第三方认证服务时，认证服务器有可能被攻击，导致非法用户登录系统或拒绝合法用户登录系统。此外，攻击者还有可能获取合法用户的认证信息，导致用户的信息泄露。

（2）盗取合法用户认证信息　攻击者利用非法手段获取用户的认证信息，从而以合法用户身份登录，导致用户认证信息泄露。

（3）身份抵赖　身份抵赖是指用户通过非法手段访问系统并进行有关操作，但不承认其操作行为。此时，身份认证不可抵赖性遭受威胁。

4．访问控制因素

访问控制因素是指在云环境下攻击者攻击第三方的授权服务器，获取数据访问权限，非法地访问用户数据，对用户数据造成威胁。主要表现在以下几个方面：

（1）第三方授权服务器遭受攻击　通过攻击第三方授权服务，使其产生错误的授权判断，允许未经授权用户访问用户数据，或者对已授权的用户拒绝访问，使授权服务器瘫痪。

（2）合法用户非法操作、滥用权限　授权用户无意或恶意地操作用户数据，滥用权限，增加、查看、修改或删除敏感数据。破坏数据的保密性和完整性。

（3）推理通道　非法用户以类推推理、启发式推理、语义关联和统计推理等手段获取一些无权获取的用户信息。

5．数据残留因素

数据残留是指数据通过某种方式在名义上擦除或删除掉后的残留表现。这种残留可能是由于数据在名义上被删除，但却原封不动的存在所导致的，也有可能是由于存储介质的物理特性造成的。如果存储介质被放置在失控的环境下，数据残留可能会在无意中泄露用户的敏感信息。

6．虚拟环境因素

虚拟化技术提升云基础设施使用效率的同时也使传统的安全防护手段失效。目前对云计算虚拟环境多采用传统的覆盖式验证方法，无法彻底解决正确性问题，给数据的安全性带来威胁，主要表现在以下几个方面：

（1）云计算数据中心没有边界安全　由于用户需要直接存取虚拟化资源，传统的数据边界已经模糊，传统的边界防火墙和入侵检测等技术已无法保证数据中心的安全。

（2）多租户环境管控不利造成数据泄露　在云计算环境下，计算和资源共享是通过虚拟化技术实现的，用户通过虚拟、租用的模式获取计算资源，而一个物理资源可能运行多个虚拟机，多租户共享这些虚拟资源，而虚拟化软件一旦存在安全漏洞，或者恶意用户通过不正当手段取得访问虚拟机权限，共享资源的用户数据就可能被其他虚拟机用户访问，造成用户数据泄露。

7. 审计因素

审计是在云环境下跟踪用户对数据的操作行为，便于发现不恰当的用户操作及可能存在的安全漏洞等。审计方面的安全威胁主要表现在以下几方面：

（1）审计记录过于简单　没有记录或未完全记录用户的操作全过程，因而无法获取有价值的用户操作信息。

（2）审计功能被关闭　审计功能被有意关闭或被攻击者恶意关闭，从而无法记录非法操作，使审计功能丧失。

8. 法律制度因素

由于每个国家的法律制度存在一定程度上的差异，对于违反信息安全保障法律或者制度的个人或者组织的处罚程度也存在差异，对数据的隐私权的规定也存在不同的定义。因而，在云存储数据相对分散的情况下，在不同的国家可能对数据安全的管理存在差异。从而数据安全也受到威胁。具体表现如下：

（1）信息安全法规不健全　由于云计算技术产生和发展的时间比较短，很多信息安全方面的法律和制度等都存在一定的漏洞。这就给蓄意攻击的人有了对数据进行窃取和盗用的可乘之机，给数据的安全带来威胁。如果他们的非法行为得不到法律制裁，这种不良行为就会不断循环。

（2）数据全球化引起的安全问题　云计算是一个开放环境，用户数据很可能被保存在其他国家的云存储系统中。有可能由于不同国家的法规不同，而导致数据安全存在威胁。

（3）相互冲突的法律规定　各国在制订相关数据安全的法律时都会考虑到本国的国情、实际情况以及在最大限度地有利于本国的经济发展。这在一定程度上进一步加剧了云计算在全球背景下处理个人数据的挑战。

9. 人员因素

人员因素是指用户数据因为云计算提供商内部工作人员的职业道德、金钱诱惑以及被利用等各种原因所导致的威胁，主要表现在如下方面：

（1）管理人员缺乏职业道德　由于管理员缺乏职业道德，滥用权力篡改或盗窃用户隐私，并将用户隐私卖给竞争对手，这些行为给数据安全带来了极大的威胁。

（2）用户错误操作、滥用权限　已授权的合法用户无意或恶意地查看、修改和删除数据，破坏数据的完整性、保密性和安全性。

（3）管理员权力过于集中　复杂的敏感数据保障系统需要有团队来确保敏感数据的安全。如果为了简化管理，把系统管理员、安全管理员和审计管理员等诸多权限集于一人之身，造成管理员的权利过于集中，当该管理员有意或无意出现失误时，有可能造成数据损坏和丢失，这就会给用户数据的安全带来极大的威胁。

（4）管理员缺乏安全意识　即使云计算环境下防护措施比较先进，如果管理人员缺乏安全意识，错误的操作或配置都会给攻击者提供便利，给用户的数据安全带来威胁。

4.4.2 数据安全生命周期的威胁模型

数据在云中比在传统计算机系统中存在更多的风险。图 4-2 显示的是从数据的创建、传输、使用到消亡过程中全生命周期的威胁模型。从这个模型中可以看到数据整个生命周期过程中所有可能受到的威胁[10]。

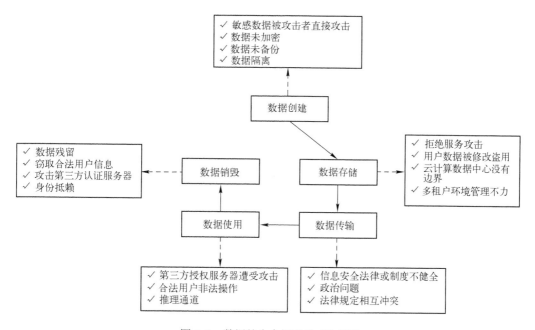

图 4-2 数据的生命周期的威胁模型

云计算环境下，数据安全生命周期主要是指数据创建、数据迁移、数据存储、数据使用/数据共享、数据归档及数据销毁六个阶段。云计算数据生命周期不同阶段的安全挑战不尽相同。

1. 数据创建

在这个阶段，数据是由用户创建的。数据生成后，可能会面临安全风险。例如攻击者可以篡改用户的数据和修改其权限导致其权利丧失。

2. 数据迁移

数据生命周期的第二阶段是数据迁移阶段。在这一阶段，数据是从用户传统基础架构迁移到云供应商的云中。数据迁移作为采用云存储方案中最为基础和关键的步骤。它将对历史数据进行清洗，转换，并装载到新系统，是保证数据系统平滑升级和更新的重要环节，也是将来系统稳定运行的有效保障。它在整个云存储方案中占有举足轻重的作用，因此数据迁移的安全问题需要加以考虑。

数据迁移有三种迁移模式[8]：① 公有与私有之间转移，内部与外部之间转移，以及其他各种组合；② 数据在云供应商之间的迁移；③ 数据在既定的云内实例间迁移。

针对迁移过程中的数据安全保障，有如下三种方式：

（1）客户端和应用程序加密 数据在终端或服务器端先加密，然后再通过网络传输，或者在已经以恰当的加密格式存储。这包括本地客户端加密机制或者集成在应用程序之中的加密机制。

（2）网络加密模式 标准的网络加密技术包括 SSL、VPN 和 SSH，既可以是硬件加密，也可以是软件加密。

（3）基于代理的加密　数据通过一个代理设备或服务器进行传输，在网络传输前完成加密。通常都是将代理加密机制整合到原有的应用程序中。

迁移过程中，数据会面临如下风险：① 攻击者可以嗅探通信信道上的数据；② 攻击者可以通过执行一个中间人攻击修改数据；③ 通信信道可以用 DoS 攻击进行干扰；④ 可以使用盗取的身份创建真实或假数据。

因此，数据迁移中采用的传输协议要能保证数据的完整性。

3. 数据存储

在这个阶段必须保证数据可用，云数据备份和云恢复计划必须到位和有效，以防止数据丢失、意外数据覆盖和破坏。

数据静态地存储在云数据中心，对它不进行任何操作。数据存储包括数据的存储位置、数据的相互隔离以及数据的灾难恢复等。

存储的数据可能会遇到许多安全威胁[11]：① 云服务提供商在大容量存储空间上，能够为用户提供独自的存储空间，但用户并不清楚自己的数据所存储具体服务器的物理地址，对所属隐私数据失去物理控制；② 由于多租户云模型的特征，所有被云处理的用户数据是存储在一起的，即使采用加密方式，云服务提供商也不能够保证数据之间的安全隔离；③ 针对用户对隐私数据的备份要求，云服务提供商通常建有冗余备份机制，可以在事故出现时，将用户的数据及时、安全地恢复，然而备份介质存在老化风险，并且在备份过程中存在信息泄露风险。

4. 数据使用/数据共享

在这一阶段中，由于数据通常由其所有者或其他用户共享使用，即通常是要对它执行操作。数据尤其是敏感数据不能在没有任何控制的情况下与其他用户的数据混合。数据的混合将在数据安全和地理位置等方面增加安全挑战。另外，动态数据不可加密，因为数据加密将导致索引和查询的问题。因此，该数据可以被恶意用户使用，造成数据泄露。

5. 数据归档

对暂时不使用的数据，可以复制到硬盘，并设置数据为归档状态。处于归档状态的数据不允许修改和删除，即归档之后的数据受到保护。然而，这种归档数据将受到如备份介质可能被盗、备份介质的保护级别不高等安全问题。比如，如果数据被归档到在线存储，它可能会受到非法访问。

6. 数据销毁

此阶段的主要任务是必须具备一种可信技术来保证全面有效地定位、擦除和销毁数据，保证数据已被完全消除或无法恢复。

数据销毁是指采用各种技术手段来完全破坏存储介质中数据的完整性，避免非授权用户利用残留数据恢复原始数据信息，以达到保护数据的目的。

人们通常采用删除数据、格式化以及使用文件粉碎工具来对数据进行销毁，但是这些方法都不能够彻底销毁数据。如果存在恶意恢复，就会造成信息泄露。目前针对电子信息的成因，业界对于电子载体的技术销毁主要有如下几种方式[12]：

（1）覆写法　覆写法是指将一些无意义、无规律的信息反复多次覆盖介质上原先存在的数据，以达到销毁数据的目的。此方法销毁不彻底，可能会被专用工具恢复。此方法从严格意义上来讲不适用于处理有密级的载体。

（2）整体高温销毁　采用高温销毁信息介质的方法，把记录有信息的介质高温熔化，确保信息无法复原，从而从根本上解决数据泄露的问题。此方法可彻底销毁信息，适用于硬盘等载体。但此方法适宜在专用场所使用。

（3）强磁场销毁　针对硬盘等磁介质设备中的数据进行消磁，能够快速彻底销毁这些载体上面的信息，且信息销毁后不能恢复。

由于云存储是由第三方供应商提供的服务，因此在数据存储过程中一定要对数据进行加密，以此来防止对数据的攻击。当用户访问数据时，必须遵守有关规则和访问策略。制订的规则要与文件密码是一一对应的。比如参考文献[13]提出一种安全删除文件的方法，把关键密钥存储在密钥管理器中，每个数据文件与一个单一的规则相关联。当要对一个文件进行销毁时，需要用户提供一个与待删除文件相对应的密钥。当撤销某用户的规则文件时，相应的关键密钥也要从管理器中删除。没有钥匙，对称数据密钥就不能派生。因此，底层数据文件失去了最初使用的对称密钥，该数据将永远不能被恢复，从而保证数据在销毁过程中的安全。

4.5　云存储的数据安全

随着云计算的技术越来越成熟，以及数据量的迅猛增加，云存储将会被越广泛地使用，其中云安全技术一直是用户和运营商在考虑的问题，而且也是影响到未来云安全发展的一个关键因素。

4.5.1　云存储

云存储是从云计算的概念里延伸出来的新技术之一。它连接了各种不同类型的网络存储设备，并为使用者提供与支持各种在线存取服务。国内外许多著名的 IT 公司，如亚马逊、谷歌和微软等都已在这方面投入巨资，成为云存储服务提供商。云存储已经成为近年来增长最快的云服务之一。

1. 云存储概述

云计算的出现给网络数据存储带来了新的革命。与传统数据存储相比，基于云的数据存储，用户无须了解存储设备的型号、使用的接口和传输协议，就可以从任何具有互联网访问能力的地方随时访问所需数据，由此延伸和发展出云存储这一新概念。

云存储是指通过分布式文件系统、基于 TCP/IP 的网络技术、虚拟化技术和集群环境，将网络中种类繁多、配置和性能各异的存储设备通过应用软件集合起来协同工作，作为一个整体对外提供数据存储服务和基于存储数据的各类业务应用。从用户角度来讲，云存储就是通过网络把数据存放到远程第三方的服务器上而非存到本地的硬盘。

用户使用云存储并不是使用某个特定的存储设备，而是使用整个云端存储系统带来的数据存储服务和数据访问功能。因此，从使用角度来讲，云存储不是指存储本身，而是一种新的服务模式。

作为一种新型的云服务模式，云存储必然要求存储架构保持极低的成本。从 Google 公司的实践来看，它们在现有的云环境中并没有采用传统的以网络为中心的存储结构如 SAN 架构，而是使用了可扩展的分布式文件系统 GFS。这是一种高效的集群存储技术。

云存储的兴起正在颠覆现有的网络存储方式，通过使用云存储，存储变为了一种按需使用的服务，用户可以根据需要定制所需的存储服务，无须前期投资且无日后的维护费用，从而大大降低用户软硬件的开销和日常维护成本。

与传统的网络存储方式相比，云存储的最大特点是海量、高性能及低成本。另外，云存储还可以提供更加安全、便捷的数据备份服务和数据访问方式。所以建立扩展性强、性价比高、吞吐率高和容错性高的云端存储系统势在必得。

2. 云存储的分类

按照云存储的使用性质可以将云存储分为公有存储云、私有存储云、内部云存储和混合存储云四类。

（1）公有存储云　公有存储云以较低的成本提供大容量、高性能及可弹性扩展的云存储服务。服务提供商可以保证每个客户对存储的使用都是独立的、私有的。

DropBox 提供的个人云存储服务是公有存储云应用中的典型代表。

（2）私有存储云　私有存储云是针对公有存储云来说的。其应用局限在一个区域、一个企业，甚至一个家庭内部。

公有存储云可以把其中一部分划出作为私有存储云。通常一个公司拥有或控制其基础架构以及应用服务的部署。私有存储云通常部署在企业的数据中心，可以由自己进行管理，也可以交由服务提供商管理。

（3）内部存储云　与私有存储云比较类似，唯一不同的是它位于企业防火墙内部。

（4）混合存储云　混合存储云把公有存储云和内部/私有存储云结合在一起，主要用于按客户要求的访问，特别是当客户需要动态配置存储容量的时候，从公有存储云中划出一部分容量配置给私有存储云或内部云存储使用，可以帮助公司应对迅速增长的负载波动或高峰时段的容量需求。

3. 云存储的结构模型

云存储不只是一个硬件设备，而是一个由服务器、存储设备、网络设备、应用软件及客户端程序等多个部分组成的复杂系统。各部分以存储设备为基础通过网络和虚拟化等技术对外提供数据存储和数据访问管理服务。

云存储按照其体系结构可分为四层，从上到下依次为访问层、应用接口层、基础管理层和存储层[14,15]，如图 4-3 所示。

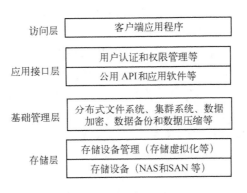

图 4-3　云存储的结构模型

（1）存储层　存储层是云存储中最基础的部分，是云存储得以实现的物理基础，主要负责存储用户的文件信息。

存储层所包含的存储设备通常数量巨大且分布在不同的地理区域，彼此间通过互联网连接成一个整体。在硬件存储设备之上是一个存储设备管理系统，用于实现对硬件存储设备的逻辑虚拟化管理、状态监控、故障检测与维护和多链路冗余管理等功能。存储设备模式多样，包括光纤通道（FC）存储设备、NAS 和 iSCSI 等 IP 存储设备、SCSI 或 SAS 等 DAS 存储设备。

（2）基础管理层　基础管理层是云端存储系统中最为核心的功能，也是云存储中最难以实现的部分。基础管理层通过集群、分布式文件系统和分布式计算等技术，实现云存储中多个存储设备之间的协同工作，使多个存储设备可以对外提供同一种服务，并提供更好的数据访问性能。

当用户使用云存储服务时，将私有数据转移到云端进行存储，首先关心的问题就是数据的安全性。在保证数据安全性方面，云存储除了使用可以保证数据不会被非法用户所访问的数据加密技术外，云端存储系统还为同一份数据存储多个副本，同时使用合理的副本布局策略将其尽可能地分散存储。这样可以保证当某一节点突发宕机而导致该节点上的数据不可用时，系统可以使用数据的其他副本来完成请求，或者在某一数据发生突发性损坏时可以使用其他副本数据进行修复，从而提高数据的安全性。

数据压缩技术可以对数据进行有效压缩，既能保证不丢失信息又能缩减存储空间，提高数据传输和存储效率。

（3）应用接口层　应用接口层是云存储结构中最灵活的部分。不同的云存储服务提供商根据业务的类型，为使用者提供不同的应用服务接口。

（4）访问层　访问层是云存储服务运营商提供给用户使用的客户端应用程序，通过此类客户端程序，任何授权的用户都可以登录云端存储系统，享受云存储服务。随云存储服务运营商提供的应用服务和接入方式不同，其访问方式也不同。

4. 典型云端存储系统

过去几年，国内外公司纷纷抢占云存储服务市场，云存储服务提供商如同雨后春笋层出不穷。国外主流云存储服务提供商包括 DropBox、Amazon、Google、IBM 和 iCloud 等；国内主流云存储服务提供商包括网易、腾讯、金山、百度、新浪和七牛等。这些云存储服务各有优缺点，但都提供了基本额度的免费空间，当使用者有更大空间需求时，可再通过付费的方式增加可用的空间。

（1）亚马逊云存储　亚马逊是最早提供云存储服务和云存储应用的公司之一。为了使公司一些闲置的硬件资源得到更充分地利用，亚马逊公司于 2006 年开始对外提供简单存储服务（S3）。由于服务稳定、存储费用低廉，S3 获得广大用户的青睐。同时 S3 提供的 Web Services 为开发者提供了开发接口，并允许第三方工具在 S3 上开发，而用户只需根据收费标准支付一定的费用即可享用云存储服务。

2008 年 8 月，亚马逊为了增强它在云存储战略上的竞争力，其互联网服务部门将"持续存储"功能添加到弹性计算云（EC2）中，并推出了弹性块存储 EBS 产品，声称这个产品可以通过互联网服务形式同时提供存储和计算功能。

目前，S3 支持用户上传不大于 5TB 的单个文件。

（2）谷歌云存储　Google 公司在 2011 年推出云计算存储服务 Google Cloud Storage。从功能设计上来看，Google Cloud Storage 与亚马逊 S3 类似。为了方便 S3 用户转用 Google Cloud Storage 服务，在数据访问方面，Google Cloud Storage 为用户提供了 Web 访问接口，用户可以直接使用浏览器进行认证和登录，然后对自己上传的文件进行查看、管理和共享等操作。

Google Cloud Storage 在容量方面扩展性强，可对外提供总容量高达 16TB 的云空间存储服务。

（3）微软云存储 SkyDrive 是 2007 年 8 月由微软所推出的 Windows Live 服务的一部分。该服务允许使用者将他们的文档上传到网络服务器。另外，SkyDriver 通过 Windows Live ID 来限制不同的使用者能够存储的文档权限，使用者可以决定是否将他们的文档数据与他人分享，或者是限制部分好友可以存取或只有所有者本人可以存取。对所有人公开的文档不需要账号也能读取。

目前 SkyDrive 提供 25GB 的容量给用户使用，但限制上传单个文件大小不超过 100MB。

4.5.2 云存储安全

云存储服务可让用户将自己的数据存储在远程的服务器里，使数据享有数据备份、数据保密和动态存储空间等好处。另外，数据拥有者也可以将自己存储在云端空间的数据分享给特定人群。

然而，在方便的云存储服务里，能否确保数据的安全性是大部分使用者所担忧的。根据调查[16]显示，高达 70%的用户出于信息安全原因，仍不愿将其重要的数据交由云端来处理。此外，像 Google、Amazon 和其他著名的云存储服务提供商都遇到过一些安全问题，如数据丢失。总之，数据缺乏安全的保障，已经成为云存储普遍存在的障碍。

1. 云存储安全性分析

目前云端存储已广为普及，几乎是人人都拥有一个以上的云端存储空间，云端存储空间让我们能够随时随地在不同的装置上存取和分享文档。如今遇到一个问题，云存储服务提供商可能因为某种目的而去查看我们的数据，而我们无法保证云端存储服务提供商不会擅自读取我们的数据，所以许多人不敢将重要数据上传至云端存储空间。

基于此，许多公司都想要建立自己私有的云端存储系统。但若要自行建立云端存储系统，除了需要软件上的支持外，还需要大量的硬件设备所需要的硬件成本，包括作为系统的服务器及作为存储空间的硬盘，而其中需要的硬盘数量更是会随着使用需求以及时间而增加，甚至还需考虑硬件故障时的维修成本，更严重是数据有可能会遗失，若要避免这些情况也要耗费不少成本。

换言之，就是利用第三方的云端存储空间。这样就不需要准备大量硬件设备，直接将现有的第三方云端存储作为最终存储空间。然而，这也有它的缺陷。首先就是企业最关心的安全性问题，毕竟将自己的重要数据存放在第三方服务器总是会让人担心是否有泄露问题，也因此阻挡了许多想要使用第三方云端存储空间的用户。其次是速度问题，因为数据存储于远程的第三方服务器内，若想要存取就必须通过广域网，因此网络速度会比在局域网内的存取要慢些。

从本质上来讲，云存储安全问题应该包括两个方面的含义[17]：① Safe，即数据不丢失，这是目前云存储解决的问题。从专业角度来讲，是指数据的可用性（Availability），即数据总是可用的，基本不会丢失。② Security，即保证数据的隐私和不被泄露。

就目前而言，多数云存储解决的都是 Availability，而不是 Security。但对于云存储服务的用户来讲，更关注数据的 Security，而不是 Availability。即云存储安全的根本目标就是保证存储数据的机密性、完整性和可用性。这涉及数据创建、传输、迁移、存储、使用和销毁等生命周期中的任何一个阶段。

2. 云存储安全威胁

云存储自身的特点，决定了它在现有的技术方面存在一些安全风险。云端存储系统的安全威胁主要表现如下[18]：

（1）传统的安全域划分无效　传统的安全域划分无效是指由于云存储中服务必须是可伸缩的，对外部来讲并不是透明的，云存储提供可伸缩的数据服务，因此云存储无法清晰定义安全边界及保护设备，给云存储的安全保护措施增加了难度。

（2）传统网络的数据传输威胁　这主要是指由于云存储通过互联网传输数据，因此传统网络上的安全威胁也存在于云端存储系统上。比如，网络中的恶意攻击所造成的服务中断、数据破坏、信息被窃取和篡改等，都会对云存储中数据的安全性造成一定影响。同时数据的安全通信、访问认证与保密性等问题也面临着各种威胁。

（3）数据存储的安全性威胁　数据存储的安全性包括静态存储安全和动态存储安全两方面。静态存储安全是指存储在物理存储介质上的数据的安全，该物理介质一旦被攻击者攻击，用户数据就会直接暴露在攻击者面前，所以一定要确保云端存储系统上最终存储数据的存放安全。动态存储安全是指数据在传输过程中可能遭到黑客攻击、劫持数据、破坏数据的完整性和机密性，使数据不能按预期传输到目的地点，给数据的安全带来威胁。因此为确保在数据传输时的完整性和机密性，研究者提出了动态存储安全问题。

（4）数据丢失威胁　数据丢失威胁是指数据存储的物理介质可能由于自然灾害或者其他人为原因遭到破坏，若未备份那么数据就会丢失，这将给用户的安全性带来致命威胁。云存储的基本服务就是需要保证数据的容错性、可恢复性和完整性，在灾难发生时如何避免数据服务中断及数据丢失等问题。

（5）服务滥用和服务效能　服务滥用是指攻击者通过滥用云服务从而获得超出合约的额外资源或破坏合法用户利益，主要表现在数据去重攻击和欺诈资源消费攻击。服务效能攻击破坏了云存储服务提供商的利益。

3.　云存储安全性保证

云存储的安全问题归根结底主要就是云存储数据的存储安全性和传输安全性两部分，每一部分又包含机密性、完整性和可用性。针对数据这三方面的安全性问题，通过数据加密、身份认证、访问控制、安全日志和审计等手段可以保证数据的安全性[19,20]。

（1）数据加密　云存储通常是通过服务的方式由第三方提供给用户使用，用户不知道自己的数据存放在何处，这时对数据是否被别人使用就多了一重疑问。为了消除用户方的顾虑，可以通过加密的方式来实现。

云存储服务提供商所提供的云存储服务中必不可少的一项基本技术就是对静态存储的数据以及传输过程中动态数据进行加密。云端存储系统在保证敏感数据机密性的同时，必须具有加密数据共享技术来适应如今的网络环境。保护用户隐私性要求存储安全建立在对存储系统的信任基础之上。必须建立适用于网络存储系统的加密存储技术，提供端到端加密存储技术及密钥长期存储和共享机制，以确保用户数据的机密性和隐私性，提高密钥存储的安全性、分发的高效性及加密策略的灵活性。

（2）密钥策略　数据加密存储是解决机密性问题的主流方法，随之带来的密钥管理成为加密环节中必须考虑的重要方面。由于密钥的粒度不同，需要管理的密钥数量级也不一样。现有的安全云端存储系统大都采用粒度偏小或适中的加密方式，因此，云端存储系统需要提供安全高效的密钥管理分发机制来保证数据在存储与共享过程中的机密性。

（3）密文搜索　安全而灵活的数据共享是云存储不同于其他存储形式的一大特性。云存储用户选择云存储的原因除了其提供安全的存储功能外，还应该能够进行数据的传输与共享，这也是云存储的竞争优势。密文搜索是实现信息共享的重要手段，也是加密存储中必须要解决的问题之一。

（4）擦除码技术　利用传统加密方法可将加密后的文档存放于云端，加强单一空间的安全性，或者将文档切割成数块存储在不同云端空间，分散单一空间的风险。然而当使用者欲将文档分享给多个接收者时，使用传统加密需要产生多组密钥并分别产生对应的加密文档，在空间成本方面的表现明显不佳。而切割文档分散存储虽可减低单一云端空间遭破解时，整份文档被外泄的可能性，但万一其中某个空间无法运行，使用者将无法取回完整文档，反而造成使用上的不便。参考文献[21]给出一个在云端存储环境下提升存放文档安全性的架构。它利用擦除码将文档分割成多块并保障其可靠度的特性，使用者将文档存放在云端前可先利用擦除码，将一小部分编码后的文档存放于自己的计算机或随身存储装置，其余部分则存储在云端。如此一来存储于自己计算机或随身存储装置的文档便成了能够解密这份文档的密钥，使用者不必担心自己存放于云端的文档遭人窥看，进行擦除编码时也能借由产生多个编码文档让用户能够将文档分享给其他人，另外存放于云端的文档也能让使用者自行分配并存放于不同的云端平台，避免单一云端平台的数据遭到窃取或被不当利用的情形。

（5）访问控制　访问控制仍然是云计算系统中的基本安全机制之一，通过访问权限管理来实现系统中数据和资源的保护，防止用户进行非授权的访问。

云端存储系统的访问控制建立在用户身份认证的基础之上，在进行系统访问控制规则的设计过程中，应遵循最小权限原则，也就是说，应该做到每个用户拥有的权限只能访问和修改他们所必需的信息或者资源。目前，比较常用的访问控制模型是访问控制矩阵、访问控制列表以及基于角色的访问控制等。

访问控制矩阵模型的优点是可以快速准确地确定访问权限，但缺点是随着访问主体和客体数量的增加，访问矩阵将变得越来越大。与访问控制矩阵相比，访问控制列表占用空间更小，但是它不能有效列举主体所有的访问权限。

（6）安全日志和审计　安全日志和审计是云存储安全技术中必不可少的一项技术要求，因为它提供了除用户和云存储服务提供商之外的第三方安全监督机制，审计不仅可以监督存储上对用户数据安全性做出的承诺和服务是否实现，还会审计用户的数据是否合法。

安全日志提供了系统的安全状态，从日志可以分析出系统存在的一些威胁，就可以尽早防范，做应对措施。审计可以采取内审和外审相结合的模式，这样更有利于保护用户数据的安全性。

（7）多副本策略　在分布式云存储中，因个别节点故障可能造成用户数据的丢失，因此必须采取技术手段避免单点失效，保证用户存储在云端数据的可恢复性。保证数据可恢复性的最常用方法是提供冗余与容错能力。副本技术是一种最常用的手段，即每个数据块在整个集群之上有多个备份，备份的数量可以由用户自己决定。这些备份根据系统的分布情况分布在不同的物理位置，从而防止一个节点失效而导致多个备份无法访问的情况。例如，Google GFS 就提供 3 个副本的容错技术，以达到效率和可靠性的平衡。

（8）数据的差异性保存　云存储出来之前，用户的数据都是存储在自己的私有服务器中，为了数据的安全性，数据的保密等级是必不可少的。这种策略可以运用到云存储上面，将关键的数据由用户自己保存，剩下的普通数据存放在云上，这样在私有存储和云存储上找到一个折中，使安全性和实用性都得到一个很好的保证。

4.5.3 云存储 DropBox 的安全措施

DropBox 是目前最火的个人云存储服务，允许用户通过网络存储和共享数据。它利用文件同步机制实现用户设备间的文件或者文件夹共享。

DropBox 服务是架设在 Amazon S3 上面的应用。DropBox 租用 S3 存储空间，加入备份和同步的技术后，将含有这些技术的存储空间切割分租给使用者。DropBox 已成为许多公司内部分享信息的平台。

1. DropBox 概述

DropBox 公司提供的平台服务有云端存储、数据同步、个人云端空间和客户端应用软件等。个人云端空间即每个使用者都有属于自己个人的云端空间，用户可以在上面进行存储、读取、建立、删除和修改等动作。

关于数据同步，DropBox 本身提供一个网站可以让使用者在上面操作自己的云端存储空间，除此之外 DropBox 还提供客户端应用软件可以让用户在本地计算机上设立特定的文件夹，当用户对该文件夹的内容进行变动时，DropBox 会自动同步数据至个人的云端空间上。

在应用程序编程接口部分，DropBox 将所有的功能主要分为三个部分：Datastore API、Sync API 与 Core API，其中最重要的是 Core API，提供了最重要的操作，如存取文档、复制、移动和修改名称等。Core API 提供的 SDK 有 Python、Ruby、PHP、Java、Android、iOS 和 OS X 等。这些 API 都是 RESTful API。但 DropBox 也支持使用 HTTP 方法对 DropBox 进行访问。

使用 DropBox 所提供的云存储服务，首先需要在计算机中下载一个 DropBox 软件，然后它会帮用户把放入"DropBox 专属文件夹"中的文档全部同步到云端，接着再到其他计算机或手机中安装 DropBox 软件，那么通过云端同步，每台设备都能实时接收同一数据。

2. DropBox 安全问题

DropBox 的安全问题引起很多人的关注，其竞争对手也会对其安全保障提出质疑。质疑的焦点主要如下：

1）用户上传至服务器的文件是否加密。官方声称是经过 AES 加密，但是 DropBox 是支持文件共享和文件增量存储的，即如果用户 A 和 B 上传同一个文件，那么服务器能够识别出这两个文件是同一个文件，并且在服务器上只保存一个文件。如果用户 A 对部分内容进行修改，那么服务器所保存的是修改的增量，而不是整个修改之后的文件。如果文件是以密文形式保存的，那么增量保存的前提是 DropBox 可以访问到用户的文件内容。

2）即使用户文件是以密文形式保存，密钥也应该是保存在 DropBox 云端。因为用户只要拥有账号的密码，就可以无须加密密钥而上传文件。

针对安全问题，DropBox 采取了如下安全措施：

1）在数据静态存储方面，使用标准的 AES-256，在文件上传到服务器后进行加密，密钥由 DropBox 管理。

2）在数据传输过程中采用 SSL 文件传输协议。

3）DropBox 支持数据多备份。如果冗余节点失效，用户可以通过其他设备进行恢复，这就保证了数据的完整性和可靠性。

4）DropBox 提供隐私保护。只有得到认证的用户才能访问其数据。除法律要求外，DropBox 规定只有少数员工才能够访问元数据。

5）DropBox 提供两步认证机制，保障用户账户的访问安全。DropBox 的两步验证所使用户账号有较高的安全级别。一旦激活 DropBox 的两步验证，用户再次登录 DropBox 时，需要提供一个六位数字的验证码。

6）DropBox 支持用户自定义密钥。用户可以在使用之前申请自己管理密钥，这样可以避免服务提供商访问数据，但是存在的一个缺陷就是一旦用户密钥丢失，DropBox 不能提供用户数据恢复功能。

4.5.4　安全云存储缓存系统设计

本系统[22]着眼于对用户上传的文件进行加密，即存储在云端服务器上的文件都是加密文件，没有用户提供的解密密钥将无法解密。同时为了提高访问第三方云存储空间的效率，本系统将常用的文件在本地预留一份作为缓存。

1. 系统概述

本系统的核心是将文件做加解密处理。当客户端上传文件时，运用对称密钥 AES 算法对文件进行加密，将加密后的文件存放在云存储服务器上，这样就保证客户文件的相对安全性。当客户端从服务器下载文件时，将服务器上加密过的文件传给它，客户端通过对称密钥技术将密文还原，展现给用户解密后的文件，即原始文件。

本系统所要完成的功能，是使用者通过浏览器对云端的个人存储空间进行上传、下载和删除等操作。

系统主要由两大部分组成，一部分在本地的局域网络内；另一部分是通过互联网连接云端存储空间。在局域网络内，用户可通过个人计算机、平板电脑等装置通过浏览器进行操作，操作完成后，本地服务器会依照情况决定是否修改云端存储空间的内容。比如上传时，则将上传至本地服务器的文件也上传至云端存储空间。

2. 上传及加密

客户端在上传文件时的操作流程大致如下：

首先通过 HTML5 的 API 去读取拟上传文件的内容，然后对拟上传文件的内容执行加密算法将文件加密，在加密完成以后再把文件保存在传输区域。传输区域是通过 XMLHttpRequest 和服务器进行沟通并进行传输文件的地方。在上传文件时，系统首先将文件分割成若干个小块，然后在进行文件内容读取、加密和传输时，操作的对象都是由文件分割出来的小块。每个小块的大小可以设定，这样做可以避免在大文件传送时，Web 服务器端因为没有开启大文件设置，而无法进行传输。即无论读取、加密或传输都是一次对一个小块进行处理，等到所有的块都处理完毕，才会结束相应操作的执行。

3. 下载及解密

客户端在下传文件时的操作流程大致如下：

在下载文件时，为了方便用户看到目前的进度，先通过 XMLHttpRequest 和服务器进行沟通并获取加密过的文件内容，然后再通过 HTML5 的 API 去读取文件内容，接着将文件进行解密，每一个块解密完成后会通过 HTML5 的 API 将内容附加到一个临时文件。当所有块解密完成以后，会模拟使用者单击下载的动作，跳出一个窗口让用户选择要将文件存放的位置，之后便会将临时文件移动至用户要求的位置。

总的来讲，下载过程包含以下步骤：从云储存服务器（如 DropBox）下载文件、用文件密钥解密和读取文件内容、解密文件内容、附加至临时文件、完成下载文件。

进行文件下载时，会先由缓存系统检查文件是否存在本地的服务器，若不存在，将会从 DropBox 上下载文件至本地服务器。在进行文件解密前，客户端会先从服务器上获取 AES 密钥和初始化向量才能够解密文件，从服务器取得这一组密钥以后，因为密钥使用 RSA 加密，所以在客户端上需要先将密钥 RSA 解密。

读取部分与上传文档的读取部分类似，将内容读取之后再送去解密。解密文件时，则是在客户端上利用 AES 解密算法来解密，因此除了 AES 密钥以外，还需要一个初始化向量，所以下载流程会先从服务器读取，读完以后再通过使用者的 RSA 私密钥将二者解密。

关于附加文件的流程：由于需要把所有的文件块都附加到一个临时文件，因此需要等所有区块都解密完后，才会将此临时文件发送给使用者。

关于完成下载文件的处理：首先获取块的 URL，然后对网页上事先设计好的超链接组件进行修改。即先修改超链接下载的文档名，再将超链接的 URL 修改为块的 URL，修改完成以后去模拟单击超链接的动作，如此就会在用户的窗口上出现与平常下载文件一样的画面。

4. 分享文档

用户可以选择将文档分享给其他使用者，而在分享文档时，遇到的第一个问题是所有上传至服务器的文档都是经过加密的，被分享者即使可以把分享者的文档下载，也无法使用。但是，每个用户在上传文档时，系统会自动将 AES 密钥一起上传至服务器。第二个问题是为了确保系统没有解密用户文档的权限，必须在上传 AES 密钥前，先将 AES 密钥用 RSA 加密，如此一来，被分享者就算获取文档的 AES 密钥也无法解开，更无法去解密文档。

因此，系统设置一个特定机制来处理上述两个问题。使用者在分享文档时，会先从服务器索取欲分享文档的 AES 密钥，以及被分享者的 RSA 公共密钥，取得这两者之后，系统会用分享者的 RSA 私有密钥将文档的 AES 密钥解开，解开之后再利用被分享者的 RSA 公共密钥将把解密后的 AES 密钥加密，最后再将加密过后的 AES 密钥上传服务器。

5. 缓存系统

由于用户与本地服务器通常位于同一个局域网，所以传输速度不会受到外部联机的影响。若只将文档存放在远程的 DropBox，则整个系统的速度会受到外部联机的影响。为了提升存取的性能，系统除了在 DropBox 上存有使用者的文档以外，也在本地服务器上设置一个缓存系统，该缓存系统会在本地服务器内存放使用者的常用部分文档，传输速度不会受到对外联机至 DropBox 的速度所限制，可以大幅提升访问速度。

缓存系统默认让每个用户可以在本地服务器上保留若干个文档（如 10 个），当使用者超过 10 个文档时，缓存系统会通过最近最少使用页面置换算法（LRU）将最不常被使用的文档移出服务器，并且用新的文档进行替代。所有的缓存文件都会记录于数据库内的缓存数据表中，缓存数据表内设置两个字段，Fileid 与 Counter。Fileid 是代表哪个文档，而 Counter 为时间戳，代表上次使用缓存的时间。缓存的替换通常发生在使用者上传或下载文档并且缓存空间满的时候。第一种情况，上传文档且缓存空间满时，系统会先在缓存数据表中寻找该使用者现有 Counter 的最小值，即取出时间戳为最久以前的，将其以新上传的文档取代，并将新上传文档的 Counter 设为当前时间的时间戳。第二种情况是下载时，由于系统内的所有下载要求都会先经过缓存系统，这时候缓存系统会先寻找要求的文档是否存在于服务器内，若存在则为缓存命中，会先更新缓存数据表内该文档的 Counter 为当前的时间戳，若不存在则为缓存失效，同样会找出缓存数据表该使用者现有其 Counter 的最小值，接着联机至 DropBox 将要求的文档下载下来并把该文档替换掉，同时将 Counter 设为当前的时间戳。

6. 任务调度

在客户端上还有一个任务调度模块，用户所有上传及下载的任务都会通过任务调度模块，任务调度采用队列保证上传和下载的执行顺序，在用户要进行上传或下载时，会先创建一个作业（Job），然后送进作业队列（JobQueue）里的等待队列（WaitingQueue）去等待被执行，运行队列（RunningQueue）内的任务数量，即执行中的 Job 数量小于传输数量限制时，则会从 WaitingQueue 取出第一个 Job 来执行，并且将该 Job 从 WaitingQueue 移出放入至 RunningQueue 里面。当 Job 执行完毕时，则会将该 Job 从 RunningQueue 里移除，如此才能让下一个 Job 开始执行。

关于更多的实现细节，读者可以阅读参考文献[22]。

参考文献

[1] Popa R A, Lorch J R, Molnar D, et al. Enabling security in cloud storage SLAs with CloudProof[C]. USENIX Annual Technical Conference, Portland, 2011, 242. 522-529.

[2] Rivest R, Adlema L, Dertouzos M L. On data banks and privacy homomorphisms[J]. Foundations of Secure Computation, 1978, 4(11): 169-180.

[3] Gentry C. Fully homomorphic encryption using ideal lattices[C]. The 41st ACM Symposium on Theory of Computing, Bethesda, 2009, 9: 169-178.

[4] Mather T, Kumaraswamy S, Latif S. Cloud Security and Privacy: An Enterprise Perspective on Risks and Compliance[M]. Sebastopol: O Reilly Media Inc, 2009.

[5] Kirch J. Virtual machine security guidelines[S]. The Center for Internet Security, 2007.

[6] 张逢喆, 陈进, 陈海波, 等. 云计算中的数据隐私性保护与自我销毁[J]. 计算机研究与发展, 2011, 48(7): 1155-1167.

[7] 岳凤顺. 云计算环境中数据自毁机制研究[D]. 长沙: 中南大学, 2011.

[8] Perlman R.The ephemerizer: Making data disappear[J]. Journal of Information System Security, 2005, 1(1): 51-68.

[9] 王新磊. 云计算数据安全技术研究[D]. 郑州: 河南工业大学, 2012.

[10] Hasan R, Myagmar S, Lee A J, et al. Toward a threat model for storage systems[C]. Proceedings of the 2005 ACM Workshop on Storage Security and Survivability, Fairfax, 2005: 94-102.

[11] 王杰, 赵铭, 于晓. 云存储数据安全关键技术研究[J]. 长春理工大学学报(自然科学版), 2014, (02): 147-150.

[12] 薛岩. 从信息安全谈电子信息销毁[J]. 金融科技时代, 2011, 19(9): 61-62.

[13] Vanitha M, Kavitha C.Secured data destruction in cloud based multi-tenant database architecture[C]. 2014 International Conference onComputer Communication and Informatics, Coimbatore, 2014:1-6.

[14] 云存储技术发展及问题研究[J/OL]. http://blog.ifeng.com/article/31917913.html.

[15] Grossman R L, Gu Y, Sabala M, et al.Compute and storage clouds using wide area high performance networks[J]. Future Generation Computer Systems, 2009, 25(2): 179-183.

[16] Larry D. Cloud computing hasn't gone fortune 500 yet, but it's coming[J/OL]. http://blogs.

zdnet. com/BTL.

[17] 李开复. 谈谈数据安全和云存储[J/OL]. http://digest.definite.name/to-talk-about-data-security-a nd-clou d-storage.html.

[18] 刘亚琼. 数据安全：云端存储系统安全威胁分析[J/OL]. http://storage.chinaunix.net/a 2011/1 209/1285/000001285979.shtml.

[19] 云安全：云存储的安全性保证[J/OL]. http://www.ctocio.com.cn/cloud/65/12522565.shtml.

[20] 傅颖勋, 罗圣美, 舒继武. 安全云端存储系统与关键技术综述[J]. 计算机研究与发展, 2013, 50(1): 136-145.

[21] 王派星. 以擦除码提升云端存储服务的安全性之研究[D]. 高雄: 高雄大学, 2012.

[22] 林俊宏, 蒋朝勋. 安全性云端存储缓存系统之实作[J/OL].http://tanet2014.kuas.edu.tw/ezfiles/28/1028/img/686/556711344.pdf.

第5章 隐私性与安全性保护

隐私保护是云计算发展历程中所面临的一个极具挑战的问题。对于云计算中用户的隐私问题，需要在相应法律法规完善的前提下，借助技术手段来解决。而法律法规和技术手段的实施又离不开完善的监督管理机构。可以说，对于云计算隐私的保护需要有一个完备的体系，这涉及技术、法律和监管多个层面。本章主要针对云安全中数据隐私泄露、保护数据隐私的技术手段及相关法规进行阐述。

5.1 概述

5.1.1 隐私的定义

自人类社会形成以来，隐私便随之产生，并伴随着人类社会的发展，逐步具有了内涵。

1. 隐私概念之演变

隐私是一个不断发展的概念。从横向看，同一时期的不同国家对于隐私有不同的理解；从纵向看，不同时代的同一国家对于隐私也有不同的解释。

在不同领域中，人们对隐私这个名词的理解也不一样。比如：在政治和法律领域，隐私常被定义为物理形式上的隐私，即特定的个体在各种场所都可以按照自主的意愿来做决定，而不会受到外界因素的影响；在商业活动中，隐私包括了商业机密、产品设计信息、交易过程记录、竞争对手分析以及市场调查和销售计划等；在信息领域，隐私是指不愿被窃取和披露的私人信息；对于个人而言，隐私是指每个人应具有的对其机密信息的控制能力。

最早对隐私概念给出定义的是，美国私法学者 Warren 和 Brandeis 于 1890 年在《哈佛法学评论》（Harvard Law Review）上发表的"论隐私权"一文。文中描述到："由于技术进步和都市报纸的窥私癖，有必要为隐私提供新的法律保护。快速照相和报社已经侵犯了个人和公民生活的神圣领地，许多机械设备的使用预示着我们面临着这样的威胁""最亲近的人说的悄悄话也将被从屋顶上宣扬出去"。他们明确提出："让我独处并且不受别人干扰的权利"。这是人类第一次以明确的语言表述隐私的含义。

1960 年，美国法律学者 William Prosser 发表"Privacy（隐私）"一文。它将侵犯隐私的类别归纳为四种情况[1]：① 侵入私人生活领域，即未经他人同意，侵扰他人不愿受干扰之独处、隐秘的私人领域或私生活，如偷阅他人日记；② 公开他人私事或不堪之事；③ 扭曲形象，如在社交网站上，将发生口角的某人夸大丑化传述；④ 使用他人识别表征，如未经本人同意而模仿某一残疾名人之独特行走方式，放置到网络上供人观看。

美国学者 Thomas J. Smedingoff 提出[2]，在网络电子信息时代，个人隐私表现有四个方面：① 个人属性隐私，如个人的姓名、生日和肖像等，由于直接涉及个人领域，属于隐私保护之首要对象；② 个人信息隐私，个人属性以文字描述或记录时，该信息为个人化且具有唯一性时，便具有高度个人特性与可辨识性，因此属于间接个人属性，也应保护；③ 通信隐私，个人表达情感与思想常体现于对他人的谈话和沟通上，易暴露并遭他人窥探，为求个人人格完整发展，也应加以保护；④ 匿名隐私，社会群体生活中，集体共同想法未必与个人想法一致，故需保障个人能以匿名方式表达其意见之需求。

随着云计算时代的到来，互联网将时时刻刻释放出海量数据。大数据背后隐藏着政治与经济利益，尤其是通过数据整合、分析与挖掘，所表现出的数据整合与控制力量已经远超以往。

大数据如同一把双刃剑，社会因大数据的使用而获益匪浅，但个人隐私也无处遁形，即大数据应用的最大问题是个人隐私的保护问题。当我们发微博、浏览网页时，涉及个人隐私的数据在无形中被系统所记录。然而，危险并不局限于个人隐私泄露，还可能利用大数据对我们的行为进行挖掘、分析与预测。因此，随着大数据时代的来临，对隐私的定义也发生了改变。

大数据时代的隐私主要是指公民个人的秘密，包括个人的行为、习惯和心理状态等。比如，通过对一个人在社交网站上活动轨迹的分析，其个人隐私就会被"透明"。这种趋势无疑会威胁到个人数据的隐秘性。于是传统的对隐私权保护的思考，就转向以数据保护为重心的思路上，信息隐私权概念也应运而生。

所谓信息隐私权是指在没有通知当事人并获得其书面同意之前，数据持有者不可以将当事人为某特定目的所提供的数据用在另一个目的上。简而言之，信息隐私权的中心思想是：个人不仅是个人数据产出的最初来源，也是其正确性和完整性的最后审核者，以及个人数据使用范围的参与者。由此可见，这种需要明白告知并参与决定的个人数据支配权，是大数据时代保护个人隐私的重要机制之一。

2. 隐私的定义

什么是隐私？隐私是指人可以决定何时、如何以及以什么样程度的个人信息和其他人沟通。隐私具有如下四种状态：

（1）独处　独处是指个人可以独立于群体之外，不受任何人的监视，这是隐私最极端的形式。

（2）亲昵　亲昵是指个人可以在一个小群体中，不受外界的干扰。典型的亲密关系包括朋友或同事之间的关系。这种亲昵关系不限于两个人，但是必须是可以与外界有所区分的小团体。

（3）匿名　个人身处公共场合或公共场所所做的举动，行为人的身份不会被辨识或受到监视，而可以获得行动的自由。虽然辨识个人的身份或监视个人的行动，并没有直接阻止个人出现在某个场合或做出某种举动。但是受到辨识或监视的个人却会因为社会压力或某种原因而不敢或不愿出现在特定场所或表现出特定举动，这种匿名状态包括个人匿名发表言论或匿名接受言论。

（4）保留　保留是一个人所创造的心理距离，对其他人，即使是在亲密关系中的其他人，有所保留和保持一种个人与他人的心理距离。

以上所给出是隐私比较广泛的定义，而在商业上对于隐私的定义是指对于用户个人和机构等实体不愿意对外披露、不想被外部的人或系统所掌握的信息。这表明隐私是有关于敏感数据、必须要控制敏感数据的泄露以及控制实体（包含数据原始拥有者与建立者）受到泄露的影响。

5.1.2 隐私的度量

再先进的技术也难免存在漏洞，面对恶意攻击者的强大攻击力，个人隐私仍旧会被泄露。于是出现了隐私度量这一概念，用来评估个人的隐私水平及隐私保护技术应用于实际生活中所能够达到的效果[3]。

所谓隐私度量是指用来评估隐私的保护效果，同时也是为了度量隐私这个概念。目前，数据隐私的保护效果主要是通过攻击者披露隐私的多少来反映的，即现有的隐私度量都可以通过披露风险来描述。

披露风险表示攻击者根据所发布的数据和其他背景知识，可能披露隐私的概率，即关于隐私数据的背景知识越多，披露风险越大。

如果用 s 表示敏感数据，S_k 表示攻击者在具有背景知识 k 的情况下所揭露的敏感数据 s，则披露风险 $r(s,k)$ 可以用 S_k 的概率即 $r(s,k)=P_r(S_k)$ 来表示。

对特定数据集而言，若数据所有者最终发布数据集内的所有敏感数据的披露风险都小于给定阈值 $\alpha \in [0,1]$，则称该数据集的披露风险为 α。其中，披露风险为 1 表示不做任何处理地发布数据集，披露风险为 0 时所发布的数据被称为实现了完美隐私。完美隐私实现了对隐私最大程度的保护，但由于对攻击者背景知识的假设本身是不确定的，因此实现对隐私的完美保护只能是在特定场景下成立。

5.1.3 隐私保护技术分类与度量

1. 隐私保护技术的分类

隐私保护主要是为了防止恶意者标识特定个体而造成的敏感信息泄露。目前，为了防止数据发布中的隐私泄露问题，研究人员在不同的应用领域提出了如下不同的解决方案：

（1）针对个人隐私的保护方法　从保护个人隐私的角度来看，加密技术和匿名技术是当前最为通用的隐私保护技术。加密技术能够防止非法用户访问个人存储的隐私信息，也能够保护在通信网络中传输的隐私信息不被恶意的第三方所解读。

匿名技术能够在个人用户使用互联网的各种功能时提供匿名性，也可以防止用户个人信息的意外泄露。

（2）数据库中的隐私保护技术　隐私保护技术在数据库领域的应用主要集中在数据挖掘和匿名发布两个领域。从数据库应用角度进行分析，应用广泛的隐私保护技术主要包括三种[4]：① 数据加密，对可能暴露的敏感数据进行加密处理，从而使数据库应用中的数据机密性得到保障；② 数据失真，基于数据失真的隐私保护技术可以通过对原始数据进行扰动处理，从而有效保护数据的隐私性；③ 限制发布，基于限制发布的实质是通过对数据库系统发布环节的数据进行加工处理，并对满足一定条件的数据某部分域值进行泛化处理，进而实现对数据库隐私数据内容的有效保护。

对比上述三项隐私保护技术可知：基于数据加密的隐私保护技术虽然能够保证数据良好精确性和安全性，但却会消耗较多的资源，导致实用性偏差；基于数据失真的隐私保护具有较高的应用效率，但却会导致部分的数据信息丢失；而这也正是基于限制发布的隐私保护技术的缺陷所在。

2. 隐私保护技术度量

在信息领域，隐私保护技术需要在保护隐私的同时，兼顾其利用率和计算开销。而对信

息领域内隐私保护技术的度量可以从以下几个方面考虑[5]:

（1）隐私保护度　隐私保护度通常通过发布数据的披露风险来反映，披露风险越小，隐私保护度越高。

（2）数据缺损　数据缺损是对发布数据的数据质量的度量，反映了通过隐私保护技术处理后数据的信息丢失。数据缺损越高，信息丢失越多，数据利用率越低。主要有两个衡量指标：① 信息缺损与可用性，数据的信息损失情况是一个重要参数，如损失率过大则数据失去可用性；② 重构数据与原始数据的相似度。

（3）算法性能　通常利用时间复杂度对算法性能进行度量，有时也会考虑空间复杂度。在分布式环境中，还需要增加通信开销这个衡量分布式算法性能的常用指标。

（4）服务可用性　服务可用性是指信息的准确度和及时性，反映通过隐私保护技术处理后用户获得的基于位置数据的服务质量。通常需要在服务可用性与隐私保护程度之间需要进行权衡，提高隐私保护程度有时会降低服务的可用性。

（5）开销　数据隐私保护技术的开销主要包括预计算和运行时发生的存储和计算代价。存储代价主要发生在预计算时，预计算的代价在现有技术中通常可以接受，并在选择隐私保护技术时被忽略。运行时计算代价一般通过 CPU 时间以及文件块访问次数的时间复杂度进行度量。

5.1.4　云端数据隐私问题

云服务供应商是一个代替其他实体负责维护信息的第三方，一旦个人等实体将信息上传到云端，就会产生用户隐私和数据安全性问题。若用户信任第三方就必须要承担风险。因为第三方不一定会依照用户期望来运行。

1. 云计算隐私问题的来源

在云计算环境中，对数据隐私保护的威胁可能来自多个方面。总体来说，云数据隐私保护的威胁来自如下几个方面：

（1）用户端隐私安全问题　如果不提供有效的安全保护措施，以现有的分布式技术为基础的云计算中的每一个终端都可以通过一定手段去访问除本机外的其他主机。其中，软件漏洞、病毒攻击是用户端隐私安全风险的主要来源。比如，北卡罗来纳州立大学和俄勒冈大学的安全研究人员发现，黑客利用移动浏览器漏洞可以窃取云计算资源。

（2）网络传输的隐私安全问题　云环境下数据传输将更为开放和多元化，这样就有可能出现隐私泄露问题。数据在网络传输过程中所面临的隐私安全问题主要是指通过非法手段截取数据或者是恶意攻击、篡改或删除数据等。安全问题主要包括数据包被非法窃取、非法攻击、非法修改和破坏等。其中，传统物理区域隔离的方法不能有效保证远距离传输的安全性，电磁泄漏和窃听将成为更加突出的安全威胁。

（3）云端的隐私安全问题　在云计算模式下，数据集中存储在云端，云服务中用户无法知道数据确切的存放位置，用户对其个人数据的采集、存储、使用及分享无法有效控制。此外，还可能因不同国家的法律规定而造成法律冲突问题，也可能产生数据丢失等情况，对个人隐私权造成的侵犯。

云端的数据隐私安全主要包括如下几个方面：

1）在数据存储过程中对个人隐私权造成的侵犯。云服务中的数据存储安全包括数据的隔离、意外受损或丢失数据的恢复，以及数据的机密性、完整性以及可用性等。一方面云用户失去对个人数据的控制；另一方面为了保证数据的可用性，服务提供商可能会把用户数据在不同数据中心之间进行迁移，增加了数据被泄露的概率。

2）在数据处理过程中对个人隐私权造成的侵犯。云服务提供商可能部署大量的虚拟技术，基础设施的脆弱性和加密措施的失效都可能产生新的安全风险。大规模的数据处理需要完备的访问控制和身份认证管理，以避免未经授权的数据访问，但云服务资源动态共享的模式无疑增加了这种管理的难度，账户劫持、攻击、身份伪装、认证失效及密钥丢失等都可能威胁用户数据安全。

3）在数据销毁过程中对个人隐私权造成的侵犯。单纯的删除操作不能彻底销毁数据，云服务提供商可能对数据进行备份，同样可能导致销毁不彻底，而且公权力也会对个人隐私和个人信息进行侵犯。为满足协助执法的要求，各国法律通常会规定服务商的数据存留期限，并强制要求服务商提供明文的可用数据，但在实践中很少受到收集限制原则的约束，公权力与隐私保护的冲突也是用户选择云服务时应考虑的。

（4）法规和标准的隐私安全问题 首先，数据隐私法律保护机制的缺失降低了云服务提供商因侵权行为受罚的机会和成本，导致风险侵权因"低成本、高利润"而不断增多的恶性循环。其次，由于各国的法律标准不同，数据备份或者存储到相关的法律法规保护不健全的国家，用户数据可能就会失去法律的保护，造成用户数据被泄露的风险扩大。例如 Google 的数据中心遍布全球，其云中的数据是全球性的，用户不知道自己的数据会在哪个地方，而不同国家都有自己的法律法规以及管理要求，显然云服务提供者不可能做到满足所有的涉及国家的法律标准，Google 云数据的隐私安全也很难在各个国家得到保障。

（5）大数据所隐含的价值 首先，由于网络及大数据应用中的技术特征，使得公众在网络活动中始终处于弱势地位，为那些具有技术优势的商家收集、传播并利用用户隐私信息提供了便利，这使得公众在网络环境下面临更多的隐私问题。其次，大数据核心思想就是用规模剧增来改变现状。目前所采集的大部分数据都包含个人信息，如姓名、电话和家庭地址等。这样，经由数据处理之后就有可能追溯到个人隐私信息，即存在个人隐私泄露的可能。

2. 云计算隐私保护的基本需求

根据 Gartner 的调查报告来看，绝大部分用户表明目前没有应用云计算服务的最主要原因是考虑到云服务潜在的数据隐私安全问题。因此建立良好的云计算数据隐私保护机制，是保护用户数据隐私的最重要措施，也是云计算发展的关键性问题。

云中的隐私数据安全保护的基本需求如图 5-1 所示，主要由五个部分组成。

图 5-1　云中的隐私数据安全的基本需求

（1）机密性 隐私数据的本意就是不希望被他人所知的一些数据，因此就要做到无论是没有得到授权的对数据的恶意访问或是得到访问授权后对隐私数据进行的深度数据挖掘，都应该采取一定的措施使得这些恶意的行为无法获得隐私数据。

（2）完整性　　对隐私数据的访问进行授权，并进行权限分割。比如普通访问者不应该拥有修改和删除这些隐私数据的权限，从而保证了隐私数据的完整性和一致性需求。

（3）可限制　　对获取隐私数据访问授权的用户进行严格的数据操作控制，不允许其超过隐私的使用许可范围。

（4）可用性　　隐私数据必须是可用的。如果是因为某种的安全措施过于严密而使得隐私数据无法得到真正的使用，那么保护隐私的安全措施也就失去了其真正价值。

（5）可审计　　所有对于隐私数据的访问日志都应该进行记录和备份，当隐私数据受到非法攻击时，能够对访问日志进行查询，可以对不法的隐私数据访问者进行责任追究。

上述五个部分相互配合，能够很好地保护隐私数据的安全。如果少了其中的任何一个，隐私数据安全保护都会存在潜在的危险。

3. 云端数据隐私保护技术多样化

云计算环境中，云用户和云服务提供商需要共同承担云计算数据安全的责任。一方面，云用户希望服务提供商能够对重要数据采取必要的安全保护手段；另一方面，服务提供商需要确保用户的敏感数据能够安全存放在其云中。可以采用的技术很多，举例如下：

（1）数据扰乱技术　　通过一定的隐私策略，对原始数据进行修改，使数据挖掘等技术无法从最终发布的数据中提取原始数据信息或隐私信息，以达到保护隐私的目的。

（2）密码技术　　基于密码的隐私保护技术，主要利用非对称加密机制形成交互计算协议，实现无信息泄露的分布式安全计算，以支持分布式环境中隐私保持的挖掘工作。

（3）数据擦除技术　　在云计算环境中，企业与个人对自己敏感信息最直接的保护方法是将数据进行删除，然而，目前大量的数据恢复类工具能够轻松地恢复这些数据。因此，对抗数据恢复技术，即实现真正意义上的数据擦除技术应运而生。其目标是能够按照用户的数据消除需求，定位到这些数据并不可逆地擦除这些数据。

5.1.5　云端数据隐私保护现状

目前，对于隐私保护的研究主要包含两个方面。第一个方面是法律法规的完善；第二个方面是隐私保护技术的研究。

有关云计算的隐私安全保护技术已经成为学术界和产业界关注的热点话题之一。比如，参考文献[6]讨论了云计算隐私的影响、威胁和漏洞、问责制以及隐私安全风险评估的挑战。参考文献[7]分析了云计算的框架特征，并指出云计算的特征决定了其涉及不同的安全和隐私问题。参考文献[8]评估隐私、安全和可信在云环境中是如何发生的，并指出隐私威胁依据云计算的场景的类型不同而不同。参考文献[9]总结了云计算数据安全、法律法规和不同国家标准等相关的隐私争议。参考文献[10]调查了多种因素影响云计算隐私和安全问题。Roy 等人[11]将集中信息流控制和差分隐私保护技术融入云中的数据生成与计算阶段，提出了一种隐私保护系统 Airavat，防止 MapReduce 计算过程中非授权的隐私数据泄露出去，并支持对计算结果的自动解密。参考文献[12]提出了一种基于客户端的隐私管理工具，以用户为中心的信任模型，帮助用户控制自己的敏感信息在云端的存储和使用。

另外，国内外标准化组织机构也积极参与到隐私保护的标准化制订的进程中。比如，ISO/IEC 提出了一种隐私保护框架，该框架的主要内容包括了隐私保护过程中涉及的角色、数据信息、术语、隐私泄露风险、隐私保护需求和隐私保护原则等。该框架从整体出发，搭建了一个完整全生命周期的隐私保护标准化系统，首先对隐私保护的需求和评估标准等进行了更加规范的定义，同时对用户个人身份相关信息的处理过程明确定义了应该遵循的原则。ISO/IEC 还提出了一种隐私参考体系架构。该架构从整体上定义了隐私保护的全生命周期，从隐私保护的结构、流程和功能上出发，包括了对单一实例的隐私保护过程中的开发、处理和执行等过程。另外，ISO/IEC 还提出了一种隐私能力评估模型及部分匿名和部分不可连接认证的需求，对隐私保护做了更深入的分析。

5.2 云端服务契约与隐私保护原则

云端服务提供商在提供服务时，通常通过隐私权政策及服务条款来表达如何保障用户的数据安全以及规范与使用者之间的法律关系，但云端服务提供商所制订的隐私权政策及服务条款是否满足个人隐私数据保护法尚需推敲，因此有必要让使用者在享受云端服务时，也能了解如何保障自身的权益。

5.2.1 云端服务契约的隐私权政策

云端服务提供商的隐私政策是指云服务提供商对于用户的数据及隐私如何收集、分析、使用和保护的宣示，而隐私权政策的内容大多牵涉信息隐私、安全性、匿名性、系统可靠性与责任归属等条款。

从现今的云端服务模式来看，云端服务提供商虽然打着免费的口号提供其平台架构给使用者使用，但实际上不难发现其主要是通过广告行为的收入来支持他们平台的运作，而这些广告行为大多与用户的隐私数据息息相关，有时甚至会侵犯使用者的隐私权利。比如 Google 提供了一系列的如文件编辑等云端服务，这些服务收集和存储了大量用户信息，并将这些个人信息应用到其商业广告中。这种商业模式势必会引起信息安全人士的担忧，担心过度侵犯使用者的隐私，Google 也明白这些服务将带来信息安全的问题，因此便通过隐私权政策的制订来试图平息外界的疑虑。再如 Facebook 的 Beacon 服务，该服务是 Facebook 广告系统的核心元素，以 Facebook 及其联盟网站追踪使用者在网站上的活动或购物行为，并将这些信息提供给用户在 Facebook 上的友人，希望通过共同的社群进行目标式广告，最后也因隐私权保护团队纷纷抨击 Beacon 危害用户隐私，以及 Facebook 的使用者针对 Beacon 服务所提出侵权控诉，Facebook 最终宣布关闭 Beacon 服务。从上述例子可以看出，虽然云端服务提供商打着免费提供服务的口号来吸引使用者，但实际上在使用的过程中，还是会通过广告行为从使用者身上赚取收入，所谓的免费不过是一个幌子而已。

这仅仅是针对一般用户，若是上述行为发生在云端企业用户又该如何呢？云端企业用户系有偿使用云端服务，原则上可通过与云服务提供商所签订的契约来规范云端服务提供商获取其信息与进行广告的行为，但仍需要通过隐私权政策来了解云服务提供商所提供的信息安全机制。

5.2.2 云数据隐私保护原则

隐私保护策略能够指导组织机构如何对自己的隐私进行保护，尤其是对一些需要收集和使用隐私信息的政府机构或金融机构来说，一个有效的隐私保护策略还是业务连续进行和正面形象的重要保证。

1. 限制收集原则

个人信息关系到个人基本人权的保障。纵使基于法律授权的公权力行为，也应受法律上一定的约束。因此，对于个人信息的取得和收集，必须以合法、公正的手段，且在达成目的之最小范围内进行，即所谓的限制收集原则。

具体来讲，限制收集原则是指个人数据的收集应该受到限制，并且这些数据的获得必须通过合法途径，在合理的情形下让数据主体知晓或获得其同意。即关于个人信息的收集，其收集对象应有界限，收集方法亦应有所规范。

数据收集会涉及数据所有权的问题，当将数据迁移到云计算平台时，应该考虑如何保证数据所有权不被侵犯。对于相关的隐私数据，数据所有者有权了解哪些个人数据会被云服务提供商获取，并有权利要求云服务提供商回避对某些敏感数据的采集。

目前，个人数据的收集方式主要是通过 Cookie（一种能够让网站服务器把少量数据储存到客户端的硬盘或内存，或从客户端的硬盘读取数据的一种技术）和 Beacon（使用低功率蓝牙接入技术将信息推送到智能手机或平板电脑上的一项技术）等技术进行。例如，服务提供商会储存用户的语言偏好设定，让服务系统以用户偏好的语言显示。在显示个人化广告时，不会将 Cookie 或匿名标识符与敏感类别（如基于种族、宗教、性倾向或健康状况等类别）建立联系。

服务中的个人数据，会与其他服务提供商所提供的服务数据合并用于特定目的，如 Google 会将用户账户的数据与其社群服务的 Google+合并，让使用者能够更方便地与自己认识的人分享内容。但这通常需要获得用户同意，否则不会将 Cookie 数据与身份识别数据合并使用。

2. 使用限制原则

使用限制原则是指个人数据在收集表明的目的范围以外不得披露，或向他人提供，除非经过数据主体同意或有法律的强制要求。简言之，使用应局限在收集目的的范围内。

对数据的使用应该限定在收集数据时所表明目的范围以内。如果此后有任何不符合此目的的使用，都应该在这些情况发生时表明目的的改变。在此阶段，用户需要确认个人数据是否只用于机构内部、是否与第三方共享以及是否与数据收集的目标一致等情况。

在通常情况下，云服务提供商都会说明其收集到的用户数据主要用于提供、维持、保护与改善服务，以及为用户提供个性化的推荐服务等。

3. 安全保证原则

安全保护原则是指个人数据应该得到合理的安全保护，防止产生丢失或没有获取授权的人获取、使用、修改或透露的风险。

云服务提供商通常会在隐私权政策中说明其保护个人数据所使用的信息技术，通过个性化设定使用户选择想要的使用模式，进行隐私权的设定，如管理广告显示、停用 cookie 或选择不要对外显示个人数据等。另外也会通过一些技术方式来进行数据的保密，如通过 SSL 为使用者的服务进行加密或提供安全浏览的功能、审查搜集、存储和处理数据的做法，保护系统不致发生未经授权的操作。仅允许代表服务提供商处理个人数据，且需要知悉该数据的员工、承包商和代理人存取。相关人员均须遵守严格的契约保密义务，一旦未遵守义务便将受到惩戒或解约处分。

4. 数据保有原则

数据保有原则是指个人数据不应该被保留超过其需要的时间，或超过由法规要求的时间。数据应在保留期结束时以安全的方式被销毁。

在云环境下，数据应该保留多长时间、什么时间应该被销毁等问题对大多数云服务提供商来讲存在一定的挑战。不过随着大数据时代的到来，必然会出台相关政策明确规定数据的保留规则。

5．数据销毁原则

残留数据很容易面临非故意的、偶然的数据泄露风险。但云服务提供商对残留数据的关注度比较低。另外，当陈旧系统被取代，或者当存储介质准备报废时，云服务提供商必须采取特别措施，确保存储在陈旧或要报废的设备上的用户数据是不可恢复的。目前，解决此问题的有效方法就是云服务商要遵循数据销毁原则。

所谓数据销毁原则是指数据被彻底地删除且不可再恢复。换言之，就是要彻底删除云端中的数据，而且确保此数据无法被恢复。

传统的保护存储在云端隐私数据的方法是在将数据外包之前进行加密，那么云端数据的安全销毁实际上就转化为用户端对应密钥的安全销毁。一旦用户可以安全销毁密钥，那么即使不可信的云服务器仍然保留本该销毁的密文数据，也不会破坏用户数据的隐私。另外，密钥的安全销毁可以在云服务提供商不参与的情况下进行。

6．运输原则

进行数据迁移时，数据机密性和完整性应该得到保证。首先应当采用加密算法，以防止数据泄露给未经授权的用户。其次需要在传输协议中增加数据的完整性校验，以保证数据迁移后仍保持完整。最后要满足数据传输的合法合规性要求，即数据不应该被转移到不提供同等水平的隐私保护的国家或服务提供商的云端。

7．责任原则

责任原则是指数据控制者应该负责在其控制下的个人数据，并应指定一人或几个人负责该组织遵守余下的原则。云计算中的责任原则可以通过附加的条款来实现，以确保这些条款得到实施，而不管其中的信息处理的司法管辖区问题。

除法律另有规定外，企业如将个人数据向第三方公开，至少应当确保接收这些数据的企业承担遵守法案原则的合同义务。另外，在具体实施时，用户有权将个人数据委托给第三方进行处理。

5.3 法律法规

隐私保护主要是通过隐私保护技术来解决，但是有些问题必须要依靠法规来约束[13]。比如，云服务提供商在其多个数据中心之间进行数据转移时必须遵循各管辖区域的相关规则。但是，很多数据隐私保护规则不适合云数据的跨境流动。虽然通过个案适用的"点对点"传输协议对解决跨境云数据隐私侵权问题具有一定价值，但却增加了云服务提供商的运营成本和云用户的投入，导致云数据隐私保障的不确定性。

国际合作应当是解决数据隐私侵权的主要途径。各国应加强隐私法的合作，尽快建立以国际法律文件为主的云数据隐私保护框架，在全球范围内统一调整云服务提供商、云用户与其他云数据主体之间的权责关系。

目前，很多国家、地区和组织都十分重视用户数据的隐私保护，并积极制订符合用户隐私需求的法规来实施用户个人隐私的保护。

5.3.1 国际法律法规

保障云数据隐私的国际法律文件和国际公约是解决跨境法律争端的最佳选择。尽管众多的国际公约不能满足所有国家云数据隐私保护的全部需求，但是国家之间制订云数据隐私流转关系的双边协定是云数据隐私保护的国际法律文件体系中不可或缺的组成部分[14]。

目前，国际环境下，对个人数据保护的法规大致可以分成两大体系：一个是欧盟指令，其主要是规范在欧盟管辖范围内流通及处理的个人数据，该规范为欧洲国家与加拿大所采用；另一个是亚太经济合作组织的隐私权保护原则，为 APEC 各会员国中有关个人数据保护的最高指导纲领。

这两大体系对于云计算环境及各国在制订个人数据保护的规范上有着不同的影响。

1. 欧盟的数据保护指令

在欧洲，隐私被视为一项基本人权，与人身自由密不可分。二战结束后，许多欧洲国家都制订了严格的隐私法律。比如，德国联邦议院 1997 年通过的一项与隐私有关的法律是《信息和通信服务法》。这一法律包含《通信服务数据保护法》用来处理电信业所使用的个人数据保护。英国政府在 1998 年颁布了《数据保护法》。该法令赋予"数据保护委员会"以强大的权力监督法律的实施。该法律还禁止不经个人允许将个人数据用于直接销售。

1981 年，欧盟理事会颁布的《个人数据自动化处理保护公约》，可作为欧洲国家在制订个人数据保护法令的参考。到 20 世纪 90 年代，由于欧洲各国在个人数据保护方面仍缺乏一致性，加上各国都有跨境传输个人数据的需求，但是在取得当事人的同意和接收国的保护措施方面，要求的程度都有所不同。因此促成了欧盟起草《欧盟数据保护指令》（简称"指令"）的契机。该指令在 1998 年正式生效，对欧盟的会员国而言，只要是遵守此指令的国家，也就等同于采纳了各国的个人数据保护法，可以获得跨境传输数据的允许和信任。随着信息技术的演进，2012 年该指令已进行了更新与修改，希望对欧盟以外的国家也可提供重要的隐私保护数据与要求，该指令明确赋予个人参与数据处理的权利及隐私权受侵害时的损害赔偿请求权。

指令的主要内容包括一般条款、个人数据处理原则、数据当事人权利、数据控管人责任及监督机制。具体来讲，该指令的要求如下[15]：

1）组织必须告知数据主体有关信息收集和利用的目的，告知如何联系组织以及批露信息的第三方类型。

2）组织必须允许数据主体选择个人信息是否可用于除初始收集目的之外的其他目的。对于敏感性信息，如医疗状况、种族起源和政治观点等信息在向第三方披露之前，消费者必须有特殊的选择权。

3）任何组织在处理个人数据时，必须采取合理的步骤来确保数据的安全和完整性。

4）数据主体有权获得他们的个人信息，并有权对其进行纠正。必须有确保遵守指令的机制，受不遵守行为影响的数据主体的求助以及不遵守指令的组织的后果。

5）企业和政府不得在未经允许的情况下将个人记录用于初始目的之外的其他任何目的。

6）指令也要求建立政府数据保护机构，这些机构负责数据库的注册，有时在特定数据处理之前要先征得这些机构的同意。

7）欧盟公民的个人数据只向欧盟 15 国之外采用这些法律或倾向于提供数据充分保护的国家传输。这一法律禁止一些消费者数据传向没有采用同样严格数据保护法律国家的企业。这一指令尤其阻止欧盟公民的数据流向美国。

遵守如上所述的规定并不一定意味肯定符合欧盟隐私法。类似于美国的联邦或州的司法管辖区，欧盟成员国必须在本地执行这些法律。每个州起草了自己的立法，有的甚至比国家的法律更加严格。

总之，《欧盟数据保护指令》在隐私权保护方面无疑在全球都具有示范作用。

2. 亚太经济合作组织隐私框架

亚太经济合作组织（APEC）是在 1989 年由澳大利亚前总理 Robert Hawke 所倡议成立的亚太区域主要经济咨商论坛，希望借由亚太地区各经济体政府相关部门官员的对话与协商，带动该区域经济成长与发展，成立时共有 12 个创始成员。

APEC 参考经济合作暨发展组织（OECD）的隐私保护及个人数据的国际流动指导方针，于 2004 年制订 APEC 隐私保护框架（APEC Privacy Framework），以作为提升信息隐私保护的重要工具，并确保亚太地区各会员国间信息的自由流动。此框架旨在推广亚太地区的电子商务，与 OECD 的指导方针（即个人数据保护策略）相符，更加证实电子商务与个人数据保护密不可分。APEC《隐私权保护指导纲领》是以个人数据保护为重点，给出十大原则，分别为[16]：① 避免伤害原则；② 告知当事人原则；③ 限制收集原则；④ 个人数据利用原则；⑤ 当事人同意原则；⑥ 数据完整原则；⑦ 安全维护原则；⑧ 当事人取得及更正信息原则；⑨ 责任原则；⑩ 效益最大化原则。与欧盟指令不同，这些原则并非强制性的，因此他们可以被成员国采纳为本国法律的一部分。

亚太经济合作组织隐私保护框架通过试点为首的区域内多个经济体实现。该试验涉及政府和私营部门组织，并应为区域内的数据传输提供了一致的方法。成功地实施该框架是云服务提供商跨越边界无缝运行的坚实基础。

APEC 依循国际组织 ISO/IEC JTC1 SC27 计划，成立了 5 个工作小组研讨隐私权保护的相关技术及标准，其工作小组及研究重点说明如下：第 1 工作小组研究信息安全管理系统（Information Security Management Systems），第 2 工作小组研究信息安全机制（Security Mechanisms），第 3 工作小组研究信息安全评估标准（Security Evaluation Criteria），第 4 工作小组研究信息安全控制要项及服务（Security Controls And Services），第 5 工作小组研究识别管理及隐私权技术（Identity Management And Privacy Technologies），其中第 5 个工作小组主要针对隐私权的框架进行研讨，主要议题包括：① 隐私权框架，个人信息定义、公开可利用信息、应用；② 隐私权参考架构，指导方针和原理；③ 实体授权保证；④ 存取管理框架；⑤ 脆弱性回报；⑥ 签字加密。

5.3.2 美国法律法规

美国将宪法、联邦和各州的法规以及行业自律规则结合起来，为网络隐私权提供了较为全面的保护。

美国政府早在 1974 年颁布的《隐私权法》是隐私权保护的基本法令。该法是美国保护隐私权的基本法律，在网络隐私权保护领域中有重要地位。《隐私权法》指出：除非有信息所有人的书面请求或事先做出的书面同意，任何行政机关都不能通过任何通信方式向任何个人或其他机关泄露存储于信息系统中的任何个人记录。此外，《隐私权法》还赋予个人权利来检查他们的个人记录、查看这些记录是否被泄露以及请求更正或修改这些记录，除非记录已经被删除。《隐私权法》同时规定了行政机关可以公开个人记录，无须本人同意的 12 种例外。《隐私权法》还强制规定每个政府机关必须建立起行政的和物质的安全保障措施，以防止对个人记录的不正当泄露。

到目前为止，美国并没有一部综合性法典对个人信息的隐私权提供保护，但是联邦和州政府制订的各种类型的隐私和安全条例，已足以承担起保护相应个人信息的重任。比较典型法规有《计算机诈欺及滥用法》《电子隐私通信法》《儿童在线隐私保护法》《全球电子商务框架报告》《个人隐私权与国家信息基础设施》《网络空间可信身份标识国家战略》《网络世界中消费者数据隐私：全球数字经济中保护隐私及促进创新的框架》《网络安全研究及发展法》《网络安全研究及教育法》等。此外还包括一系列相关条例，如《信息自由法》《金融隐私权法案》《美国金融改革法》《有线通信隐私权法案》《电视隐私保护法案》《电话用户保护法案》等。

伴随大数据发展，美国已经制订了关于大数据保护，特别是针对老百姓隐私的大数据保护的法律法规。2012 年，美国提出《网络数据隐私法案》，倡导公司在使用私人信息时将更多的控制权交给用户。2014 年 5 月，美国白宫发布 2014 年度"大数据"白皮书，其中专章解读"美国隐私法案与国际隐私法框架"以及"大数据对隐私法的启示"，意在对已有隐私法更新完善。

此外美国于 2001 年 10 月 26 日通过一部隐私法案《爱国者法案》。本法规定在某些情况下出于防恐怖主义以及国家安全的角度考虑，允许美国联邦政府可进入公司数据库收集雇员及顾客的相关信息，包括其兴趣及个人数据，并减低政府部门取得数据途径的要求，降低秘密保障的标准。

总之，美国关于个人隐私权的保护经过了 3 个阶段，从以住宅为中心的隐私权保护，到以人为中心的隐私权保护，再到数据为中心的隐私权保护。

5.3.3 中国法律法规

由于受到传统历史文化、生活方式以及经济发展水平的影响，我国社会公众的法律意识淡薄、隐私保护的意识不强，与传统发达国家相比存在较大差距。

目前，我国仍然没有一部关于隐私权保护的专门法律，对于隐私权保护缺乏相关的执行性操作规范，只能借助司法解释或者通过保护名誉权的方式进行维护，这样的方式显然是不周密的。

自 2003 年起，国务院就委托有关专家开始起草《个人信息保护法》，2005 年专家建议稿已经完成，并提交国务院审议，启动了保护个人信息的立法程序。

在网络隐私权的保护问题上，目前我国基本上还处于无法可依的状况。网络侵犯隐私权的情形目前主要集中在个人信息的收集、处理、传输和利用等环节中。涉及这一问题的只有原信息产业部于 2000 年 11 月 7 日发布的《互联网电子公告服务管理规定》中提及"电子公告服务提供者应当对上网用户的个人信息保密，未经上网用户同意，不得向他人泄露"，违反此规定者，由电信管理机构责令改正，给上网用户造成损害或者损失的，依法承担法律责任。2012 年，全国人大常委会通过《关于加强网络信息保护的决定》，表明我国对隐私权保护的高度重视。2013 年，工信部发布的《电信和互联网用户个人信息保护规定（征求意见稿）》中的部分条款适用于云隐私保护。另外，《侵权责任法》第 36 条也可适用于云计算环境中隐私权保护问题。

总之，从我国现行的法律来看，我国虽然在各种法律中对公民的隐私权做了具体规定，但是在这些法律中没有规定到底什么样的行为侵犯了公民的个人数据隐私权，同时，对具体的侵权构成要件的规定比较模糊。

5.3.4 法律法规与技术

需要指出的是：① 法规并不是技术，但是对于功能的影响甚大，制订不好的法规，将造成安全上无法避免的错误；② 为了应对全球范围内对个人数据进行深度加工的挑战，有些国际法律文件的要求是相互矛盾的。例如，符合民事诉讼的美国联邦规则可以违反欧盟指令。关于对隐私的不同态度，一直是无数跨司法管辖区的法律纠纷、国际贸易以及长期的政治争端的力量来源。

在技术和法律层面上，法律总要滞后于技术的发展，但是技术的发展会牵动法律的发展，云计算中法律上的风险便是其中一种引领着法律进一步完善的动力。

5.4 隐私保护技术

在云计算环境，个人隐私信息难免遭到威胁。虽然云服务中融入了隐私保护技术，但是，面对恶意攻击者的强大攻击力，个人隐私信息仍旧存在泄露的可能。因此有必要加强隐私保护技术的开发与应用。

5.4.1 面向数据加密的隐私保护

针对云计算技术的特点，目前，云服务提供商通常采用密码学中的技术来保证数据安全，常用技术之一就是对数据进行加密和解密。密码技术不仅服务于数据的加密和解密，也是身份认证、访问控制和数据签名等多种安全机制的基础。

5.4.2 面向数据失真的隐私保护

基于数据失真的技术通过添加噪声和交换等技术对原始数据进行扰动处理，使敏感数据失真但同时保持某些数据或数据属性不变，仍然可以保持某些统计方面的性质。常用方法如下[17]：

（1）数据变换法[18]　通过降低原数据中私有信息的支持度或置信度至某个阈值来实现隐私数据保护。在实际操作中往往是通过删除或增加数据项来达到此目的。

（2）凝聚技术[19]　将原始数据分类，每类中包含 k 个数据，然后生成每类数据的统计信息，包括均值和方差等。这样所有扰动后的数据可以使用通用的重构算法进行处理，同时不会泄露原始数据的隐私。

（3）差分隐私[20]　差分隐私是微软研究院在 2006 年提出的一种新隐私保护模型。其主要贡献是：① 定义了一个相当严格的攻击模型，不关心攻击者拥有多少背景知识，即使攻击者已掌握除某一条记录之外的所有记录信息，该记录的隐私也无法被披露；② 对隐私保护水平给出了严谨的定义和量化评估方法。由于差分隐私的诸多优势，使其一出现便迅速取代传统隐私保护模型，并引起了理论计算机科学、数据库、数据挖掘和机器学习等多个领域的关注。

（4）数据干扰法[21]　通过加入噪声数据，使数据无法辨认以保护真实的原始数据。利用数据干扰法后，原始数据中将存在一定的干扰数据，所以即便某数据项被链接到某特指的个体也不会完全暴露数据的真实值，因此不会泄露私有信息。

数据干扰法是目前采用最多的方法。使用此方法进行隐私数据保护的基本步骤是：首先数据发送方需要先在原始数据中进行关联规则挖掘；然后由专家对挖掘结果进行鉴定，将结果集区分为隐秘性及非隐秘性数据；接着利用干扰技术对原始数据内容进行转换，即修改与隐秘性数据样本相关的原始数据内容，借此将隐秘性数据加以隐藏而达到保护效果；最后再将转换后的数据对外公开。数据接收方对转换后的数据进行关联规则挖掘，仅能挖掘出非隐秘性数据集。其过程如图 5-2 所示。

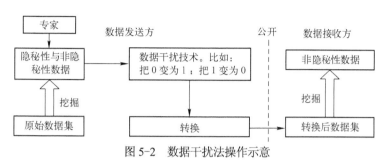

图 5-2　数据干扰法操作示意

5.4.3　面向限制发布的隐私保护

限制发布是指有选择的发布数据或者发布精度较低的数据以实现对数据隐私的保护。目前的研究主要集中于数据匿名化，即有选择地发布敏感数据。有选择地发布敏感数据及可能披露敏感数据的信息，但保证对敏感数据及隐私的披露风险在可容忍范围内。

基于限制发布的隐私保护技术主要包括 K-Anonymity、L-Diversity 和 T-Closeness。

1998 年卡内基梅隆大学的 Sweeney 和 Samarati 在 PODS 国际会议上提出了 K-Anonymity 技术保护个体的隐私信息并给出了实现方法[16,22]。它的基本思想是针对隐私保护中链接攻击所带来的用户真实身份信息泄露的情况，通过对数据的匿名化来打乱用户与数据组之间的映射关系从而实现数据的隐私保护。一般是通过抑制和泛化方法实现，使得数据记录分成多个至少含有 K 条数据记录的等价组，这样一来该等价组内的任意一条数据都无法与其他 $K-1$ 条有效地区分开来。因此在这 K 组数据中，用户的隐私得到有效的保护，其身份被泄露的概率将不大于 $1/K$。通常情况下，K 的取值越大，等价组越大，从而用户泄露隐私的概率就越小，隐私保护的力度就越高。

K-Anonymity 技术作为数据匿名化技术的代表方法，提出后得到了学术界的普遍关注，很多研究者从不同层面上发展该技术。2002 年，Seweney 又提出了 K-Anonymity 隐私保护模型；同年，他在参考文献[23]中阐述了实现 K-Anonymity 技术的泛化和隐匿方法。2004 年，Williams 等人证明最佳的 K-Anonymity 问题为 NP 难问题[24]。随后，研究者相继提出许多启发式和近似算法[25]。

K-Anonymity 模型虽然在一定程度保证了隐私性，但是依然存在很多无法适用的领域，研究者们有针对性地提出了许多改进模型。例如美国康奈尔大学的 Ashwin Machanavaj Jhala 等人在 2006 年发现了 K-Anonymity 的缺陷，即没有对敏感属性做任何约束，攻击者可以利用背景知识攻击、再识别攻击和一致性攻击等方法来确认敏感数据与个人的关系，导致隐私泄露。为了防止一致性攻击，参考文献[22]提出了新的隐私保护模型——L-Diversity 模型。其主要思想就是针对 K-Anonymity 容易受到背景知识攻击的弱点，提出在形成的每一组等价类中，对于敏感属性至少有 L 个不同的取值。因此，即使通过背景知识攻击得知某用户属于一个等价类，获得用户敏感属性的概率也不会大于 $1/L$，无法准确确定其敏感属性的值，即该模型能防止因某一等价组中所有或大部分记录具有相同的敏感属性值时造成隐私泄露。

参考文献[26]提出的 T-Closeness 则要求发布的数据集在满足 K-Anonymity 的同时，还必须保证等价组内敏感属性值的分布与敏感属性值在匿名化表中的总体分布的差异不超过 T。显然，T-Closeness 在 L-Diversity 的基础上，要求所有等价类中敏感属性的分布尽量接近该属性的全局分布。

5.4.4 基于同态加密的隐私保护

在云计算中，数据注定是要以密文的形式存放在云中，这是最基本也是最重要的一个安全手段。但是，如果数据完全是以密文形式存储在云端的话，那么云也就相当于一个巨大的硬盘，其他服务由于密文的限制很难得到使用。比如，用户编写一个程序，要在云端进行编译，如果上传的是加密的代码，则编译器就无法正确编译。为了使云端可以对加密数据进行各种操作，必须使用全同态加密技术。

5.4.5 隐私保护技术比较

前面对目前的隐私保护技术研究中基于数据失真的技术、基于数据加密的技术以及基于限制发布的技术等最具代表意义的几种技术进行了简单介绍。这几种技术各有优缺点，适用于不同应用场景下的隐私保护处理。

表 5-1 是它们之间的一个简单对比。通过表 5-1 可见，这几种隐私保护技术中，基于数据加密的保护技术在通信开销上的表现最差。

表 5-1　隐私保护技术比较

比 较 项 目	隐私保护程度	数 据 损 失	通 信 开 销	计 算 开 销
限制发布保护技术	高	中	低	中
基于数据失真技术	中	高	低	低
基于数据加密技术	高	低	高	高

参考文献

[1] 展江, 李兵. 略论隐私权的法律起源[J/OL]. http://journalist.news365.com.cn/xwyfl/2014 07/t20140709_1150720.html.

[2] 张世荧. 全民指纹建档争议之研究——以 94 年换证为例[D]. 台北: 台湾铭传大学, 2005.

[3] 周水庚, 李丰, 陶宇飞, 等. 面向数据库应用的隐私保护研究综述[J]. 计算机学报, 2009, 32(5): 847-861.

[4] 王象刚. 面向数据库应用的隐私保护研究[J/OL]. http://www.xzbu.com/1/view-5371595.htm.

[5] 李守威. 个性化隐私匿名方法的研究[D]. 哈尔滨:哈尔滨工程大学, 2012.

[6] Theoharidou M, Papanikolaou N, Pearson S, et al. Privacy risk, security, accountability in cloud platforms[C]. IEEE International Conference on Cloud Computing Technology and Science, 2013, 1: 177-184.

[7] Friedman A A, Darrell M W. Privacy and security in cloud computing[J]. Center for Technology Innovation at Brookings, 2010, 11: 1-13.

[8] Pearson S.Taking account of privacy when designing cloud computing services[C]. Proceedings of the 2009 ICSE Workshop on Software Engineering Challenges of Cloud Computing, Vancouver, 2009: 44-52.

[9] AlSudiari M A T, Vasista T G K. Cloud computing and privacy regulations: An exploratory study on issues and implications[J]. Advanced Computing: An International Journal, 2012, 3(2). 159-169.

[10] Kshetri N.Privacy and security issues in cloud computing: The role of institutions and institutional evolution[J]. Telecommunications Policy, 2013, 37(4): 372-386.

[11] Roy I, Ramadan H E, Setty S T V, et al. Airavat: Security and privacy for MapReduce[C]. USENIX Symposium on Networked Systems Design and Implementation, Boston, 2010，10: 297-312.

[12] Pearson S, Yun S, Miranda M. A privacy manager for cloud computing[J]. Cloud Computing, 2009: 90-106.

[13] 徐慧丽. 云计算环境中的法律风险——以数据安全为视角[J]. 科技与法律, 2012, 31(7): 1-9.

[14] 蒋洁. 云数据隐私侵权风险与矫正策略[J]. 情报杂志, 2012. 31(7): 157-162.

[15] Christopher Kuner. 欧洲数据保护法[M]. 北京: 法律出版社, 2008.

[16] Sweeney L. K-anonymity: A model for protecting privacy[J]. International Journal onUncertainty, Fuzziness and Knowledge-based Systems, 2002, 10(5): 557-570.

[17] 钱然. 基于数据隐私保护的匿名算法改进研究[D]. 杭州: 杭州电子科技大学, 2013.

[18] Jiang W, Chris C. Privacy-preserving distributed k-anonymity[M].Data and Applications Security XIX. Berlin Springer, 2005: 166-177.

[19] Aggarwal C C, Philip S Y.A condensation approach to privacy preserving data mining[M]. Advances in Database Technology——EDBT 2004. Berlin: Springer, 2004: 183-199.

[20] Dwork Cynthia.Differential privacy: A survey of results[M]. Theory and Applications of Models of Computation. Berlin: Springer, 2008: 1-19.

[21] Sheng Z, Yang Z Q, Wright R N. Privacy-enhancing k-anonymization of customer data[C]. Proceedings of the 24th ACM SIGMOD-SIGACT-SIGART Symposium on Principles of Database Systems, Baltimore, 2005: 139-147.

[22] Machanavajjhala A, Gehrke J, Kifef D, et al. l-diversity: Privacy beyond k-anonymity[C]. Proc. of the 22nd International Conference on Data Engineering, New York, 2006:24-35.

[23] Sweeney L. Achieving k-anonymity privacy protection using generalization and suppression[J]. International Journal on Uncertainly, Fuzziness and Knowledge-based Systems, 2002, 10(5): 571-588.

[24] Meyerson A, Williams R. On the complexity of optimal k-anonymity[C].Proc. of the 23rd ACM SIG-MOD-SIGACT-SIGART Symposium on the Principles of Database Systems, NewYork, 2004: 223-228.

[25] Park H, Shim K. Approximate algorithms for k-anonymity[J]. Information Systems, 2010, 35(8): 933-955.

[26] Li N H, Li T C, Venkatasubramanian S. t-Closeness: Privacy beyond k-Anonymity and l-Diversity [C]. IEEE 23rd International Conference on Data Engineering, Istanbul, 2007: 106-115.

第6章 云服务风险评估

安全风险一直存在于云服务中。如何评价云服务的安全风险是云安全领域面临的热点问题之一。本章结合云服务的特点和安全风险评估技术，分别对风险概念、风险类别、风险评测方法及风险评估等方面的内容给出较详细的阐述，为读者分析云服务中可能存在的安全风险和评估云服务的安全性提供参考。

6.1 概述

提供云计算服务，除了经济、技术和管理效益，实现过程中的许多风险也必须考虑在内。

6.1.1 风险简介

1. 风险的含义

"风险"一词的由来，最为普遍的一种说法是，在远古时期，以打鱼捕捞为生的渔民们，每次出海前都要祈祷，祈求神灵保佑自己能够平安归来。在长期的捕捞实践中，渔民们深深地体会到"风"给他们带来的无法预测或无法确定的危险，他们认识到，在出海捕捞打鱼的生活中，"风"即意味着"险"，因此有了"风险"一词的由来[1]。

现代意义上的风险一词，已经大大超越了"遇到危险"的狭义含义。可以说，经过数百多的演变，风险一词越来越被概念化。由于对风险一词解释的角度不同，从而产生了风险的不同学说。比如：保险学者 Willet A.认为风险为某种不幸是发生与否之不确定性；Snider H. W.认为风险为损失之不确定性；美国经济学者 Knight F. 认为风险为可测定之不确定性；在可靠性理论中，风险是指生命或财产遭遇损失或损伤的概率，认为风险是可测定的客观概率的大小。

一般而言，可以将风险定义为在某一特定环境下，在某一特定时间段内，某种损失发生的可能性。换言之，风险是在某一个特定时间段里，人们所期望达到的目标与实际出现的结果之间所产生的距离。

总之，风险有两种含义。一种含义是强调风险表现为不确定性；另一种含义则强调风险表现为损失的不确定性[1]。

2. 风险的特征

风险是由风险因素、风险事故和风险损失等要素组成。其主要特征如下[2]：

（1）客观性　风险的存在取决于决定风险的各种因素的存在，风险因素又是多种多样的，不依赖于人的意志和愿望而转移。

风险的客观性要求人们要充分认识风险，采取相应的措施应对风险，尽可能地降低风险事故发生的概率，减少损失程度。

（2）不确定性　风险是客观的、普遍的，但就某一具体风险而言，其发生是不确定的。

由于风险的不确定性，当其突发时，人们常常不知所措而加剧风险的破坏性。

风险的这一特性要求加强风险预警和风险防范措施，建立风险预警系统和防范机制，完善风险管理系统。

（3）可变性　风险是不断变化的，有量的增减，有质的改变，还有旧风险的消失和新风险的产生。这就要求实施动态的风险管理。

（4）可预测性　单一风险的发生虽然具有不确定性，但对总体风险而言，风险事故的发生是可预测的，即可以运用概率论和大数法则等方法对风险事故的发生进行统计、分析和挖掘，以研究风险之规律性。

（5）相对性　风险承受能力受到组织规模及收益大小等因素的影响。收益越大，愿意承受的风险也越大；组织规模和实力越大，对风险的防范愿望也越强烈。

（6）无形性　风险无法被精确地表示，这种无形性增加了认识和把握风险的难度。因此只有掌握了风险管理的相关理论、系统分析风险的内外因素、恰当运用技术和管理方法，才能有效管理风险。

3．术语与定义

通常，风险管理过程中会牵涉到很多要素，主要包括如下：

（1）资产（Asset）　对组织而言，具有价值的任何事物。它是安全策略的保护对象。对资产的评估要从价值、重要性或敏感度等方面来考虑。

在云服务中，资产是指云服务提供商的包括服务器、网络等物理实体和服务等非物理实体在内的一切资源。

（2）威胁（Threat）　可能对系统、组织或资产造成损害的潜在攻击或风险事件。威胁可以通过威胁主体、资源、动机和途径等多种属性来刻画。比如自然灾害可能威胁到信息资产的可用性及完整性。人为因素如非法存取数据、偷窃及篡改数据等，可能威胁到信息资产的可用性及机密性。

在云服务中，威胁是指能够引起云服务商服务系统运行质量下降或者终止的因素。例如黑客入侵事件就是一个威胁。

（3）脆弱性（Vulnerability）　脆弱性也称为漏洞或弱点，是指可能会被威胁利用对资产造成损害的薄弱环节或瑕疵。脆弱性本身并不会造成伤害。但如果没有妥善管理或处理，或将促使威胁形成。例如软件系统漏洞，如果不及时打补丁，则可能会导致系统出现严重的后果。

在云服务中，脆弱性是指能被威胁利用并造成服务资产性能下降或者损坏的因素。例如操作系统的漏洞可以被偷偷放进木马程序。

（4）风险（Risk）　风险是指特定威胁利用资产的弱点给资产带来损害的潜在可能性。风险是威胁事件发生的可能性与影响综合作用的结果。比如黑客入侵并偷走数据，造成商家资产受影响。这整件事情就称为一个风险。

（5）可能性（Likelihood）　对威胁事件发生的概率（Probability）或频度（Frequency）的定性描述。

（6）影响（Impact）　影响也称为后果（Consequence），是指意外事件发生时给组织带来的直接或间接的损失或伤害。例如受到黑客入侵窃取数据后商家所损失的资产。

（7）安全措施（Safeguard）　安全措施也称作控制措施（Control）或对策（Countermeasure），是指通过防范威胁、减少脆弱性以及限制意外事件带来影响等途径来消减风险的机制、方法和措施的总称。

（8）残留风险（Residual Risk）　采取安全措施后，仍然可能存在的风险。

（9）资产价值（Asset Value）　资产价值是指资产的重要程度或敏感程度。资产价值是资产的属性，也是进行资产识别的主要内容。

（10）安全需求（Security Requirement）　为保证组织业务战略的正常运作而在安全措施方面提出的要求。

（11）安全事件（Security Event）　威胁利用脆弱性产生的危害情况，或由于某种诱因导致残留风险所产生的危害情况。

4．风险要素关系图

风险评估就是要识别资产相关要素的关系，从而判断资产面临的风险大小。风险评估中各要素的关系如图6-1所示。

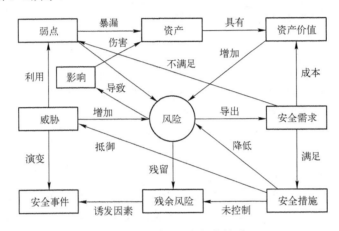

图6-1　风险要素之间的关系

从图6-1可以看出，威胁利用弱点对信息资产造成伤害，由此导致风险。正是因为风险的存在，才有了安全需求。为了安全需求，必须采取安全措施，以防范威胁并减少风险。风险管理的整个过程就是在这些要素间相互制约和相互作用的关系中得以展开的。

5．风险管理

风险管理作为一种经营和管理的理念，具有悠久的历史。比如西方几千年前就有"不要把所有鸡蛋都放在一个篮子里"的谚语。现代意义上的风险管理思想出现在20世纪前半期，如法约尔的安全生产思想、马歇尔的风险分担管理观点等。但是风险管理作为一门学科得到系统的发展则是开始于20世纪中叶。风险管理真正作为一门学科的出现，是以 Mehr 和 Hedges 的《企业风险管理》、C.A.Williams 和 Richard M.Heins《风险管理与保险》的发表为标志的。

关于风险管理的定义很多。Williams 和 Heins 认为，"风险管理是通过对风险的识别、计算和控制，以最小的成本使风险所致的损失达到最低程度的管理方法"。James C.Cristy 认为，"风险管理是企业或组织为控制偶然损失的风险，以保全所得能力和资产所做的努力"。

归结起来，风险管理的定义是：风险管理是管理者通过风险评估，选择相应的风险控制手段，以最小的成本，获得最大安全效益的动态过程。通俗地讲，风险管理就是识别风险、评价风险、采取措施预防风险和将风险减小到一个可以接受的程度。

实施风险管理的目的在于全面细致地认知现实的危险，以及可能出现的各种隐患，确定信息系统的安全等级划分，明确需要安全保密的重点防范部位，提出安全保护管理和总体方案，采取目标明确、合理妥善的管理和技术的综合性措施，从而维护信息系统的安全。

风险管理主要包括风险识别、风险分析、风险评价和风险控制一系列过程[2,3]。

（1）风险识别　风险识别是指风险管理人员在收集资料和调查研究之后，运用各种方法对尚未发生的潜在风险以及客观存在的各种风险进行系统归类和全面识别。风险识别的主要内容包括识别引起风险的因素有哪些、什么是主要因素、这些风险可能导致的后果如何。

风险识别主要方法有：①分解法，即将大系统分解成小系统；②故障树法，利用图解的形式将大的风险分解成各种小的风险；③情景分析法，通过有关数字、图表和曲线等，对未来的某个状态或某种情况进行详细的描绘和分析，从而识别引起风险的关键因素及影响程度的一种风险识别方法。

风险识别包括识别内在风险及外在风险。比如，云服务供应商必须识别风险以确定它最好能够提供哪些云服务。显然，为各种行业的用户提供云服务所带来的风险可能会过高。

（2）风险分析　风险分析是指用于估计威胁发生的可能性以及由于系统易于受到攻击的脆弱性而引起的潜在损失的步骤。根据损失程度的不同，可以选择不同的控制方法或安全防护，以提供必要的安全级别的保护，并将风险降低到可接受的程度。

风险分析方法一般采用划分等级的办法，即按危险的严重性和危险的可能性进行定级，然后根据不同的级别采用不同的处理方法。危险的严重性一般可分为灾难的、严重的和轻微的。危险的可能性可分为高发、可能发生和不可能发生三类。

（3）风险评估　风险评估是指在风险识别和风险分析的基础上，对风险发生的概率、损失的程度，结合其他因素进行全面考虑，评估发生风险的可能性及危害程度。

常用的风险评估的方法有：①大数定律，只要被观察的风险事件足够多，大数定律就可以估计出损失发生的概率和损失的影响程度；②统计推断原理，一个事件的发生和发展通常伴随着另一些事件的发生和发展，因此可以利用事件间的这种关系，从某些事件的发生和发展来推断另一些事件的发生和发展；③惯性原理，事物的发展具有一定的延续性，惯性定理就是利用过去发生的风险和损失来预测未来可能的风险和损失。

（4）风险控制　风险控制是指利用技术手段设法避开或减小损失发生的可能性及损失程度。降低风险的主要举措有：①承担风险，接受潜在的风险；②风险规避，经由消除引起风险的原因或结果以降低风险；③风险限制，通过执行有效的风险控制方法减少威胁，以及利用弱点所造成的负面冲击；④研究与确认，降低风险的损失可经由确认弱点及研究控制方法进行弱点矫正；⑤风险转移，可经由其他选择方式进行损失补偿，如购买保险。

在云计算模式中，这是一个需要云用户和服务供应商共同分担的责任，因此他们双方应具有互补的风险管理程序。为云计算供应商的应用程序控制设定期望是云用户的责任。而作为云服务供应商，他们应当根据用户的期望来确保控制措施的实施与维护，并为服务等级协议和合规性需求控制提供认证。

风险管理的详细流程如图6-2所示。

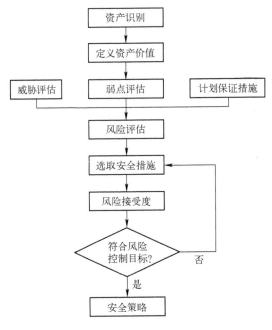

图 6-2　风险管理流程

6.1.2　信息安全风险

1. 信息安全风险评估

信息安全风险评估是指依据有关信息安全技术标准和准则，对信息系统及由其处理、传输和存储的信息机密性、完整性和可用性等安全属性进行分析和评价的过程[4]。

信息安全风险评估的目的是了解当前和未来的潜在风险，评估风险可能带来的安全威胁程度，确定安全策略、建立和安全运行信息系统。

与一般的项目风险相比，信息安全风险具有以下特征[4]：

1）客观性和不确定性。信息安全风险客观存在于信息系统的各个层次和生命周期的各个阶段，并随着各种不确定因素的不断变化而呈现不确定性。

2）多样性。信息安全风险包括技术风险、管理风险和环境风险等。

3）可变性。信息安全风险在其生命周期内动态变化，同时在信息系统生命周期的不同阶段呈现出不同的风险。

4）可预测性。风险虽然呈现不确定性，但可用各种定性和定量方法对风险进行预测和衡量。

2. 风险分析方法

风险产生与发生的原因均会依时间与环境的不同而有所不同，所以利用风险分析方法不断地对风险进行评估是风险管理中不可缺少的一环。评估或排列风险优先级的方法，大致可分为定性风险分析、定量风险分析或者是两者的组合（即混合分析）。

（1）定性风险分析　定性分析方法主要依靠专家的知识与经验、被评估对象的相关记录以及走访调查等方式，仔细观察、分析与描述风险发生的情形，再根据不同的风险概率、威胁的严重性及资产的敏感性情境进行分析。显然，定性风险分析是利用严谨的程序作为评估资产价值及威胁的可能性，再以专家的知识与经验描述进行风险分类，如高度、中度及低度等。

定性分析方法有很多。典型的定性分析方法有：①主观分析法，凭借专家的经验和根据评价标准，让专家判断可能产生的每个风险并赋予其权重，然后把全部风险的权值加起来计算出整体风险水平，最后再与风险评估基准进行比较分析；②故障分析法，主要遵循从结果找原因的原则，将风险形成的原因由总体到部分按树形逐级细化，分析项目风险及其产生原因之间的因果关系，即在前期预测和识别各种潜在风险因素的基础上，运用逻辑推理的方法，沿着风险产生的路径，计算风险发生的概率，并提供各种控制风险因素的方案。

定性分析方法的优点在于给予具有不确定性的风险一个衡量准则，使之能够较方便地对风险程度大小进行排序。其缺点是主观判断，对于风险级别的区分无法做到一致性的界定。

（2）定量风险分析　定量分析方法是对构成风险的各个要素和潜在损失的水平赋以数值，进而通过数学模式计算，得出事件发生的概率或可能造成的损失。当要进行风险定量分析时，需要遵循如下六个步骤：

步骤1：资产鉴定，包含硬件、软件、数据、人员、文件与外围设备的鉴定。

步骤2：决定弱点，通过调查问卷的方式判定企业内所有可能的弱点来源。

步骤3：估计弱点会被利用的可能性，主观决定步骤2所获取弱点会被利用的可能性。

步骤4：通过简单的数学计算，将资产价值（步骤1）乘以弱点可能被利用的概率（步骤3），估算出整个预期损失值。

步骤5：选择可用的风险控制机制来降低弱点被利用的可能性，并评估每一项控制机制的成本是否符合效益。

步骤6：采用新的安全控制机制，重新计算新的控制机制可节省的损失金额。

常用的定量评估方法有：①决策树法，在已知各种情况发生概率的基础上，通过构成决策树来求取净现值的期望值大于或等于零的概率，以此评价项目风险并判断其可行性；②模糊综合评价法，对一些不易定量、边界不清的因素进行量化处理，并应用模糊关系合成原理进行综合评价；③层次分析方法，把要决策的问题看成是由很多相互关联和相互制约因素构成的一个大系统，这些因素根据彼此之间的隶属关系可以组合成若干个层次，再利用相关的数学方法对各个因素层进行排序，最后通过对排序结果的分析来辅助决策。

定量评估方法的优点是用直观的数据来表述评估的结果，而且比较客观。定量分析方法的采用，可以使研究结果更加科学和严密。

（3）混合分析　定量和定性的分析方法各有其优缺点，而信息安全风险评估是一个复杂的过程，涉及多个因素和多个层面，具有不确定性，即它是一个多约束条件下的多属性决策问题。

在实际评估中，有些要素的量化很容易，而有些却是很困难甚至是不可能的。如果单纯地使用定性或定量方法，对风险进行有效评估则比较困难。因此通常需要将两种方法相结合对风险进行评估。

3. 信息安全风险评估方法

当前存在很多风险评估的方法，这些方法遵循了基本的风险评估流程，但在具体实施手段和风险的计算方面各有不同。下面给出两种典型的风险计算方法[5]。

（1）风险矩阵测量法　使用此方法需要首先确定资产、威胁和脆弱性的赋值。完成这些赋值后，分别建立资产价值、威胁等级和脆弱性等级的对应矩阵。最后根据不同资产的赋值从矩阵中确定不同的风险。风险矩阵会随着资产值的增加、威胁等级的增加和脆弱性等级的增加而扩大。

表6-1所示为一个资产风险判别矩阵的示例。

表6-1 资产风险判别矩阵

威胁级别	低			中			高		
脆弱性级别	低	中	高	低	中	高	低	中	高
资产值 0	0	1	2	1	2	3	2	3	4
1	1	2	3	2	3	4	3	4	5
2	2	3	4	3	4	5	4	5	6
3	3	4	5	4	5	6	**5**	6	7
4	4	5	6	5	6	7	6	7	8

对于每一种资产的风险，都将考虑资产值、威胁级别和脆弱性级别。例如，如果资产值为"3"，威胁级别为"高"，脆弱性级别为"低"，查表6-1可知风险值为"5"。

（2）威胁分级计算法　这种方法是通过综合考虑威胁、威胁对资产产生的影响以及威胁发生的可能性来确定风险。使用这种方法时，首先要识别威胁。识别威胁的方法是：准备威胁列表；让系统所有者去选择相应的资产威胁，或由评估团队的人员识别相关的威胁，进行分析和归类；然后评价威胁发生的可能性；最后确定威胁对资产的影响。在确定威胁的影响值和威胁发生的可能性之后，计算风险值。风险值的计算方法可以是影响值与可能性之积，也可以是之和。具体算法由用户来定，只要满足是增函数即可。

例如，将威胁的影响值和威胁发生的可能性都确定为 5 个等级。假设风险的测量采用上述两值相乘，则表6-2所示为具体计算结果。

表6-2 威胁分级计算法

资　产	威胁描述	影响（资产）值	威胁发生的可能性	风险测度	风险等级划分
某个资产	威胁1	5	2	10	2
	威胁2	2	4	8	3
	威胁3	3	5	15	1
	威胁4	1	3	3	5
	威胁5	4	1	4	4

4. 信息资产分级及风险评估

信息安全主要是指信息的机密性、完整性和可用性的保持。对某组织的资产的价值进行评估，实质上就是评估资产的机密性、完整性和可用性。

对信息资产的评估方法通常采用混合分析方法，即定性和定量分析相结合的法则，从定性的角度分析如下：

1）机密性（C）：此信息资产所包含信息为组织或法律所规范的机密信息。

2）完整性（I）：资产具有完整性要求，且完整性被破坏会对组织造成伤害，甚至会造成业务终止。

3）可用性（A）：容许该信息资产失效的时间长短。

为了实现定性资产的定量化，需要对各类信息资产进行分级。比如将信息资产价值的机密等级分为如下4级：

1）一般：无特殊机密性要求，可对外公开的信息。

2）限阅：仅供组织内部人员或被授权的单位及人员使用。

3）敏感：仅供组织内部相关业务承办人员及其主管，或被授权的单位及人员使用。

4）机密：是组织、主管机关或法律所规范的机密信息。

基于上述分级，可以对信息资产价值的机密性按照如下标准进行定量评估：

1）信息资产无特殊的机密性要求，设定其值为0。

2）信息资产仅供组织内部人员或被授权的单位及人员使用，设定其值为1。

3）信息资产仅供组织内部相关业务承办人员及其主管，或被授权的单位及人员使用，设定其值为2。

4）信息资产所包含信息为组织或法律所规定的机密信息，设定其值为3。

同理，比如可以对信息资产价值的可用性按照如下标准进行定量评估：

1）如果某信息资产可容许失效4个工作日以上，设定其值为0。

2）如果某信息资产可容许失效4个工作日以下，8个工作小时以上，设定其值为1。

3）如果某信息资产可容许失效8个工作小时以下，4个工作小时以上，设定其值为2。

4）如果某信息资产可容许失效4个工作小时以下，设定其值为3。

再如，对信息资产价值的完整性按照如下标准进行定量评估：

1）如果某信息资产本身对完整性要求非常低，设定其值为0。

2）如果某信息资产本身具有完整性要求，但当完整性遭受破坏时，不会对组织造成伤害，设定其值为1。

3）如果某信息资产本身具有完整性要求，当完整性遭受破坏时，会对组织造成伤害，但不太严重，设定其值为2。

4）如果某信息资产本身具有完整性要求，当完整性遭受破坏时，会对组织造成严重伤害，设定其值为3。

当对信息资产的机密性、完整性及可用性进行评估后，可以取三者中的最大值，作为信息资产的价值，即信息资产价值=Max(C,I,A)。

5. 信息资产风险评估

威胁、弱点与风险之间的关系可以描述为

$$风险=F（资产价值，威胁等级，弱点等级）$$

因此，信息资产的风险估计值的计算方法可以定义为

$$风险估计值=信息资产价值×威胁等级×弱点等级$$

需要指出的是，信息资产的风险估计值的计算方法也可以定义为

$$风险估计值=信息资产价值×威胁等级×弱点等级×事件的影响程度$$

为了简化处理，这里不考虑事件的影响程度。

其中，事件的威胁等级（发生之可能性），可以按照表6-3所示的标准评估。

表6-3　威胁等级评估标准

评 估 标 准	评 估 值
威胁发生的可能性为低	1
威胁发生的可能性为中	2
威胁发生的可能性为高	3

事件的弱点等级（受到威胁利用之容易度），可以按照表6-4所示的标准评估。

表6-4　威胁等级评估标准

评　估　标　准	评　估　值
弱点不容易被威胁利用	1
弱点容易被威胁利用	2
弱点很容易被威胁利用	3

综上所述，资产风险的取值范围为[0,27]。完整的事件风险权值对照见表6-5。

表6-5　事件风险权值对照

威　胁　等　级	低　（1）			中　（2）			高　（3）		
弱点等级	低（1）	中（2）	高（3）	低（1）	中（2）	高（3）	低（1）	中（2）	高（3）
资 产 价 值　0	0	0	0	0	0	0	0	0	0
1	1	2	3	2	4	6	3	6	9
2	2	4	6	4	8	12	6	12	18
3	3	6	9	6	12	18	9	18	27

有了风险估计值后，通过表6-6所示的风险等级对照标准，就可以给出相应的风险等级。

表6-6　风险等级对照标准

风险估计值	风　险　等　级
0～9	1
9～18	2
18～27	3

6.1.3　安全风险评估流程

按照《信息技术安全评估准则》，信息系统安全风险与信息资产、威胁、脆弱性以及安全措施等相关因素有关。

信息系统安全风险评估的主要内容就是在充分识别风险要素的基础上。综合考虑各要素间的内在关联性，重现实际存在或潜在的威胁场景，分析和确定其可能造成的影响，以及造成后果的可能性，从而确定风险，为风险控制提供合理的依据。

风险评估的实施流程包括评估准备、风险因素识别、风险分析以及风险控制等步骤[6]。

1. 评估准备

为了确保评估过程的可控性以及评估结果的客观性，在风险评估实施前，一般应做到以下几点：

（1）确定评估目标　应明确风险评估对象的机密性、完整性和可用性等目标，为风险评估的过程提供导向。

（2）界定评估范围　风险评估范围可能是组织全部的信息及与信息处理相关的各类资产、管理机构，也可能是某个独立的系统、关键业务流程的系统或部门。

（3）组建评估团队　组建风险评估管理与实施团队，支持整个评估工作的推进，如成立由管理层、相关业务骨干和技术人员等组成的风险评估小组。

（4）选择评估方法和工具　应依据评估范围、目的、时间和人员素质等因素，选取能够与具体组织环境和安全要求相适应的评估方法和工具。

（5）争取领导支持　所有内容确定后应得到组织最高管理者的支持和批准，对管理层和技术人员进行传达，并对风险评估内容进行培训，以明确相关人员在风险评估中的具体任务。

2. 资产识别

此阶段的主要工作是识别信息安全风险要素的风险，以及已有的安全措施的效果。机密性、完整性和可用性是评价资产的三个安全属性。安全属性达成程度的不同将使资产具有不同的价值，而资产面临的威胁、存在的脆弱性以及已采取的安全措施都将对资产安全属性的达成程度产生影响。

资产识别工作主要包括：①资产分类，风险评估中，资产大多属于不同的信息系统，其支持业务持续运行的系统数量可能更多，这时需要将信息系统及相关的资产进行恰当的分类，为下一步的风险评估做准备；②资产赋值，对资产的赋值不仅要考虑资产本身的价值，还要考虑资产的安全状况对于组织的重要性。为确保资产赋值时的一致性和准确性，应建立统一的资产价值评价尺度，以指导资产赋值。资产赋值的过程也是对资产在机密性、完整性和可用性上的达成程度进行分析。

3. 威胁识别

造成威胁的因素可分为人为因素和环境因素。根据威胁的动机，人为因素又可分为恶意和无意两种。威胁作用形式可以是对信息系统直接或间接的攻击，如非授权的泄露、篡改和删除等，在机密性、完整性或可用性等方面造成损害。

威胁识别工作主要包括：①威胁分类，分类的依据很多，如依据威胁来源进行分类；②威胁赋值，判断威胁出现的频率是威胁识别的重要工作，评估者应根据经验和有关的统计数据来进行判断，如按照威胁频率等级将威胁划分为三级，分别代表威胁出现的频率高低。等级数值越大，威胁出现的频率越高。

4. 脆弱性识别

脆弱性识别将针对每一项需要保护的资产，找出可能被威胁利用的弱点，并对脆弱性的严重程度进行评估。脆弱性识别时的数据应来自于资产的所有者，以及相关业务领域的专家等。资产的脆弱性具有隐蔽性，有些弱点只有在一定条件和环境下才能显现，这是脆弱性识别中最为困难的部分。

脆弱性识别所采用的方法主要有问卷调查、工具检测、人工核查、文档查阅和渗透性测试等。

主要任务有：①脆弱性识别，对每个资产分别识别其存在的脆弱性；②脆弱性赋值，根据资产损害程度、技术实现的难易程度和脆弱性程度，采用等级方式对已识别的脆弱性的严重程度进行赋值。

5. 风险分析

风险分析涉及资产、威胁和脆弱性等基本要素。每个要素有各自的属性，资产的属性是资产价值，威胁的属性是威胁出现的频率，脆弱性的属性是资产弱点的严重程度。

风险分析的主要内容为：①对资产进行识别，并对资产的重要性进行赋值；②对威胁进行识别，描述威胁的属性，并对威胁出现的频率赋值；③对资产的脆弱性进行识别，并对具体资产的脆弱性的严重程度赋值；④根据威胁和脆弱性的识别结果判断安全事件发生的可能性；

⑤根据脆弱性的严重程度及安全事件所作用资产的重要性计算安全事件的损失；⑥根据安全事件发生的可能性以及可能造成的损失，计算安全事件发生时对组织的影响，即风险值。

6. 风险控制

信息系统的安全风险具有危害严重和不可转移等特性。因此，信息系统安全风险的处理方式包括以下三种[7]：①降低风险，对于不能接受的风险，采取适当的控制措施，如系统安全加固和漏洞修补等，减少风险发生的可能性，降低风险发生的影响；②避免风险，对于可以通过技术措施或管理措施避免的风险，应当采取措施予以避免；③接受风险，对于已采取措施避免的风险，出于某方面的原因，若其残余风险在组织可接受的范围内，可以考虑接受风险。

6.2　云服务风险与措施

由于云产业目前许多标准仍未建立完备，无论是对新创公司或大中小型企业来说，如何根据企业策略选择接适合自己业务需求的云端服务具有一定的风险。

6.2.1　云服务风险概述

从用户角度来看，云计算意味着数据、计算及应用均通过网络被转移到用户掌控范围之外的云服务提供商手中，因此，用户隐私信息和云服务风险等问题随之而来。从技术层面来看，传统信息安全存在的问题在云端上同样存在，而且还因为云计算的商业模式及虚拟化等技术的引入，使得云服务面临新的服务风险问题。

1. 云服务面临的风险

从安全事件的后果来看，主要表现为信息丢失或泄露和服务中断。从导致安全事件的原因来看，包括软件漏洞或缺陷、配置错误、基础设施故障、黑客攻击等原因。从技术的角度来看，云服务提供商方面存在如下几个方面的风险：

1）用户验证和授权风险。云服务提供商根据服务模型针对不同的用户提供相应的服务，用户在访问资源的同时必须满足相应的许可。这一过程主要是通过用户验证的方法来进行。

用户验证过程通过网络进行，网络本身是不可靠的，用户口令在传输过程中也存在泄露的风险。在资源授权方面，云服务根据其授权机制必须维护一个授权列表，对于验证通过的用户才可以访问相应的资源。但是很多授权是级联的，即授权可以是用户委托，在这个过程中也可能出现误授权的情况。

2）数据机密性风险。对于一些敏感数据，用户不希望被第三方知晓，因此云服务提供商应该提供对数据做加密处理服务。为了保证数据加密的速度，常采用对称加密算法如 AES。数据机密性风险在于加密密钥的管理方面可能存在的潜在风险。

3）数据完整性风险。用户在访问数据的时候，应该得到数据的校验信息和签名信息。数据签名主要采用数据加密体制中的非对称加密算法如 RSA。数据校验信息通过消息摘要来生成，消息摘要通过对任意长度的数据进行散列，生成特定长度的散列值。

在保证数据完整性的实施中通常会结合这两种方法，即在签名中引入了散列。当数据被人变更后，用户得到的散列值与签名中包含的散列值不符，从而用户可以拒绝接收该数据。在数据完整性验证中，用户所担任的风险主要来自服务劫持，即用户与云服务器的会话被劫持到网络中的第三方，这样会话的机制没有任何变化，但是通信实体却已经改变。

4）可用性风险。云服务必须有一定的容错机制来保证数据的可用性。数据可用性的风险主要来自软件性能故障和硬件性能故障两个方面。

5）不可抵赖性风险。不可抵赖性是指在一个会话过程中，任何一方的会话实体不能否认其动作行为，服务器在会话过程中需要保证会话的纪录以便进行审计和核查。不可抵赖性的风险主要来自于云服务方的会话日志记录的完整性。

6）资源共享可能引发的风险。为了保证云计算资源可动态扩展，云计算中的计算能力、存储与网络资源等在多用户间进行共享，这就难以保证良好的隔离性。

用户必须明确使用云计算所引入的各种风险。这就能够让用户确保在选取和采用云服务过程中务必执行必要的安全控制措施。因此，从用户角度来看，用户需要关注以下几方面的安全风险：

1）数据传输安全。在传输数据到云端服务器过程中，如何确保数据不被窃取，是云用户关心的问题之一，因为这些数据可能涉及用户的隐私或企业的商业机密等。

2）数据存储安全。在未做备份的情况下对数据删除和修改、把数据存储于不可靠的介质上、密钥的丢失导致数据无法解密、发生意外灾难但缺乏合适的备份与存档，都可能导致数据丢失。因此，用户在签订服务合同时，需要对数据存储的安全性进行细致和明确的规定，保障自身的合法权益。

与传统系统的风险相比较，除了上面所论述的技术风险外，云服务还面临如下政策和组织风险、法律风险[8]：

1）锁定风险。由于缺少支持云应用或云服务可移植性的通用标准，这使用户难以做到跨云的迁移。当云提供商破产或倒闭时，这种数据被锁定的结果是灾难性的，即使到时能转移，其成本也是非常昂贵的。可以说，用户存储越多数据到云中，被锁定的数据会越多，风险会越大。

2）法规遵从方面的风险。使用云计算可能不满足某些工业标准或法律规定的需求而产生矛盾或纠纷。可能的原因有：①有些法规要求特定数据不能与其他数据混杂保存在共享的服务器或数据库上；②有些国家严格限制本国公民的私密数据保存于其他国家；③有些职能部门如银行监管部门要求用户将数据保留在本国等。

3）调查、审计风险。云计算和云存储服务可跨国获取，而用户提供的账户信息可能是伪造的，加上不同国家和地区对违法行为的取证需求不尽相同，因此对基于云平台的网络犯罪行为很难进行追查。当平台中的资源来自第三方供应商时，溯源更为困难。

云存储支持多租用户共享，在调查取证过程中，云服务供应商不一定会配合。如果配合，可能会给其他用户的业务带来风险。再者，在资质审计的过程中，服务商未必提供必要的信息，使得第三方机构无法对服务商进行准确的、客观的评估。

总之，云服务商在确保不对其他企业的数据计算带来风险的同时，还需要提供必要的信息支持，以便协助第三方机构对数据的产生进行安全性和准确性的审计，实现合规性要求。

2. 云服务风险研究现状

与云计算的其他方面相比，云安全风险研究明显滞后。主要存在的问题是，相关研究成果较少。国外刚刚起步，国内的研究更是匮乏，而且起步更晚一些。此外，已有研究多为定性的研究，缺乏定量的研究。而现有的定量分析的研究成果中也存在很多缺陷。

目前，尽管各国际标准组织机构对云计算安全风险分析的角度不尽相同，但普遍认为共享环境中的数据和资源隔离、云中数据保护以及云服务的管理和应用接口安全是最值得关注的问题。从各国际组织的关注重点来看，管理方面的探讨较多。例如 ENISA 强调公有云服务对满足某些行业或应用特定安全需求的合规性风险。2008 年，Gartner 发布的《云计算安全风险评估》研究报告声称，虽然云计算产业具有巨大市场增长前景，但对于使用这项服务的用户来说，他们应该意识到，云计算服务存在着如下七大潜在安全风险[9]：

（1）优先访问风险　当把数据交给云计算服务商后，具有数据优先访问权的并不是相应的用户，而是云计算服务商。这样就无法排除用户数据被泄露出去的可能性。因此，用户在选择使用云服务之前，最好要求服务商提供其 IT 管理员及相关员工的相关信息，从而把数据泄露的风险降到最低。

（2）管理权限风险　虽然用户把数据交给云服务商托管，但用户对自己数据的完整性和安全性负有最终的责任。传统服务提供商一般会由第三方机构进行审计或安全认证。但如果云服务商通常会拒绝接受这样的审查，则用户无法对被托管的数据加以有效利用。

（3）数据处所风险　为了确保数据安全，用户在选择使用云计算服务之前，应先向云计算服务商了解：服务商是否从属于服务器放置地所在国的司法管辖，在这些国家展开调查时，云计算服务商是否有权拒绝提交所托管的数据等。

（4）数据隔离风险　在云计算平台中，用户数据处于共享环境下，即使采用数据加密方式，也不能保证做到万无一失。数据加密在有些情况下不仅无效，而且还会降低数据的使用效率。

（5）数据恢复风险　即使用户了解到自己的数据被放置到哪台服务器上，也需要服务商做出承诺，必须对用户所托管数据进行备份，以防止出现重大事故后用户的数据无法得到恢复的情况，而且还需确保服务商在有效的时间内恢复。

（6）调查支持风险　在通常情况下，如果用户试图收集一些数据，云服务商都不愿意提供，因为云计算平台涉及很多用户的数据。在一些数据查询过程中，可能会牵涉到云计算服务商的数据中心。如此一来，若用户本身也是服务商，当自己需要向其他用户提供数据收集服务时，则无法求助云计算服务商。

（7）长期发展风险　在用户选定了某云计算服务商后，最期望的结果是，这家服务商能够一直平稳发展，而不会破产或被收购。因为，若该云计算服务商破产或被收购，用户既有服务将被中断。因此，用户在选择云计算服务商之前，最好把长期发展的风险也考虑在内。

Gartner 开创了云服务风险研究之先河。继而，一些学者投身该领域的研究。比如，参考文献[10]分析了云计算体系结构中 IaaS、PaaS 和 SaaS 三个不同层次的风险。参考文献[11]研究云计算安全问题的风险管理，并从用户角度调查了云计算安全风险问题。参考文献[12]对云计算环境中数据安全风险进行分析，对主要云服务提供者倡导的安全机制做了调查研究，并提出一种可以被预期的云服务使用的风险分析方法，该方法在用户将其机密数据置于云环境中之前分析数据的安全风险。Rosenthal 等人[13]指出把数据储存在云端上可能会有如下风险：①安全技术管理风险；②黑客产生的风险；③非技术外包产生的风险。参考文献[14]给出一个典型的 SaaS 安全堆栈（见图 6-3），突出强调了为避免企业数据的安全风险，必须要实现跨层次覆盖。

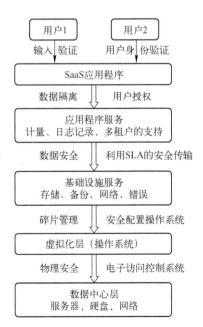

图 6-3　SaaS 安全堆栈

148

参考文献[15]提出的 FAIR（Factor Analysis of Information Risk）方法，同时采用定量和定性两种风险评价方法。而且 FAIR 还对构成信息风险的因素进行分类，同时 FAIR 还提供一个针对导致信息风险因素的测量方法。除此之外，FAIR 还给出一个进行应用程序分类的模拟模型。FAIR 在云风险评价过程中，可以帮助我们更好地理解问题域，并且有利于进一步的分析。

针对 SaaS 的风险评估框架 S-CRA 是以调查问卷为基础的一个决策工具，为云使用者产生一个 SaaS 候选提供商的风险文档及方案，并且做出一个标准的理性决策来减少风险的出现。

参考文献[15]给出了一个优化的云服务框架 OPTIMIS（Optimized Infrastructure Service）。OPTIMIS 的目标就是为了实现云服务生态系统，允许自动化的组织、无缝化的服务以及可信任的可审计的服务提供商的应用。在 OPTIMIS 中，云风险评估将被应用在云服务架构、部署以及运行等方面，从而实现云服务的可用性、可靠性、可审计以及在生态和经济方面的可持续性。参考文献[16]提出一个安全风险评估框架，此框架具备一定的定量研究成分，但无实证研究和案例分析。

除了以上提到的风险评估框架外，为了应对云计算固有的风险，ENISA 成立了临时工作组来对云计算的优势和安全风险进行评估。该工作组对如何使云计算风险最小化，利益最大化提出一些建议。工作组负责风险评估的专家还制订了一些方法论。通过这些方法论，企业可以直接对比进行云服务和基础架构的风险评估与风险管理时要考虑的因素。

此外，针对实际暴露的安全问题，人们还想到可以将云环境中存在的安全问题分成不同的等级，然后根据安全风险的等级来提供相应的解决方案。这样针对特定等级的特定问题来制订目标方案使得安全问题变得相对容易一些。类似的，随着云计算尤其是私有云中虚拟化技术的安全问题受到越来越多的关注，一种基于分而治之策略的方案被提出来。风险在经过分析后进行分类，然后应用分治的思想对每种风险制订解决方案。

目前，人们已经意识到单一安全策略不能够彻底解决云计算的安全风险问题，只有将传统的技术和新的的策略结合起来，才能使云计算系统的安全保护达到比较理想状态。

6.2.2　SaaS 风险

就本质上而言，SaaS 就是云服务供应方为满足应用方某种特定需求而提供消费的软件计算能力。因此，SaaS 服务存在的风险涉及云服务的供应方和应用方两大主体，他们面临的风险主要如下[17]：

1．数据安全风险

对于企业和组织来讲，数据的安全性往往至关重要。由于用户数据一旦上传到云端，用户就失去对数据的控制权。用户很难做到防止云服务商对其数据的盗用或者泄露等。同时以现有的技术手段还很难在开放的云环境中控制特权访问人员的数据泄露风险。而由于 SaaS 的数据服务器架设在提供商处，对企业来讲，将这些至关重要的核心数据放在第三方的服务器上是无法接受的。因此，在 SaaS 实施之前，需要对数据面临的风险需进行充分评估。

目前，无论是底层的 IaaS，还是中间层的 PaaS 或者最高层的 SaaS，云端的数据安全必须达到如下要求：①存储和系统保护，服务提供商必须提供存储系统保护以避免发生数据损坏和系统故障的可能；②数据保护，存储的数据不允许未经授权的用户访问，技术人员的访问也必须符合授权和认证要求，此外，服务提供者还必须保证数据的完整性。

在 SaaS 模式，用户数据存储在 SaaS 供应商的数据中心。用户对数据的直接控制能力有限，而且所有数据都是通过网络传输。SaaS 企业应采取措施保障数据安全，防止由于应用程序漏洞、网络病毒、黑客恶意攻击或特权用户恶意行为等，使得用户数据面临丢失和泄露风险。具体来讲：①数据丢失风险，由于 SaaS 软件在服务商和使用方物理上的隔离，软件和数据保存在 SaaS 服务商，存在企业用户对数据失去控制的可能，用于存放数据的服务器，由于各种原因而造成信息数据丢失则会给用户带来风险；②数据泄露风险，服务商将企业的商业秘密泄露给竞争对手，给企业带来利益上的损失和影响风险。

目前，解决数据安全风险的对策有身份和访问管理、隐私保护系统。身份和访问管理是主要的应对策略。另外，SaaS 的解决方案应该使用强密码保护，以确保在数据访问上的控制。所有数据，包括有管理权限的访问，都应该被记录下来，供审计之用。

2. 数据隔离

数据隔离是指多个租户在使用同一个系统时，不同租户之间的数据是隔离存储的，数据处理不会相互干扰。要实现多租户之间的数据隔离，常用技术有：①为每个租户提供一个单独的数据库，优点是可以保证不同租户之间的数据充分隔离，缺点是成本和开销都比较大；②将多个租户的数据保存在统一的数据库中，但采用不同模式，在一定程度上减少了数据库的成本和操作难度，但会影响数据隔离的效果和安全性；③将多个租户的数据存储在同一个数据库的同一张数据表中，通过租户的标识字段来区分，这样做成本最低，但安全性和隔离性最差。

在一个多租户 SaaS 的部署中，多个企业的数据有可能会保存在相同的数据存储位置。因此要保证其中一个用户在进行数据访问时不能访问到其他用户，即 SaaS 的体系结构和数据模型的设计应能够确保数据隔离。

3. 网络安全

在 SaaS 部署模式中，SaaS 提供商使用如 SSL 确保数据在互联网上传输的安全性，或者在 SaaS 部署网络中采取加密技术。其他保障措施还包括 IP 欺骗、端口扫描和数据包嗅探等。即便如此，SaaS 仍面临如下风险：

（1）网络不稳定性风险　SaaS 应用的在线化使得其对网络产生了严重依赖。离开网络，企业就不能正常获得服务。

（2）信息传输风险　从技术上来说，任何传输线路都是可能被窃听的，因此当数据通过网络在服务端与用户端之间通信时，都有可能被截获、读取、篡改、删除而给用户带来损失。

（3）病毒入侵风险　由于 SaaS 使用的是公用通信线路，一些人可能出于各种目的，损坏网络设备，在网络上对系统进行黑客程序的测试运行等入侵活动，对系统造成破坏。

对于大型企业，云服务通信链路最好采用专线。这样可以在网络上采用专有加密系统，从而确保信息安全。对于中小企业，云计算服务商往往采用 VPN 向他们提高服务。对于那些没有保密信息的传输，通过公共网是最好的选择。

随着无线通信应用的发展，移动云计算也成为当前的一个发展方向。移动云计算是指通过移动互联网络以按需、易扩展的方式获得所需的基础设施、平台、软件或应用等 IT 资源服务的交付与使用模式。无线网络具有如低成本、低功耗、高扩展及更多的灵活性等优势。然而，信息在传送过程中容易被截获、欺骗和篡改。因此，信息安全风险更为突出。

4. 管理风险

管理风险主要是指由于系统管理和使用人员缺乏网络信息安全常识，或违背信息安全一般规定所导致的数据损坏、泄露以及系统软硬件损坏而带来的风险。因此要在确保服务器端安全的同时，也要兼顾用户端的安全性。管理风险主要源于以下几方面：

（1）完善安全管理制度　企业应按照计算机信息安全的有关要求，按责、权、利相结合的原则，建立健全 SaaS 系统岗位责任制度等，做到有章可循、有法可依。

（2）人员安全管理　应加强对系统维护人员和技术支持人员的信息安全意识教育，提高人员的个人素质以及应急事件处理能力。

（3）建立完善的监督制度　SaaS 的用户可能对 SaaS 应用的实施过程与标准不甚了解，可以采用第三方监督机制来辅助实施与管理，确保 SaaS 应用模式更合理、有效地运行和发展下去。

（4）服务商信誉风险　服务商不严格履行合同要求提供的服务而给使用方利益受损的风险，如实力与宣传不符、泄露或出售用户数据等。

5．身份和访问管理安全

通过集中的身份和访问管理，云计算的用户能够以一种标准的方法保护影响信息安全的操作和信息，从而满足安全需要、增加效率和避免风险。

身份和访问管理需要具备如下功能：①身份管理，在用户身份生命周期中，有效地管理用户身份和访问资源的权限；②用户身份控制，包括访问和权限控制、单点登录和审计等；③访问授权，可以通过集中的身份、访问、认证和审查，监测、管理并降低身份识别和访问的风险。

SaaS 供应商可以提供完整的身份管理和访问授权服务。在这种情况下，用户的信息和密码等都保留在 SaaS 供应商的网站，因此应该安全地存储和处理。SaaS 供应商应该能够保障密码的安全性和密码过期规定。由于用户无法信赖服务商实施的访问控制策略，所以当前大多数解决方案都是基于密码学的方法进行访问控制。

6．潜在风险

从技术管理人员方面来看，SaaS 存在以下几个潜在风险[18]：

（1）SaaS 的财政风险　由于 SaaS 的业务还相对较新，他们面临着独特的财政风险，特别是考虑到快速发展的技术格局如何实现可持续收入以及可持续销售的模型。

（2）SaaS 具有隐藏费用　对于成长中的企业而言，SaaS 模式可以让其从小处着手，然后随着业务的发展来进行扩展。但是，一旦企业或组织选择了 SaaS 服务，并在业务系统全面运行，从某种角度上来讲，企业的业务系统的命运就掌握在 SaaS 供应商手里，企业必须不断支付费用才能得到 SaaS 服务商持续、稳定的服务，一旦 SaaS 服务商出现任何风险，直接殃及企业自身的系统运行，企业必须被迫接受 SaaS 供应商的条件。因此必须考虑到将来可能遇到的风险以及价格因素的变更。

（3）SaaS 存在盲区　虽然云服务提供商提供安全支持，但是最后是需要用户来承担安全责任的。这意味着第三方审计尤为重要。第三方审计是保证云服务提供商遵守各种法规的重要手段，云服务提供商只有满足合规性要求才能从根本上保障各级云计算服务的安全问题。然而，目前很多云服务提供商都拒绝第三方审计。

（4）合规挑战的风险　很多企业花费成本去获得特定的证书。如果云服务提供商没有证据表明自己能够遵从这些规范或者他们不允许证书认证机构的审计，那么当把应用迁移到云环境中时就可能会带来风险。在某些情况下，因为云基础设施的原因，这种遵从不可能实现，因此当认证是强制性时，云服务提供商不可能遵从这种要求去运行服务。

6.2.3　IaaS 风险

在 IaaS 服务模型中，用户无须构建自己的数据中心，而是通过租用的方式来使用服务器、存储和网络等基础设施服务。IaaS 平台面临的风险主要如下：

1. 传统的安全风险

IaaS 平台的核心是数据中心。既然是数据中心，那么 IaaS 就会面临传统数据中心所遇到的安全风险问题。比如：①在存储层考虑数据加密、备份、归档和灾难恢复等；②在网络层考虑 DDoS 攻击、数据传输机密性等；③在数据层考虑数据库安全、数据的隐私性与访问控制等；④在应用层考虑程序完整性检验、访问控制与漏洞管理等。

IaaS 平台还面临的其他传统安全风险有：①自然灾害带来的经营风险，由于人为或自然灾难导致的停机时间可以引入业务风险；②环境的物理安全，物理安全和环境控制评估、变更管理、计算机操作和逻辑安全等；③服务级别协议（SLA），违反 SLA 也会遭遇许多商业风险。

2. 特有的安全风险

由于 IaaS 平台的实现通常都是建立于虚拟化技术之上，因此虚拟化安全成为其面临的最大安全风险，即：①虚拟化软件安全，该软件层直接部署于裸机之上，提供能够创建、运行和销毁虚拟服务器的服务，云服务提供商应建立必要的安全控制措施，限制对虚拟化层次的物理和逻辑访问，在 IaaS 服务中，用户不能接入虚拟化软件层，该层由云服务提供商来操作和管理；②虚拟服务器安全，虚拟服务器或用户端面临着许多主机安全威胁，包括接入和管理主机的密钥被盗、在脆弱的服务标准端口侦听和劫持未采取合适安全措施的账户等。可以采取的措施有：①选择具有 TPM 的虚拟服务器；②为每台虚拟服务器分配一个独立的硬盘分区，以便进行逻辑隔离；③每台虚拟服务器应采用 VLAN 和不同 IP 网段的方式进行逻辑隔离，需要通信的虚拟服务器间的网络连接采用 VPN 进行；④进行有计划的备份，包括完整、增量或差量备份方式。

6.2.4　PaaS 风险

PaaS 的核心技术是分布式处理，主要解决云计算数据中心集群间的协同工作。要提供 PaaS 云服务，首先，要在云数据中心架设分布式处理平台，包括分布式文件系统、分布式计算和分布式数据库等；其次，要对分布式处理平台进行封装，向用户提供开发环境、API 接口和库等。因此，对 PaaS 层来说，面临的安全威胁主要包括如下方面：

1. 分布式文件系统和数据库安全

由于云计算环境通常搭建在大规模的廉价服务器集群上，从而面临诸多挑战。比如：①服务器失效是常态，需要解决系统的容错问题；②服务器增减频繁，需要解决动态扩展问题；③需要提供大数据的存储、快速检索和读取能力；④多用户同时访问时，需要解决并发控制和存取效率等问题。

为了提升分布式文件系统的可靠性，目前的通用做法是采取冗余存储的方式，每块数据在系统中保存多个备份。冗余存储解决了数据的可靠性问题，但也带来了一致性问题，因为数据存储在多个不同的节点中，对数据进行修改时必须确保对所有副本都进行修改，这就需要分布式同步机制等。这些技术的复杂性会给数据的可靠和安全带来巨大挑战。

2．用户接口和应用安全

如果 PaaS 层暴露过多接口，可能会给攻击者带来机会。因此，如何检验用户的可靠性是 PaaS 提供商面临的又一个巨大挑战。

用户基于 PaaS 平台开发的软件最终是要部署在该平台上，PaaS 提供商需要保证程序的可靠运行，尤其是保证不同应用之间的相互隔离。这点与在 SaaS 模式下遇到的挑战是相同的。

从技术上来看，目前 PaaS 对底层资源的调度和分配采用"尽力而为"的机制，如果一个平台上运行多个应用，就会存在资源分配和优先级配置等问题。要解决这些问题，需要借助 IaaS 层的虚拟化机制来实现多个应用的资源调配和 SLA 等。

6.3 面向云服务的测试方法

软件（含云系统）本身的复杂性决定了在软件的整个生命周期中风险的大量存在，而严重风险可能会导致整个项目的失败。因此，对软件系统进行全方位评测越来越引起人们的重视。

6.3.1 性能评测

大多软件都有其特殊的性能或效率目标要求，说明在一定的工作负荷和格局分配条件下，多数软件都具有响应时间及处理速度等特性。

1．性能测试概述

性能测试主要是通过获取与行为相关的指标数据，如响应时间、系统容量、吞吐量和限制等指标来评估测试对象的性能。

性能测试的主要目标体现在以下几个方面：

1）系统并发性。在系统可以接受的性能水平以及濒临崩溃的临界情况下，系统可以支持的并发用户数目。

2）系统瓶颈。整个系统中瓶颈所在位置。

3）系统可扩展性。系统具备多大规模就可实现设计目标，并展示出好的系统性能。

系统性能评测的关注点集中在评测指标和评测方法上，根据预先确定的评测指标，针对不同的评测对象，设计相应的评测方法进行性能测试。在传统的性能测试中，常用的性能评测指标包括以下几方面：

1）响应时间。从用户发出请求到收到服务器的响应所经历的延迟。

2）最大并发用户数。系统运行过程中所能承受的同时向服务端发送请求的最大用户数。

3）吞吐量。在某一个特定的时间单位内系统所处理的用户请求数量。一般来说，吞吐量会随着用户请求数目的增多而增大。但是当用户请求达到系统能够并发处理的最大用户请求数目时，用户的请求数目就是最大吞吐量。因此，通过吞吐量可以找到系统的瓶颈问题。

4）资源使用率。系统中各种资源的使用情况，一般用资源的实际使用占总资源可用量的百分比来表示。

5）聚合带宽。系统能够提供的最大数据传输率，即对外部应用系统可见的数据传输率，用来反映系统对外提供服务的整体性能，是一个综合测评指标。

确定了性能指标之后，还需要设计选择相应的性能评测方法。传统的性能评测方法有以下几种[19]：

1）负载测试。主要测试软件系统是否达到需求文档设计的目标。比如软件在一定时期内，最大支持多少并发用户数、程序请求出错率等。

2）压力测试。这也称为强度测试，主要测试软件在超负荷情况下的运行情况。譬如在一定时期内，CPU 利用率、内存使用率、硬盘 I/O 吞吐率和网络吞吐量等。压力测试和负载测试的最大差别在于测试目的不同。

3）并发测试。这主要是指负载测试和压力测试的过程，即通过逐渐增加同时访问系统的用户数量，直至达到系统的性能瓶颈，再通过综合分析来确定系统并发性能的过程。

4）容量测试。确定系统最大承受量，如系统最大用户数、最大存储量和最多处理的数据流量等。

性能测试工具是软件开发工具的重要组成部分，通常指用来支持压力测试、负载测试，能够用来录制和生成脚本、设置和部署场景、产生并发用户以及向系统施加持续压力的工具。性能测试工具能够模拟大量用户同时访问软件时的情况，同时也能模拟单个用户访问软件时的个性化参数。

性能测试的工具有很多，主流的产品有：①LoadRunner，一种工业标准级负载测试工具，可以预测系统行为和性能，通过模拟上千万用户实施并发负载及实时性能监测的方式来确认和查找问题，能够对整个企业架构进行测试；②Iometer，Windows 系统下对存储子系统的读写性能进行测试的软件，可以显示硬盘系统的最大 I/O 能力、硬盘系统的最大吞吐量、CPU 使用率和错误信息等；③JMeter，Apache 开发的基于 Java 的压力测试工具，最初被设计用于 Web 应用测试，后来被扩展到其他测试领域，可以用于对服务器、网络或对象模拟巨大的负载，在不同压力类别下测试它们的强度并分析其整体性能。

2．云计算的性能测试

目前对于云的性能测试主要是针对特定云平台、云存储服务性能和云应用等进行的。例如针对微软的 Azure 云平台，参考文献[20]提出了一个开源的基准测试套件 AzureBench，以协助高性能计算应用开发。Yahoo 公司开发了一个用来对云服务进行基础测试的评测框架 YCSB（Yahoo Cloud Serving Benchmark）[21]，目标是促进新一代云数据服务系统的性能比较。Yang 等人[22]考虑到故障恢复对云服务性能的影响，并据此提出了一种以服务响应时间为主要依据的性能评价模型。

云计算性能测试的主要目标是验证在各种负载情况下云服务的性能。进行性能测试的最佳方式是使得多个测试用户运行完整的云服务测试，包括请求提交和应答验证。性能测试不仅通过指定的并发请求数目来监视服务器的响应速率，还要测试各类负载是否导致云服务功能性故障。因此，要求云服务性能测试工具能够定制性能测试场景来执行云计算性能测试。云计算性能测试可设置的场景主要包括缓冲区测试、线性增加和稳定负载等。通过使用不同的测试场景来使用不同的测试用例，同时还应支持跨越远端的云服务器分布虚拟用户，从而模拟极限测试与压力测试[23]。

与传统软件的性能测试相比，除进行常规的负载测试和压力测试等外，云性能测试还需要进行：①稳定性测试，如果对系统平台有连续运行的要求，可对系统进行疲劳性测试，确认系统是否能够满足相应的连续运行时间要求；②大数据量测试，在系统平台具有一定业务数据量的背景下进行测试，目的是发现在小数据量情况下测试不易发现的潜在问题与缺陷。

6.3.2 安全性评测

安全性是软件质量的一个重要属性。软件安全性是软件在受到恶意攻击时仍提供所需功能的能力。

1. 安全测试概述

安全性测试是检验软件中已存在的软件安全性措施是否有效的测试，是保证软件系统安全性的重要手段。安全性测试的目的是设法设计出一些测试用例，试图突破系统的安全保密措施。比如：①设法截取或破译口令；②专门编制软件以破坏系统的保护机制；③故意导致系统失败，企图趁恢复之机非法进入；④试图通过浏览非保密数据，推导出所需信息等，以检验系统是否有安全保密的漏洞。

安全功能测试的目的在于测试软件的安全功能实现是否与软件的安全功能需求一致，是否正确完备。软件安全性测试可分为软件功能测试、安全漏洞测试及基于威胁的软件安全性测试。其中，安全漏洞测试就是识别和发现软件的安全漏洞，避免其受到攻击。软件漏洞如若被利用，就可能造成软件受到攻击，使软件进入不安全的状态。基于威胁的软件安全性测试是从软件外部考察软件的安全性，即识别软件面临的安全威胁并测试其是否能够发生[23]。

国内外对于软件安全性测试方法的研究已经有了很多成果，下面介绍几种常用的安全性测试方法[24]。

（1）基于故障树分析（FTA）的安全性测试方法　基于故障树分析的软件安全性测试方法是利用故障树的最小割集来生成软件安全性测试用例的方法。它以系统中最不希望发生的故障状态作为故障分析的顶事件，寻找导致这一故障发生的全部可能因素，绘制故障树，然后搜索出最小割集，并以最小割集为依据生成软件安全性测试用例。

（2）基于 Petri 网的安全性测试方法　基于 Petri 网的软件安全性测试方法主要有正向分析法和逆向分析法。

正向分析法首先建立完整的可达图和状态标识表，得到 Petri 网的可达集，建立相应的 Petri 网模型，然后在可达集中搜索所有包含任意一个状态的状态标识，并将其标记为危险标识，从初始状态到该危险标识的每个变迁序列均可设计为一个测试用例。在生成用例时，对每个被标记的危险标识应至少生成一个用例。这些用例构成了针对该 Petri 网模型的软件安全性测试用例集。

逆向分析方法是构造所有可能导致危险的软件危险状态，然后分析求出由初始状态到该危险状态可能的路径，并通过构造测试用例来验证该路径是否可行。

由于正向分析方法需要生成完整的可达图和状态标识集，这对于逻辑和结构比较复杂的系统是比较困难的，其至容易形成组合爆炸的问题。

（3）基于故障注入的安全性测试　软件故障注入可以有效地模拟各种各样的异常程序行为，通过故障注入方法能够强制性地使程序进入到某些特定的状态，而这些状态在采用常规的标准测试技术的情况下，一般是无法到达的。

软件故障注入针对应用与环境的交互点，主要包括用户输入、文件系统、网络接口和环境变量等引起的故障。主要思路是通过构造各类协议数据包测试目标软件是否能正确处理。实质是在各类协议数据包中植入故障，如修改某些协议字段的值等，以发现被测软件是否存在安全漏洞。

故障注入技术最大的特点是高度灵活性，既能开发特殊的硬件辅助设备进行硬件方法的测试，也能实现软件方法的故障注入测试技术。

（4）模糊测试　模糊测试是一种通过向目标系统提供非预期的输入并监视异常结果来发现软件安全漏洞的方法。模糊测试将随机数据插入程序，观察其是否能够容忍杂乱输入。模糊测试是不合逻辑的，只是产生杂乱数据攻击程序。采用模糊测试攻击程序可以发现其他采用逻辑思维来测试难以发现的安全缺陷。

（5）基于风险的安全测试　基于风险的安全测试方法是将风险分析、安全测试与软件开发过程结合起来，尽可能早地发现高风险的安全漏洞。这种方法强调在软件开发的各个阶段进行误用模式、异常场景、风险分析以及渗透测试等，测试不再是软件发布后打补丁，而是将安全测试相关过程集成到软件开发生命周期中。

2．云计算的安全测试

针对云计算面临的不同安全问题，安全测试的内容包括：①云平台自身安全，虚拟技术是实现云计算的核心技术，因此应分析各类虚拟化管理软件本身的安全问题，形成虚拟化管理软件安全配置核查手册；②虚拟机环境间安全区隔，重点是考虑各虚拟机之间的访问控制策略实施手段，检测分析虚拟机之间是否有隐蔽信道，同时应监控物理 CPU、内存和网络等公共资源的访问行为，确保虚拟机未非法访问其他虚拟机的物理资源；③云上的数据保护，主要检测云计算服务商是否能访问用户数据，用户使用习惯隐私是否被记录或分析，用户数据物理存储位置是否被正确存储在其指定的国家或区域等；④云资源访问控制，由于各个云应用属于不同的安全管理域，每个安全域都管理着本地的资源和用户，当用户跨域访问资源时，需在域边界设置认证服务，对访问共享资源的用户进行统一的身份认证管理，在跨多个域的资源访问中，各域有自己的访问控制策略，在进行资源共享和保护时必须对共享资源制订一个公共的、双方都认同的访问控制策略。因此，应检测跨域访问资源时访问控制策略的安全性[25]。

对于云计算的安全评测的研究已经有了较多成果，如 Zech 等人[26]认为由于云一直随着应用和服务的变化而不断变化，所以云计算环境的安全性不是一次性的任务，而是贯穿于云计算的完整生命周期中。基于此，他们提出了一种变化驱动的新型方法模型，利用公共服务的接口作为主要入侵点，采用风险分析以便于在所有层次测试云计算环境的安全性。Whaiduzzaman 等人[27]基于渗透测试提出一种针对第三方的自动化软件脚本模型，可以在云服务提供商一方运行，识别漏洞并检查云服务提供商的安全强度和故障承受能力。Mirković 等人[28]通过提供一组控制和限定指标原则，提出一种针对云的可衡量模型，并对可以用于评测私有、公共或者混合云的安全测试工具进行研究。为解决安全问题并在云计算中进行安全评测，参考文献[29]引入了与其对应的分级安全设计模型，提出一种云计算环境中基于攻击图的安全评价方法。参考文献[30]中将行为模式扩展为综合行为模式，并依据综合行为模式学习持续行为关系的程度，使用基于 Petri 网的行为理论进行云计算的安全评测。

6.3.3　可用性评测

1．可用性概述

计算机系统的可用性一般是指在一段时间内系统处于正常运行状态的时间百分比，即正常运行时间 /（运行时间+宕机时间）。例如经常有某个系统被描述为 5 个 9 的可用性即 99.999%，就是依据这个定义来的。

计算机系统可用性的评测方法主要以评估为主。评估类的评测方法主要分析待测系统工作过程和工作状态，建立系统模型并利用软件工具进行求解，计算出可用性评估模型。

对于系统可用性评测的研究已经有了较多成果，如美国威斯康星大学的 Miller 教授提出通过故障注入手段来评测系统的可靠性。参考文献[31]将模糊集理论和随机 Petri 网理论结合起来提出一种可修系统可用性建模与分析的新方法。该方法由随机 Petri 网的状态可达图得到系统的稳定状态概率方程组，然后利用模糊代数理论解该模糊方程组得到系统转移概率和各种性能指标的模糊数，最后通过解模糊数得到系统的可用性指标值。

2．云计算的可用性测试

云计算通过廉价服务器之间的冗余，使软件获得高可用性。由于使用廉价服务器集群，节点失效将不可避免。随着云计算应用领域的不断扩大，人们对于云计算可用性的关注也随之增加。目前国内外对于云计算可用性评测均处于初步阶段，已有研究成果主要是针对云计算服务提供商、基础设施以及虚拟数据中心等方面的可用性评测。

云计算服务提供商有责任与用户拟定好服务级别协议（SLA）以保障服务质量。SLA 的重要特性之一就是服务的可用性。目前具有 99.999%的可用性和 24×7 经营理念已经成为高性能系统和 SLA 共同的关键部分。因此，云计算使用服务保障模型来保证高水平的服务可用性。

目前，对于云计算可用性评测的部分研究成果主要如下：Souza 等人[32]开发一种故障注入工具 EucaBomber，用于研究 Eucalyptus 云计算平台的可靠性和可用性。EucaBomber 允许定义与事件时间关联的概率分布。同时，通过在私有 Eucalyptus 云上注入故障和修复验证 EucaBomber 的有效性。参考文献[33]提出了两种分别评测在给定可用性下云服务的成本和给定成本预算下的云服务可用性算法。参考文献[34]中研究并评价一种将公有云服务和私有云服务两种云服务模式混合使用的计算服务保障模式的可用性。他们利用马尔可夫模型确定服务保障模式的可用性，并使用离散事件进行仿真验证。参考文献[35]提出一种随机活动网络模型用于评价不同特征和策略对于虚拟数据中心服务可用性的影响。

6.3.4 可维护性评测

1．可维护性概述

可维护性对于不同领域具有不同的含义、评测指标及评测方法。

对于软件而言，通常把软件在运行/维护阶段对产品进行的修改称为维护。软件维护性是一个能够反映软件为了完成错误更改、功能增加和删减、适应性修改等所需要的工作量的特性。一般而言，软件的可维护性由易分析性、易修改性、稳定性和易测试性等特性构成。

对于故障率较高的可修系统来讲，可维护性是任务成功的关键。如果可修系统在完成任务过程中，虽然有故障发生，但在规定的时间内修复并恢复运行，那么该类故障的发生并不会影响系统完成任务。

计算机系统的可维护性可以采用维护度、平均修复时间和修复率等指标加以衡量。维护度是指在规定的条件下使用的系统发生故障后，在规定的时间内完成修复的概率。修复率是指修复时间已达到某一时刻但尚未修复的产品在该时刻后的单位时间内完成修复的概率。平均修复时间是指可修复产品的平均修复时间，其估计值为修复时间总和与修复次数之比。

目前对于可维护性的分析方法主要有基于可靠性框图和故障树的组合方法、基于马尔可夫链和 Petri 网的数学分析建模方法以及基于时间和事件的仿真方法。

2．云计算平台的可维护性

由于云计算平台既包含软件，也包含硬件设备，且需要为用户提供持续服务。所以云计算平台的可维护性定义采用针对计算机系统的可维护性定义，即要求其具有被修复和被修改的能力。

目前对于云计算平台的可维护性评测研究比较少，许多研究人员将可维护性评价与可靠性评价联系综合到一起进行研究。例如，参考文献[36]根据随机微分方程和跳扩散模型提出一种面向服务的可维护性、可靠性评估方法，用于提高云计算的可靠性和可维护性。

6.3.5　可靠性评测

1．可靠性概述

可靠性是指从系统开始运行到某个时刻的时间段内正常运行的概率。可靠性度量标准通常有多个。一般对于可修系统、机器设备，常用可靠度、平均故障间隔时间、平均修复时间、可用度、有效寿命和经济性等指标表示。对于不可修系统或产品，常用可靠度、可靠寿命、故障率和平均寿命等指标表示。

对于计算机系统而言，常用的可靠性量化标准是指一个周期内系统平均无故障运行时间，即平均故障间隔时间。平均故障间隔时间通常以千小时或万小时进行表示，即经过此间隔时间后组件出现故障并需要修复。

2．云计算的可靠性评测

目前学术界对于云计算可靠性评价的研究已经取得了较多成果，许多学者都对此进行了研究分析并提出自己的见解。

Padmapriya 和 Rajmohan[37]认为可靠性可以用来衡量云服务在一段时间内维持指定水平功能的能力。在云计算中，可靠性在用户与服务商间的信息传递方面扮演重要的角色。由于云服务是可重复使用的，且服务于多个用户，所以应该有一个定义完备的质量模型来评价可靠性以防止服务出现意外错误。参考文献[38]对云计算系统的可靠性进行研究，以评估云计算系统在预算和时间的约束下从云端通过两条路径给用户端发送单位数据的能力，并提出一种算法对云计算系统的可靠性进行评价。该算法使用基于分支定界法的整定过程进行计算。参考文献[39]认为适当的资源分配是云计算系统中提高可靠性的一种替代方法。他们将关注点放在资源配置的方法，使用一种除考虑应用和资源限制以外的分析模型来分析系统的可靠性，并将任务优先结构和 QoS 作为应用约束考虑在内。参考文献[40]提出一种云计算系统的可靠性评价方法和相应的性能指标，并且将非序贯蒙特卡罗仿真用于系统规模的云计算系统可靠性评价。

6.4　云服务风险评测示例

本节主要介绍参考文献[41]所阐述的研究工作，即以 ENISA 提出的云端服务风险评估报告的内容为对象，通过指标的量化进行云服务风险评测的方法。

6.4.1　研究方法

进行云服务风险评估，至少需要进行如下三个方面的工作：

（1）风险识别　云计算供应商必须识别风险以确定它最好能够提供哪些云计算服务。一些供应商可能会确定他们更喜欢服务某个特定的行业，因此而成为一个特有行业的龙头供应商。

进行云服务风险评测，首先需要识别云服务供应商所提供的服务存在哪些风险。由于这里的研究是以 ENISA 提出的云端服务风险评估报告的内容为对象，而此方面的内容在 ENISA 报告中已给出。

（2）量化处理　由于 ENISA 报告给出的云端服务风险要素都是定性描述，无法依据它直接进行风险评估，即需要将云端服务风险要素进行量化。这里采用问卷调查的方法进行，首先按照将风险等级对所有风险进行分类，然后针对每个风险设置若干选项，每个选项对应不同的值。当调查对象填写完毕后，就可以对收回资料进行整理分析。

（3）风险评估　一旦风险已通过识别并进行量化，就可依据事先定义的风险评估方法进行计算并得出每种风险的危险度。此风险度可以作为用户选取云服务厂商的依据。

图 6-4 给出了展开云服务风险评测的关键流程。

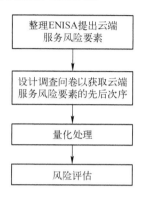

图 6-4　云服务风险评估流程

6.4.2　风险辨识

ENISA 提出的云端服务风险评估报告 CCSRA 参考了 NIST 和 ISO/IEC 27001 等组织提出的报告标准及专家学者意见，整理出 35 项风险（包含政策与组织风险、技术风险、法律风险和非针对云端的风险）、53 项弱点和 23 项可能受影响资产，又以其中 9 项风险被评为高等级风险[42]。

1．9 项高等级风险

（1）R1.锁定（Lock-in）　云服务对服务提供商的依赖比较强，当想变更服务供应商时会存在一定困难，甚至无法进行移植。避免锁定的方法之一是通过 API 和平台技术的标准化。

（2）R2.失去治理（Loss of Governance）　在使用云服务时，用户需要上传数据和计算到云端服务器。云服务提供商会取代用户担负起相关的安全防护任务，即用户失去对自己的数据和计算的控制权。

（3）R3.合规风险（Compliance Risks）　根据新巴塞尔协议的定义，合规风险是指银行因未能遵循法律法规、监管要求、规则、自律性组织制订的有关准则以及适用于银行自身业务活动的行为准则，而可能遭受法律制裁或监管处罚、重大财务损失或声誉损失的风险。

如果云服务提供者无法提供证据证明他们自己符合相关的要求，或是不允许顾客对他们做审计。这可能暗示有些承诺无法兑现，当用户迁移到云上时会造成风险。

（4）R9.隔离失效（Isolation Failure）　这是虚拟化技术导入后所产生的问题，虽然并非所有云都使用虚拟化技术，但云服务和虚拟化技术却常常伴随着一起出现。

（5）R10.恶意内部人员（Malicious Insider）　虽然通常比较少见，但内部员工有可能乱用最高管理权限，而造成风险。

（6）R21.作为证物或电子凭证（Subpoenaand E-discivery）　用户数据集储存在数据中心的共享硬件设备上，当法院强制执行或者公民提起诉讼的事件中查封云服务提供商的硬件设备时，更多用户数据存在被暴露的风险。

（7）R22.管辖变更风险（Risk From Changes of Jurisdiction） 用户数据可能被储存在多个行政区域，其中一些可能具有高风险。如果数据中心是在高风险国家，如某些缺乏法律规则的或独裁的国家，服务器可能被当地政府授权突袭，数据和系统会被迫暴露。

（8）R23.数据保护风险（Data Protection Risks） 在通常情况下，云用户很难有效确认云服务提供者的数据处理实际状况，也很难确认这些数据是否被合法处理。

（9）R26.网络管理风险（Network Management） 浏览器问题、网络拥塞、连接错误等。

2．与 9 项高风险相关的 29 项弱点

（1）V1.授权认证和计费漏洞（AAA Vulnerabilities）

（2）V5.虚拟化漏洞（Hypervisor Vulnerabilities）

（3）V6.使用者间资源隔离缺乏漏洞（Lack of Resource Isolation）

（4）V7.使用者间缺乏商誉的独立漏洞（Lack of Reputational Isolation）

（5）V10.不能在加密状态下处理数据（Impossibility of Processing Data in Encrypted Form）

（6）V13.缺乏技术标准与标准解决方案（Lack of Standard Technologies and Solutions）

（7）V14.缺乏有源代码托管协议（No Source Escrow Agreement）

（8）V16.缺乏控制漏洞评估过程（No Control on Vulnerability Assessment Process）

（9）V17.可能在内部/云网上发生的扫描（Possibility that Internal/Cloud Network Probing will Occur）

（10）V18.使用者可能会对邻居的资源做侦测（Possibility that Co-residence Checks will be Performed）

（11）V21.合约没有写清楚责任归属（Synchronizing Responsibilities or Contractual Obligations External to Cloud）

（12）V22.跨云应用隐含相依关系（Cross-cloud Applications Creating Hidden Dependency）

（13）V23.服务水平协议可能会在不同利害关系人间产生互斥（SLA Clauses with Conflicting Promises to Different Stakeholders）

（14）V25.对用户不提供审核或认证（Audit or Certification not Available to Customers）

（15）V26.认证计划不合适云端架构（Certification Schemes not Adapted to Cloud Infrastructures）

（16）V29.数据被储存在多个行政区域且缺乏透明度（Storage of Data in Multiple Jurisdictions and Lack of Transparency about THIS）

（17）V30.缺少数据储存所在行政区域的相关信息（Lack of Information on Jurisdictions）

（18）V31.使用者条款缺乏完整性与透明度（Lack of Completeness and Transparency in Terms of Use）

（19）V34.云服务提供商组织里的角色与责任定义不明确（Unclear Roles and Responsibilities）

（20）V35.云服务提供组织里的角色职责实行不确定（Poor Enforcement of Role Definitions）

（21）V36.相关当事人知道太多非必要的细节（Need-to-know Principle not Applied）

（22）V37.不适当的物理安全处理（Inadequate Physical Security Procedures）

（23）V38.错误配置（Misconfiguration）

（24）V39.系统或操作系统漏洞（System or OS Vulnerabilities）

（25）V41.缺乏或很差的持续营运与灾难复原计划（Lack of,or a Poor and Untested, Business

Continuity and Disaster Recovery Plan）

（26）V44.资产拥有权不确定（Unclear Asset Ownership）

（27）V46.可供选择的云服务商有限（Poor Provider Selection）

（28）V47.缺乏供应商冗余（Lack of Supplier Redundancy）

（29）V48.应用程序漏洞或失策的补丁管理（Application Vulnerabilities or Poor Patch Management）

3．与9项高风险相关的12项资产

（1）A1.公司声誉（Company Reputation）

（2）A2.用户声誉（Customer Trust）

（3）A3.员工忠诚度和经验（Employee Loyalty and Experience）

（4）A4.知识产权（Intellectual Property）

（5）A5.敏感的个人资料（Personal Sensitive Data）

（6）A6.使用者及服务提供者的个人资料（Personal Data）

（7）A7.使用者及服务提供者的关键个人资料（Personal Data - critical）

（8）A8.日常资料（HR Data）

（9）A9.需要即时提供的服务（Service Delivery-real Time Services）

（10）A10.服务提供（Service Delivery）

（11）A16.网络（Network）

（12）A20.认证（Certification）

4．风险、弱点与资产关系

不同弱点、风险和资产对应关系见表6-7。

表6-7　云端计算高等级风险、弱点与资产

弱　点	风　险	资　产
V13、V31、V46、V47	R1	A1、A5、A6、A7、A9、A10
V13、V14、V16、V21、V22、V23、V25、V26、V29、V30、V31、V34、V35、V44	R2	A1、A2、A3、A5、A6、A7、A9、A10
V13、V25、V26、V29、V30、V31	R3	A20
V5、V6、V7、V17、V18	R9	A1、A2、A5、A6、A7、A9、A10
V1、V10、V34、V35、V36、V37、V39、V48	R10	A1、A2、A3、A4、A5、A6、A7、A8、A9、A10
V6、V38、V39、V41	R26	A1、A2、A3、A9、A10、A16
V6、V29、V30	R21	A1、A2、A5、A6、A7、A9、A10
V29、V30	R22	A1、A5、A6、A7、A9、A10
V29、V30	R23	A1、A2、A5、A6、A7、A9、A10

6.4.3　相关性计算

进行量化风险评估的方法很多，如神经网络、逻辑回归、失误树分析、事件树和路径分析等。

这里采用使用皮尔森相关性（Pearson Correlation）计算弱点、风险和资产各因子间的影响系数（即权重）。

皮尔森相关系数反映了两个变量之间的线性相关程度，取值在[-1,1]之间。当两个变量的线性关系增强时，相关系数趋于 1 或-1；当一个变量增大，另一个变量也增大时，表明它们之间是正相关的，相关系数大于 0；如果一个变量增大，另一个变量却减小，表明它们之间是负相关的，相关系数小于 0；如果相关系数等于 0，表明它们之间不存在线性相关关系。

对样本数据而言，皮尔森积矩相关系数的定义如下：样本数据的皮尔森积矩相关系数（一般简称为皮尔森相关系数）为样本协方差除以 x 的标准差与 y 的标准差之乘积。计算公式为

$$R = \frac{\text{cov}(x, y)}{\sigma_x \sigma_y} = \frac{M(xy) - M(x)M(y)}{\sigma_x \sigma_y} \in [-1, 1]$$

其中，cov(x，y)表示 x 和 y 的协方差；σ_x 表示 x 的标准偏差；M(x)表示 x 的算术平均值。R>0 表示 x 与 y 正相关；R<0 表示 x 与 y 负相关；R=0 表示两者无相关性。R 的绝对值越接近 1，表示两要素的关系越密切；越接近 0，表示两要素的关系越不密切。

6.4.4 评估方法

评估方法是，从参考文献[12]中找出各弱点、风险和资产对应关系，再由参考文献[42]所涉及的问卷将各对应关系的权重计算出来。其中，问卷内容针对风险、弱点和资产的危险程度进行评估，其中每个问题答案量化为 1~10 之间的一个整数值即相对危险值。需特别说明的是风险与弱点的符合程度越高代表该风险发生率越高，而资产安全度与相对危险度越高代表越安全。具体来讲如下：

1）以 ENISA 提出的 CCSRA 报告中相关专家评估为高等级的风险以及对应弱点和资产作为风险评估模型，即资产对相对危险度的皮尔森相关系数（见表 6-8）、弱点对风险的皮尔森相关系数（见表 6-9）、风险对资产的皮尔森相关系数（见表 6-10）。

2）依据收回的问卷，利用上节所介绍的皮尔森相关系数公式，计算得出对应资产、弱点、风险和总分之间的权重，分别见表 6-8～表 6-10 中系数一列的值。其中大于零表示正向关系，小于零则是负向关系。

表 6-8 资产对总分的皮尔森系数

资　　产	系　　数	相对危险度
A1	0.777429	
A2	0.793538	
A3	0.760062	
A4	0.736031	
A5	0.937149	
A6	0.92192	
A7	0.890641	
A8	0.922844	
A9	0.852595	
A10	0.792962	
A16	0.91695	
A20	0.792962	

表 6-9 弱点对风险的皮尔森相关系数

弱　　点	系　　数	风　　险
V13	0.643308	R1
V31	0.152965	
V46	0.121682	
V47	−0.31388	
V13	0.301515	R2
V14	0.587683	
V16	0.538764	
V21	0.255858	
V22	−0.12849	
V23	0.142596	
V25	0.218795	
V26	−0.03052	
V29	0.536722	
V30	0.304881	
V31	0.517488	
V34	0.304161	
V35	0.557318	
V44	0.433519	
V13	−0.17564	R3
V25	−0.36637	
V26	0.019895	
V29	0.35926	
V30	0.151065	
V31	0.48967	
V5	0.588155	R9
V6	0.478238	
V7	0.39211	
V17	0.451577	
V18	0.481582	
V1	0.757214	R10
V10	0.375566	
V34	0.067981	
V35	0.214882	
V36	0.168191	
V37	0.317537	
V39	0.36618	
V48	0.814367	
V6	0.739145	R26
V38	0.413864	

弱　　点	系　　数	风　　险
V39	0.344509	R26
V41	0.378374	
V6	0.378617	R21
V29	−0.30274	
V30	−0.38669	
V29	0.555071	R22
V30	0.479461	
V29	−0.29632	R23
V30	0.209757	

表6-10　风险对资产的皮尔森相关系数

风　　险	系　　数	资　　产
R10	0.500585	A1
R1	0.158755	
R2	0.445208	
R9	0.376986	
R26	0.5418	
R21	0.160876	
R22	0.675866	
R23	0.424022	
R1	0.257163	A10
R2	0.289274	
R9	0.400158	
R10	0.414453	
R26	0.575568	
R21	0.419217	
R22	0.475465	
R23	0.705319	
R26	0.339754	A16
R10	0.594418	A2
R2	0.486305	
R9	0.278904	
R26	0.556504	
R21	0.10217	
R22	0.703789	
R23	0.395361	
R3	0.384183	A20
R2	0.569781	A3
R10	0.70873	

风　险	系　数	资　产
R26	0.702355	A3
R10	0.645739	A4
R1	0.625768	A5
R2	0.340776	
R9	0.080147	
R10	0.465456	
R21	0.67007	
R22	0.594831	
R23	0.234668	
R1	0.331336	A6
R2	0.08977	
R9	0.04726	
R10	0.254995	
R21	0.327086	
R22	0.319142	
R23	0	
R1	0.22897	A7
R2	0.054632	
R9	0.041768	
R10	0.26113	
R21	0.287678	
R22	0.316384	
R23	0.252886	
R10	0.258715	A8
R1	0.356348	A9
R2	0.126645	
R9	0.2159	
R10	0.141404	
R26	0.172241	
R21	0.123753	
R22	0.302498	
R23	0.181509	

6.4.5　风险评估

为了进一步分析云服务风险的发生率和风险严重度程度。计算风险的发生率和风险严重度程度的方法如下：

$$风险发生率 = \sum（各风险对应弱点分数）$$

$$风险严重度 = \sum（各风险对应资产权重）×（该资产对相对危险度权重）$$

以风险 R1 为例，从表 6-9 可以得知，其对应弱点的权重有 4 个，分别为 0.643308、0.152965、0.121682 和-0.31388，所以该风险的发生率就是 4 个数字之和，即 R1 风险发生率 =V13 分数×0.643308+…+V47 分数×(-0.31388)=0.604075。这里为了计算方便，可以把弱点分数都设定为 1 分。

同样，从表 6-9 可以得知，风险 R1 对应的资产的权重有 6 个，分别乘上各自资产对相对危险度的权重（见表 6-8），再相加便得到风险严重度，即

R1 风险严重度=0.158755×0.777429+…+0.356348×0.852595 = 1.726995

关于更多的实现细节读者可以阅读参考文献[12,42]。

6.5　SaaS 云服务评估

为确保使用者可使用高质量的 SaaS 服务，评估 SaaS 云服务质量是业界非常重要的话题之一。

6.5.1　SaaS 风险评测现状

通过使用 SaaS 服务，企业能够获得巨大的利益，并且 SaaS 的使用只会随着时间而增长。SaaS 可能比内部部署的服务更便宜、更快且更灵活，但 SaaS 同时也带来风险。

虽然目前有关 SaaS 风险安全评估的研究越来越多，并逐步在领域内得到应用。但是有数据表明，在美国目前 39%的受访 SaaS 企业表示他们没有一个正式的风险管理计划。在那些表示有风险管理计划的公司中，有 96%的公司解决了操作风险，83%的公司解决了合规风险，61%的公司解决了财政风险[43]。在云计算关系的特定情况下，服务双方的风险管理工作都是必要的，其中企业用户和云计算供应商都必须拥有成熟的风险管理计划。成熟度是通过一个有管理、有周期性报告以及维持低风险状态定量证据的计划来证明的。

SaaS 的风险源于它的多租户和服务透明性差等。目前存在很多为选择现成的或者为用户定制的软件或框架而建立的标准来评估云服务风险，但是这些标准在具体应用到 SaaS 中时太过宽泛或者没有考虑到 SaaS 的一些特殊的需求。另外，只有将 SaaS 安全风险评估方法应用到实践中，对风险进行管理才能避免风险，从而解决云安全问题，从根本上提高云计算服务质量，实现 SaaS 云的长远发展。

针对上述情况，有研究人员提出可以成立第三方风险评测机构，即尝试成立第三方风险评测机构，监测和评价服务商所提供云服务的风险状况，发布风险评估报告，为用户选择服务提供商做参考，以此来降低云服务过程中为用户带来的风险问题。显然，这种方案从理论上讲是可行的，但是关于运用什么方法如何对云计算过程中的风险进行评价需要人们进一步研究。如果风险评价方法准确，那么相应的风险评估报告对于用户及时规避风险以及正确选择服务提供商都将带来很大的帮助。因此，定期对云计算进行有效的安全风险评估也是很有必要的。

6.5.2　SaaS 风险评估指标

在云计算时代来临后，许多大型的软件公司，都积极地向 SaaS 云服务提供商转型。软件公司从传统的一次卖断软件、后续收取一定百分比维护费的软件销售模式，转为整个合约周期都以提供服务收取费用的 SaaS 云服务，是软件营运模式革命性的改变。只有这样，才

能成为具备吸引中小企业加入并成为其长期用户的典型云端服务企业。若只单纯地把原有的软件产品或解决方案放到云端计算环境中，并不会得到中小企业的青睐而成为其忠诚的长期用户。

尽管 SaaS 云服务已经普及，但目前尚缺乏一套完整的、客观的评估机制。鉴于此，参考文献[44]提出一套针对 SaaS 云服务质量进行评估的成熟度模型。该模型是以建立一套从云符合度、治理强度与服务深度三个方面，对 SaaS 云服务进行评估的指标。其中云符合度为 8 项评估指标，治理强度可归纳出 5 项评估指标，服务深度则为 9 项评估指标，总共 22 项评估指标构成 SaaS 云服务质量成熟度指标的完整体系。

1．云符合度评估指标

（1）随时随地通过任何网络设备存取

（2）快速重新部署灵活度

（3）可被监控与量测的服务

（4）随需自助服务

（5）资源池共享

（6）可配置元数据

（7）多租户

（8）可延展

2．治理强度评估指标

（1）数据安全

（2）软件安全

（3）持续营运

（4）遵循法规

（5）安全解决方案

3．服务深度评估指标

（1）能够发掘和辨识潜在用户

（2）能透过分析改善转换绩效

（3）能主动掌握濒临退租风险的用户状态

（4）根据用户使用行为数据分析以提升服务

（5）注重用户体验设计

（6）将超级用户转化成品牌的忠诚传播者

（7）提供信息透明度高的服务条款

（8）建立以用户为中心的组织架构

（9）建构财务稳健的营运体质

每个指标给定总分，根据被评案例的具体得分之和除以总分，可得出各评分方面的指标得分达标率百分比值，以此作为评估成熟度（一种用于评价软件承包商能力并帮助改善软件质量的方法）的参考依据。

其中：①云符合度评估指标满分为 24 分，每项评估指标最高分数为 3 分，前项准则为后项准则的必要条件，如满足得分准则 1 得 1 分，满足得分准则 1 与 2 可得 2 分，以此类推；②治理强度评估指标分为五大项云端服务治理成熟度指标，每一项指标包含 3 个子指标，共15 个子指标，治理强度评估指标满分为 15 分，满足每个子指标的给分准则要求可得 1 分，否则以 0 分计算；③服务深度评估指标包含 9 项指标，服务深度评估指标满分为 27 分，每项评估指标最高分数为 3 分，前项准则为后项准则的必要条件，如满足给分准则 1 得 1 分，满足给分准则 1 与 2 可得 2 分，以此类推。

关于更多的实现细节读者可以 阅读参考文献[44]。

参考文献

[1] 智库百科. 风险[J/OL]. http://wiki.mbalib.com/wiki/风险.

[2] 百度百科. 项目风险[J/OL]. http://baike.baidu.com/view/549919.htm.

[3] 浅谈项目管理中的风险管理[J/OL]. http://www.project.net.cn/asp/001_1c.asp?id=3904.

[4] 吴晓平，付钰. 信息安全风险评估教程[M]. 武汉：武汉大学出版社，2011.

[5] 中华人民共和国国家标准. 信息安全风险评估指南[J/OL]. http://wenku.baidu.com/view/e29678d96f1aff00bed51e83.html.

[6] 金童. Gartner 发布云计算安全风险评估[J/OL]. http://wenku.baidu.com/view/ 6c31f 2114431b90d6c85c729. html.

[7] 姜茸，杨明. 云计算安全风险研究[J]. 计算机技术与发展，2014, 24(3): 126-129.

[8] Chhabra B, Bhawna T.Cloud Computing: Towards Risk Assessment[M].High Performance Architecture and Grid Computing. Berlin: Springer, 2011: 84-91.

[9] Tanimoto S, Horamoto M, Iwashita M, et al. Risk management on the security problem in cloud computing[C]. 2011 First ACIS/JNU International Conference on Computers, Networks, Systems and Industrial Engineering, Jeju, 2011: 147-152.

[10] Sangroya A, Kumar S, Dhok J, et al. Towards analyzing data security risks in cloud computing environments[J]. Information Systems, Technology and Management, 2010: 255-265.

[11] CIO 需要知道的 SaaS 五大风险及缓解办法[J/OL]. http://www.erpchn.com/CIOzhuanlan/ 41130.html.

[12] Cloud computing security risk assessment[J/OL]. http://www.enisa.europa.eu/activities/risk-management/files/deliverables/cloud-computing-risk-assessment.

[13] Rosenthal A, Mork P, Li M H, et al. Cloud computing: A new business paradigm for biomedical information sharing[J].Journal of Biomedical Informatics,2010,43(2):342-353.

[14] Nefdt R, et al. Issues and trends: Assessing and managing SaaS Risk[J/OL]. http://www. Grantthornton.com/staticfiles/GTCom/Technology/SaaSsurvey%20series/Saas%20Survey.pdf.

[15] Rastogi I, Chandra A, Singh A. Cloud security risk assessment using FAIR[J].Cyber Law and Information Security,2013,4(1):61-69.

[16] 姜政伟，刘宝旭. 云计算安全威胁与风险分析[J]. 信息安全，2012, 33(11):36-38.

[17] Saripalli P, Ben W. Quirc: A quantitative impact and risk assessment framework for cloud security[C].2010 IEEE 3rd International Conference on Cloud Computing, Miami, 2010:280-288.

[18] Bernard L. A risk assessment framework for evaluating software-as-a-service (saas) cloud services before adoption[D]. University of Maryland at College Park,2011.

[19] 百度百科. 性能测试[J/OL]. http://baike.baidu.com/view/106187.htm.

[20] Agarwal D, Sushil K P. Azurebench: Benchmarking the storage services of the Azure cloud platform[C]. 2012 IEEE 26th International Parallel and Distributed Processing Symposium Workshops & PhD Forum, Shanghai, 2012: 1048-1057.

[21] Cooper B F, Silberstein A, Tam E, et al. Benchmarking cloud serving systems with YCSB[C]. Proceedings of the 1st ACM Symposium on Cloud Computing, Indianapolis, 2010:143-154.

[22] Yang B, Tan F, Dai Y S, et al. Performance evaluation of cloud service considering fault recovery[J]. Cloud Computing, 2009:571-576.

[23] 凌风. 云计算平台的性能评测模型方法研究[J/OL]. http://www.xuehuile.com/thesis/689dfd8fb9a843b0b0a1be90d529cb3d.html.

[24] 施寅生，邓世伟，谷天阳. 软件安全性测试方法与工具[J]. 计算机工程与设计，2008,29(1):27-30.

[25] 高志新，徐御，金铭彦，等. 关于云计算安全及检测要求的探讨[J]. 信息网络安全，2012(z1):17-19.

[26] Zech P, Michael F, Ruth B. Towards a model based security testing approach of cloud computing environments[C].2012 IEEE Sixth International Conference on Software Security and Reliability Companion, Gaithersburg, 2012:20-22.

[27] Whaiduzzaman M, Abdullah G. Measuring security for cloud service provider: A third party approach[C]. International Conference on Electrical Information and Communication Technology, Khulna, 2014,7(1):1-6.

[28] Mirković O. Security evaluation in cloud[C].36th International Convention on Information & Communication Technology Electronics & Microelectronics, Opatija, 2013:1088-1093.

[29] Cheng Y X, Du Y J, Xu J F, et al.Research on security evaluation of cloud computing based on attack graph[C].IEEE 2nd International Conference on Cloud Computing and Intelligent Systems, Hangzhou, 2012,01:459-465.

[30] Fang X W, Wang M M, Wu S B. A method for security evaluation in cloud computing based on petri behavioral profiles[M]. Advances in Intelligent Systems and Computing. Berlin: Springer, 2013:587-593.

[31] 原菊梅，侯朝桢，王小艺，等. 基于随机 Petri 网的可修系统可用性模糊评价[J]. 计算机工程，2007,33(8):17-19.

[32] Souza D, Matos R, Araujo J, et al. Eucabomber: Experimental evaluation of availability in eucalyptus private clouds[C].IEEE International Conference on Systems, Man, and Cybernetics, Manchester, 2013,8215(2):4080-4085.

[33] Mansouri Y, Adel N T, Rajkumar B. Brokering algorithms for optimizing the availability and cost of cloud storage services[C].IEEE 5th International Conference on Cloud Computing Technology and Science, Bristo, 2013,1:581-589.

[34] Wazzan M, Fayoumi A. Service availability evaluation for a protection model in hybrid cloud computing architecture[C]. International Symposium on Telecommunication Technologies, Kuala Lumpur, 2012,4(11):307-312.

[35] Roohitavaf M, Reza E-M, Ali M. Availability modeling and evaluation of cloud virtual data centers[C]. International Conference on Parallel and Distributed Systems, Seoul, 2013:675-680.

[36] Tamura Y, Shigeru Y. Service-oriented maintainability modeling and analysis for a cloud computing[C]. IEEE 37th Annual on Computer Software and Applications Conference Workshops, Japan, 2013,19(18):53-58.

[37] Padmapriya N, Rajmohan R. Reliability evaluation suite for cloud services[C].Third International Conference on Computing Communication & Networking Technologies, Coimbatore, 2012:1-6.

[38] Lin Y-K, Chang P-C. Evaluation of system reliability for a cloud computing system with imperfect nodes[J].Systems Engineering, 2012,15(1):83-94.

[39] Faragardi H R, Shojaee R, Tabani H, et al.An analytical model to evaluate reliability of cloud computing systems in the presence of QoS requirements[C].IEEE/ACIS 12th International Conference on Computer and Information Science, Niigata, 2013,446:315-321.

[40] Snyder B, Devabhaktuni V, Alam M, et al.Evaluation of highly reliable cloud computing systems using non-sequential Monte Carlo simulation[C].IEEE 7th International Conference on Cloud Computing, Anchorage, 2014:940-941.

[41] Pradnyesh R. Securing SaaS applications: A cloud security perspective for application providers[J/OL]. http://www.infosectoday.com/Articles/Securing_SaaS_Applications.htm.

[42] 罗邵晏. 云端服务风险评估模式建立之研究[D]. 台北：政治大学，2013.

[43] Ferrer A J, Hemández F, Tordsson J, et al. OPTIMIS: A holistic approach to cloud service provisioning [J]. Future Generation Computer Systems, 2012,28(1):66-77.

[44] 台湾信息软件协会. 台湾 SaaS 云端服务质量成熟度评估指针研究报告[R]. 2013.

第 7 章　云安全实践

近年来，云计算以其诸多优势成为各方面关注的热点。越来越多的企业与个人将应用和数据转移到云上。随着外包计算和外包数据机会的增多，人们对云服务提供商的云平台所提供的安全保证机制的关注也日益增加。本章重点介绍具有代表性的一些云计算平台（如 Google、OpenStack 和 Windows Azure 等）所采取的安全措施。

7.1　OpenStack 的安全措施

OpenStack 是 NASA 和 Rackspace 共同合作的开源项目。此项目保持了与 Amazon EC2 的兼容性，并重点关注大规模扩展下的灵活云部署问题。

7.1.1　OpenStack 概述

OpenStack[1]是一个由 Rackspace 和 NASA 共同发起的、全球开发者共同参与开发的一个与 AWS 完全兼容的开源 IaaS 云平台项目。

OpenStack 项目从 2010 年 10 月开始，大约每半年发布一个正式版本。OpenStack 的最新版本是在 2015 年 4 月发布的代号为 "Kilo" 的版本。这是 OpenStack 第 11 个版本。

在 OpenStack 不同版本的演进过程中，其系统功能不断完善。以安全功能方面的认证授权功能为例，在第五版本之前，OpenStack 的各子项目如 Nova、Swift 均使用各自独立的认证系统，Swift 组件中使用一种名为 "Swauth" 的身份验证和用户授权方法。从第五版本开始，由原来各自独立的认证系统转变为全面支持 Keystone 认证。

作为开源云平台，虽然 OpenStack 有着良好的记录，但仍存在不少漏洞，因此其安全是 OpenStack 发展过程中需重点考虑的问题之一。OpenStack 的研究人员在 OpenStack 安全问题研究方面进行积极探索。OpenStack 安全组在其发布的安全指南中明确指出 OpenStack 的安全范围，以及 OpenStack 用户在使用过程中存在的各种安全问题，但是并没有直接给出解决 OpenStack 中存在安全漏洞的方案。许多研究人员从云平台的整体安全性角度出发，在相关的 OpenStack 安全方面进行研究，针对部分组件中存在的漏洞，提出改进方向或建议。例如参考文献[2]分析私有或公有网络的安全漏洞，针对虚拟机实例和 OpenStack 云节点，提出 3 个假设并验证其正确性。

7.1.2　OpenStack 平台

OpenStack 平台是一个开源项目，是旨在提供基础设施即服务的云平台，可扩展性强是其最大的特点。OpenStack 是一个纯 IaaS 服务模型，它的目的是让任何组织都可以通过 OpenStack 和标准化的硬件设施来创建和提供云计算服务。OpenStack 也可用作建立防火墙内的私有云，提供机构或企业内各部门共享资源[3,4]。

1. OpenStack 核心组件

OpenStack 是由几个主要组件组合起来完成一些具体的工作。OpenStack 的 Kilo 版主要由以下核心组件或服务组成：

（1）计算服务（Nova）　Nova 是 OpenStack 的核心部分，旨在提供一个 IaaS 的可伸缩云计算平台，用于为单个用户或群组管理虚拟机实例的整个生命周期，根据用户需求提供虚拟服务。它创建一个抽象层，让 CPU、内存、网络适配器和硬盘驱动器等服务器资源实现虚拟化，并具有提高利用率和自动化的功能。它的实时虚拟管理具有启动、调整大小、挂起、停止和重新引导功能，这是通过集成一组受支持的虚拟机管理程序来实现的。另外，它还可以在计算节点上缓存 VM 镜像，实现更快的配置。在运行镜像时，可以通过应用程序编程接口（API）以编程方式存储和管理文件。

它的架构与功能类似于 EC2 和 Rackspace Cloud Servers。Nova 本身不包含 Hypervisors，而是定义一个能驱动原有底层架构与虚拟化操作系统沟通的机制。

（2）镜像服务（Glance）　Glance 的主要功能是为虚拟硬盘镜像提供发现、注册和交付服务，同时还具有快照和备份功能。

用户可采用多种格式为服务提供私有和公共镜像，这些格式包括 VHD（Microsoft Hyper-V）、VDI（VirtualBox）、VMDK（VMware）、QCOW2（QEMU）等。其提供用于创建/上传镜像、删除镜像和编辑镜像基本信息的 RESTful API。

（3）对象存储（Swift）　Swift 对应亚马逊的 S3，通过键值对的方式实现对象文件的存储读取，可以为 Glance 提供镜像存储和卷备份服务。Swift 项目最初由 Rackspace 开发。它可以用于存储邮件、照片和文档等。它提供 RESTful API 用于上传和下载文件到集群。支持语言包括 Java、C#、PHP、Python 和 Ruby 等。

（4）数据库服务（Trove）　为用户在 OpenStack 的环境中提供可扩展和可靠的关系和非关系数据库引擎服务。

（5）数据处理服务（Sahara）　Sahara 的基本功能是允许 OpenStack 软件控制 Hadoop 集群。Sahara 有两种使用模式：①基本的大数据集群应用模式，也称为基本模式；②通过 EDP 机制引入分析即服务模式，也称为 EDP 模式。基本模式要求用户自己从底层搭建 Hadoop 虚拟机、建立集群，技术门槛较高；而 EDP 模式类似于 AWS EMR 服务，对底层的 Hadoop 集群操作和 Hadoop 业务操作进行封装，暴露给用户的只是简单的接口。

（6）网络服务（Neutron）　Neutron 提供管理局域网的能力，为 OpenStack 其他服务提供网络连接服务。用户可以定义网络、子网和路由器，配置 DHCP、DNS 和负载均衡等，网络支持 GRE 和 VLAN。插件架构支持许多主流的网络厂家和技术，如 OpenvSwitch，然后向这些网络分配 IP 地址和 VLAN。动态 IP 地址允许用户向 VM 分配和再分配固定的外部 IP 地址。

（7）块存储（Cinder）　Cinder 与亚马逊的 EBS 弹性云硬盘类似，实现了对块存储的创建和管理，为虚拟机提供云硬盘服务。与 Cinder 一起使用的最常见存储是 Linux 服务器存储。云用户可通过仪表板管理他们的存储需求。该系统提供了用于创建块设备、附加块设备到服务器和从服务器分离块设备的接口。另外，也可以使用快照功能来备份 Cinder 卷。

（8）遥测服务（Ceilometer）　Ceilometer 负责收集 OpenStack 内部发生的几乎所有事件，

为计费和监控以及其他服务提供数据支撑。

（9）编排服务（Heat）　Heat 提供一种通过模板定义的协同部署方式，实现云基础设施软件运行环境（计算、存储和网络资源）的自动化部署。

（10）面板服务（Horizon）　Horizon 是基于 OpenStack API 接口开发的以 Web 方式展现的服务，用于简化用户对服务的操作，如启动实例、分配 IP 地址和配置访问控制等。

（11）身份服务（Keystone）　Keystone 是为 OpenStack 的所有项目提供统一身份验证、服务规则和服务令牌的功能。Keystone 本身没有提供身份验证，但它可以集成其他各种目录服务，如可插拔认证模块（PAM）、轻型目录访问协议（LDAP）等。通过这些插件，它能够实现多种形式的身份验证，包括简单的用户名密码凭据以及复杂的多因子系统。

（12）裸金属服务（Ironic）　Ironic 提供裸金属服务基础设施服务。

总之，OpenStack 一直努力使每个项目尽可能独立，这使得用户可以选择只部署一个功能子集，并将它与提供类似或互补功能的其他系统和技术相集成。其中 Nova、Glance 和 Keystone 是必选组件，其他组件是可选的。然而，全功能的私有云很可能需要使用几乎所有功能才可以正常运作，而且各元素需要被紧密地集成在一起。

2. OpenStack 与 AWS 的关系

由于 OpenStack 定位是亚马逊 AWS 的开源实现，所以 OpenStack 的很多内容都和亚马逊是对应的，OpenStack 与 AWS 的映射关系见表 7-1。

表 7-1　OpenStack 与 AWS 的映射关系

AWS	OpenStack
弹性虚拟机（EC2）	Nova
云存储（S3）	Swift
弹性云硬盘（EBS）	Nova-volume/Cinder
负载均衡（ELB）	Atlas-LB OpenStack 外围项目
控制台（Console）	Dashboard Horizon 界面访问控制台
虚拟私有云（VPC）	Quantum 网络即服务
身份管理与认证（IAM）	Keystone

OpenStack 与 AWS 最大的不同在于服务定位。AWS 让使用者使用 IaaS 服务，而 OpenStack 则是建立 IaaS 服务。AWS 是自由度很高的 IaaS 平台。利用虚拟机几乎可以搭配各种 Amazon 云端服务。而 OpenStack 最大的优势在于它可以兼容 Amazon 平台上的 AMI 格式。这样用户就可以使用 OpenStack 部署不同的面向 IaaS 的云端平台。

3. OpenStack 组件关系

典型的 OpenStack 实现将会集成大多数组件。图 7-1 所示为一个比较典型的 OpenStack 架构[5]。

其中，Horizon 是图形用户界面，管理员可以使用它来管理分配给用户的资源。Keystone 处理授权用户的管理，网络组件即 Neutron 定义提供组件之间连接的网络。Nova 负责处理工作负载的流程。它的计算实例通常需要进行某种形式的持久存储，可以是基于块的（Cinder）或基于对象的（Swift）。Nova 还需要一个镜像来启动一个实例。Glance 将会处理这个请求，它可以有选择地使用 Swift 作为其存储后端。

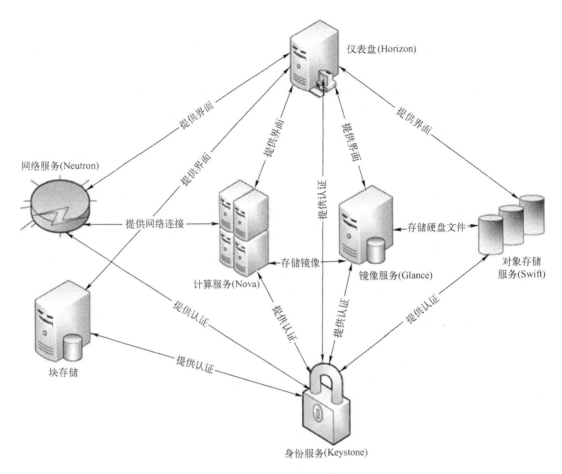

图 7-1　OpenStack 架构

7.1.3　OpenStack 的优势与劣势

OpenStack 具有三大特点：免费开源、强大的兼容性以及开放性。

OpenStack 本身是一个开源、免费的软件，同商业软件相比它给了客户足够的自由度，可以在任何场合使用。OpenStack 开放源代码，让技术人员了解程序如何运作，由此可以自己进行调整。在云计算时代，存在平台与用户锁定的情况，而如果大家都采用开源的软件，迁移将变得容易。以虚拟化应用为例，OpenStack 支持 Xen、KVM、VMware 和 QEMU 等虚拟机，并通过统一的虚拟层来调用，实现底层对用户透明。用户可通过其对现有虚拟化技术的支持实现 OpenStack 在不同场景的部署。而且，由于 OpenStack 使用一个框架标准和 API，只要用户具备相应的技术能力，任何人都可以在 OpenStack 上自行建立和提供云端计算服务。

总而言之，OpenStack 的推出解决了用户在开发、部署与交付云环境上的灵活性、弹性和低成本问题，大大改善了以往企业如果想实现云计算，就必须找 Amazon 和 IBM 等云计算厂商的窘境。

然而，OpenStack 也存在如下一些劣势：

（1）项目中面临的风险　由于发展时间较短，还缺乏很多必要的功能。比如 OpenStack 在系统监控方面的功能还不够完善，当用于公有云时，其计费系统还有待开发和完善。DNS 管理、LVS 负载管理、Swift 的 CDN 服务以及 EBS 块设备存储方面功能也不成熟。

事实上，用 OpenStack 作最终平台的解决方案是存在一定风险的，甚至会变成一个很棘手的问题。一个典型例子是对虚拟化管理程序的支持，OpenStack 虽然支持几乎所有的虚拟化管理程序，但对它们的支持仅仅是开启与关闭而已。

（2）厂商之间的利益冲突　Openstack 成长势头强劲，吸引了众多 IT 厂商的支持和参与，但正是众多厂商的参与，导致其混乱、缺乏协调的现状。而且厂商之间存在利益冲突，他们都想用自己基于 OpenStack 所开发的产品来替代开源产品以此获利。例如存储解决方案提供商和 Swift 项目都旨在构建存储平台。存储供应商在项目中并没有开放地提供技术支持，恰恰相反，他们只想确保 API 的兼容性，并以自己的收费产品替代开源解决方案。

（3）兼容性与开发成本　OpenStack 是一个可以建立公有云和私有云的基础架构。但它并不是一个现成的产品，要想开展基础架构方面的工作，企业需要顾问和开发人员，很多时候还需要第三方的集成工具。

此外，新版本的发布过于频繁，平均半年就发布一个新版本，如此快的更新频率难免就存在新老版本兼容性的问题。

7.1.4　OpenStack 平台的安全问题及措施

从图 7-1 可以看出，OpenStack 平台的主要安全问题及措施如下：

1．身份认证

用户配置是注册新用户到一个给定系统的过程，用户取消供应的过程是从系统中删除用户的过程。OpenStack 对象存储 Swift 通过称为 TempAuth 和 SwAuth 的认证/授权系统提供用户数据管理任务的自动化。

TempAuth 和 SwAuth 之间的差别在于用户数据的后端存储。TempAuth 使用户数据以纯文本形式保存在配置文件中。SwAuth 是使用 Swift 本身提供的可扩展的认证和授权系统。一个 Swift 帐户是在 Swift 集群上创建的，用户信息以 JSON 编码的形式存储在文本文件中。SwAuth 和 tempAuth 都允许按需进行用户配置和解除。用户管理的特点都是基于 OpenStack 对象存储 Swift。

TempAuth 和 SwAuth 通常使用用户名和密码进行认证。当成功进行身份验证时，用户会收到一个令牌，此令牌可以使用户在一段时间内有权访问系统。提供的令牌具有可配置的到期时间，默认设置为 4～6h。

2．密码强度

OpenStack 项目对用户进行身份验证所使用的都是用户名和密码。密码强度要求应接受更严格的审查。例如依据常用密码口令字典对密码进行检查，规定最小密码长度和必须使用某些特殊字符。然而，这些要求在 OpenStack 规范中并不存在。

3．存储密码

密码存储是使用密码验证的所有信息系统中共有的一个问题。在信息安全中的一个常见做法是要求管理员保证密码是被加密的，而不是以明文存储。同样重要的是要限制访问存储密码的位置。TempAuth 将用户名和密码存储在一个配置文件中，所有密码都记录在普通文本格式中。

4．身份验证令牌

成功的认证生成用于授权服务请求的令牌。密码和用户名作为输入提供给 API。如果认证成功，由此产生的信息包括身份验证令牌和服务类别。令牌保持 12 小时有效。发出的令牌失效有两种情况：令牌已经过期或令牌被取消。

5．认证数据敏感性

将 OpenStack 的认证数据从一个服务器转移到另一个服务器是不安全的。SwAuth 存在的安全问题是，允许供应商管理员查看属于此管理员管理的所有用户数据。恶意用户还可以获得其他用户访问密码。

6．恶意数据

大多数云供应商在将数据上传到集群之前不加密数据。事实上，OpenStack 未提供任何数据加密方法。因此，用户需要先加密数据，然后上传加密后的数据和管理密钥本身。

7.2 Azure 的安全措施

Microsoft 的云计算模式是基于 Windows Azure 平台来实现的。与 Google 和 Amazon 相比，Azure 可以被第三方部署，即提供私用云和混合云的模式。由于 Azure 提供的运行模式比较灵活，用户在选择适合自身的云计算模式需要仔细权衡，因为不同的运行模型对安全具有一定的影响。

7.2.1 Azure 概述

Microsoft 紧跟云计算步伐，于 2008 年 10 月推出了一套云端操作系统 Windows Azure 平台，作为 Azure 平台的开发、服务代管及服务管理的环境。Azure 是继 Windows 取代 DOS 之后，微软的又一次颠覆性转型，让 Windows 真正由 PC 延伸到"蓝天"上。Azure 平台与 Visual Studio 进行了整合，支持一致性的开发经验。Azure 平台是个可同时支持微软及非微软程序语言和环境的开放性平台。其主要目标是帮助开发可运行在云服务器、数据中心、Web 和 PC 上的应用程序。

Azure 服务平台是一个包括存储、运算和管理三大部件的云计算平台。目前在此平台上运行着五大服务：Live Services、SQL Services、.NET Services、SharePoint Services 以及 Dynamics CRM Services[6]。借助 Azure 服务平台，开发人员可以创建在云中运行的应用，并可将现有的应用加以扩展，使之可以利用以云为基础的性能优势。Azure 平台为商业和个人应用程序提供了基础，可以为用户轻松而安全地在云中存储和共享信息，并可随时随地进行访问。Azure 服务平台的整体结构如图 7-2 所示。

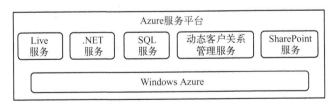

图 7-2　微软 Azure 服务平台

1．Windows Azure

Windows Azure 是 Azure 服务平台的底层部分，是一套基于云计算的操作系统，主要用来提供云端线上服务所需要的作业系统与基础储存和管理的平台。这也是微软实施云计算战略的一个部分。如图 7-3 所示，Windows Azure 包括如下五个部分：

图 7-3   Windows Azure 体系架构

（1）计算（Compute）   Azure 计算服务提供在 Windows Server 上运行应用程序。应用程序可以使用如 C#、VB、C++和 Java 等语言进行开发。

（2）存储（Storage）   用来存储大的二进制对象，提供 Azure 应用程序的组件间通信用的队列。Azure 应用程序和本地应用程序都以 RESTful 方法来访问该存储服务。

（3）结构控制器（Fabric Controller）   Azure 应用程序运行在虚拟机上，其中虚拟机的创建由 Azure 最核心的模块 Fabric Controller 完成。除处理创建虚拟机和运行程序外，Fabric Controller 还监控运行实例。实例可以有多种原因出错，如程序抛出异常、物理机死机等情况。

（4）内容分发网（Content Delivery Network，CDN）   CDN 把用户经常访问的数据临时保存在距离用户较近的地方，可以大大加快用户访问这些数据的速度。另外，CDN 可以缓存大的二进制对象。

（5）连接（Connect）   Azure 应用程序通过 HTTP、HTTPS、TCP 与外部的世界交互。但 Azure Connect 支持云应用程序和本地服务的交互。例如通过 Connect 可以使云应用程序访问存在本地数据库内的数据。

2．SQL 服务

此服务实现了微软数据平台把 SQL Server 的功能扩展到云端作为基于 Web 的服务的构想，允许存储结构化的、半结构化的和非结构化的数据。SQL 服务将会实现一个丰富集成服务集，利用这些服务能够进行关系查询、查找、报告功能、分析、集成和与移动用户的数据同步等。

3．.NET 服务

它是一个寄宿于微软架构、高可扩展、面向开发者的服务集，提供了许多基于云或与云有关的应用程序需要的构建块。.NET Framework 为开发者提供了高级类库，使开发效率更高，.NET 服务允许开发者专注于他们的应用程序逻辑而不是构建和部署基于云的基础设施服务。.NET 服务由访问控制、服务总线和工作流服务三部分组成。访问控制提供一个简单的方法去控制 Web 应用程序和服务；服务总线使得把 Internet 上的应用程序连接起来非常简单。注册到服务总线上的服务通过任何网络拓扑能够容易地被发现和访问；工作流服务是一个大规模的云端运行工作流宿主，提供一系列优化的操作用于发送、接收和操作 HTTP 及服务总线消息，一系列寄宿工具用于配置、管理、跟踪工作流实例的执行以及一系列管理应用程序接口。

4．Live 服务

Live 服务是一系列包含在 Azure 服务平台里面用来处理用户数据和应用程序资源的构建块，Live 服务为开发者提供一个简单的构建丰富的、高级的应用程序和体验入口，通过多种设备，应用程序可以和 Internet 上的用户相连。

通过 Live 服务，可以存储和管理 Windows Live 用户的信息和联系人，将 Live Mesh 中的文件和应用同步到用户的不同设备上。微软 Live Mesh 是一个软件与服务相结合的平台，通过数据中心将文件和程序在网络上实现无缝的同步共享。它使得构建跨数字设备和 Web 的应用程序成为可能。

5．SharePoint 服务与 Dynamics CRM 服务

它们用于在云端提供针对业务内容、协作和快速开发的服务，建立更强的客户关系。

7.2.2　身份认证与访问管理

Azure 通过身份和访问管理、身份验证、最少特权用户软件、内部控制通信量的 SSL 双向认证、证书和私有密钥管理、Azure 存储系统的访问控制机制来保证用户数据的私密性。

Windows Azure 对于不同的应用程序体系结构有不同的身份认证和访问管理策略。例如，对于使用联合身份验证的 ASP.NET Web 表单应用程序来说，一般是将其 Web 应用程序部署在 Windows Azure 或本地。对于此类应用程序需要通过企业活动目录（AD）和身份验证基础来解决用户身份认证和访问管理的问题。

7.2.3　数据安全与加密服务

Windows Azure 主要从数据隔离、数据加密、数据删除、数据可用性、数据可靠性和数据完整性等方面来保证数据安全[7]。

1．数据隔离

除了对数据访问进行身份认证外，对不同数据适当地进行隔离也是一种被广泛认同的保护方式。Azure 提供五种隔离方式来保护数据安全，主要有①管理程序，Root OS 和 Guest VMs 隔离；②结构控制器 FC 的隔离；③包过滤；④VLAN 隔离，以及⑤用户访问隔离。

2．数据加密

在存储和传输中对数据进行加密，确保数据的保密性和完整性。此外，针对关键的内部通信，使用 SSL 加密进行保护。作为用户的选择之一，Azure SDK 扩展了核心.NET 类库，允许开发人员在 Azure 中整合.NET 加密服务提供商。

3．数据删除

在一些情况下，数据私密性可以超出数据的生命周期。但在 Azure 中，所有的存储操作，包括删除操作都被设计成强一致性的。当数据被删除后，Azure 的存储系统将删除所有相关数据项的引用使得它无法再通过 API 访问。所有被删除的数据项会被垃圾回收。物理二进制数据会在被重用的时候覆盖掉。

4．数据可用性

云平台通过数据冗余存储，确保数据可用性。数据在 Azure 中被复制备份到 Fabric 中的三个不同节点，以此把硬件故障带来的影响降至最小。用户还可以通过创建第二个存储账户，利用 Azure 基础设施的地理分布特性达到多数据备份的功能。

5．数据可靠性

云服务提供商应该经常向其用户证明其云平台运行的安全性。Azure 实现了多层次的监测、记录和报告机制让用户了解其运行的安全性。比如 Azure 的监视代理从包括 FC 和 Root OS 在内的许多地方获取监视和诊断日志信息并写到日志文件中，最终将这些信息的子集推送到一个预先配置好的 Azure 存储账户中。Azure 的监视数据分析服务（MDS）能够读取多种监视和诊断日志数据并总结信息，将其写到集成化日志中。

6. 数据完整性

对于 Azure 的存储服务来说，一般是通过使用简单的访问控制模型来实现完整性。在进行存储时，每个存储账户都会有两个存储账户密钥，并且用密钥来控制所有对存储在账户中数据的访问。出于安全性考虑，Azure 为存储密钥的访问做相应的、完全的控制，从引导程序到操作都在精心地管理着 Fabric 自身的完整性。

7.3 Google Docs 的安全措施

7.3.1 Google 云平台概述

Google 在云计算方面一直走在世界前列，是当前最大的云计算使用者。Google 的云计算技术实际上是针对 Google 特定的网络应用程序而定制的。针对内部网络数据规模超大的特点，Google 提出一整套云计算解决方案。从 2003 年开始，Google 连续在计算机系统研究领域的顶级会议上发表论文，揭示其内部的分布式数据处理方法，向外界展示其使用的云计算核心技术。

Google 的云计算基础架构是由很多相互独立又紧密结合在一起的系统构成的，主要包括分布式处理技术（MapReduce）、分布式文件系统（GFS）、非结构化存储系统（BigTable）及分布式的锁机制（Chubby）。由于 Google 公开其核心技术，使得全球的技术开发人员能够根据相应的文档构建开源的大规模数据处理云计算基础设施，其中最有名的项目是 Apache 旗下的 Hadoop 项目。

作为最大的云计算技术的使用者，Google 搜索引擎所使用的是分布在 200 多个节点、超过 100 万台的服务器的支撑上建立起来的 Google 云计算平台，而且其服务器设施的数量还在迅速增加。Google 已经发布的云应用有 Google Docs、Google Apps 和 Google Sites 等。

Google App Engine 是 Google 在 2008 年 4 月发布的一个平台。Google App Engine 为开发者提供一体化主机服务器及可自动升级的在线应用服务。用户编写的应用程序可以在 Google 的基础架构上部署和运行，而且 Google 提供应用程序运行及维护所需要的平台资源。但 Google App Engine 要求开发者使用 Python、Java 或 Go 语言来编程，而且只能使用一套限定的 API。因此，大多数现存的 Web 应用程序，若未经修改均不能直接在 Google App Engine 上运行。Google App Engine 是功能比较单一的云服务产品。直到 2012 年 Google 正式对外推出自己的包括 Google Cloud Storage 和 Google Big Query 等服务的基础架构服务 Google Compute Engine。它可以支持用户使用 Google 的服务器来运行 Linux 虚拟机，进而得到更强大的计算能力。

Google Apps 是 Google 企业应用套件，使用户能够处理数量日渐庞大的信息，随时随地保持联系，并可与其他客户和合作伙伴进行沟通、共享和协作。它集成了 Gmail、Google Talk、Google 日历、Google Docs、最新推出的云应用 Google Sites、API 扩展以及一些管理功能，包含通信、协作与发布、管理服务三方面的应用。

Google Sites 作为 Google Apps 的一个组件出现。它是一个侧重团队协作的网站编辑工具，可利用它创建一个各种类型的团队网站，通过 Google Sites 可将所有类型的文件包括文档、视频、相片、日历及附件等与好友、团队或整个网络分享。

2006 年 10 月，Google 公司通过对 Writely 和 Spreadsheets 服务整合，推出在线办公软件服务 Google 文档（Google Docs）。Google Docs 是最早推出的软件即服务思想的典型应用。

7.3.2 Google Docs

Google 是世界上最大的互联网服务提供商，谷歌的核心业务是搜索引擎，近年来，正向互联网应用的各个领域渗透，如博客、电子邮件及文档协同编辑。由 Google 公司研发的 Google Docs 产品尤为引人注目。在桌面办公工具软件领域，谷歌向微软 Office 发起挑战，Google 使用 SaaS 挑战传统软件行业。

Google Docs 是一套类似于微软 Office 的、开源的、基于 Web 的在线办公软件。它可以处理和搜索文档、表格及幻灯片等。Google Docs 云计算服务方式，比较适合多个用户共享以及协同编辑文档。使用 Google Docs 可提高协作效率，多用户可同时在线更改文件，并可以实时看到其他成员所做的编辑。用户只需一台接入互联网的计算机和可以使用 Google 文件的标准浏览器即可。在线创建和管理、实时协作、权限管理、共享、搜索能力、修订历史记录功能以及随时随地访问的特性，大大提高了文件操作的共享和协同能力。

在 Google Docs 中，文件还可以方便地从谷歌文件中导入和导出。若要操作计算机上现有文件，只需上传该文档，并从上次中断的地方继续即可，要离线使用文档或将其作为附件发送，只需要在你的计算机上保存一份文件副本即可。用户还可以选择需要的任意格式发送，无论是上传还是下载文件，所有的格式都会予以保留。使用谷歌文件就像使用谷歌的其他网络服务一样，无须下载或安装其他软件，只需要把计算机接入互联网即可使用。

7.3.3 Google 文档的安全问题及措施

1. 安全问题

在充分认识 Google Docs 所带来效率和优势的同时，也要看到 Google Docs 仍面临着如下诸多风险和挑战：

1）信息安全难以充分保障。大多数个人用户对 Google 是信任的，可以将个人的敏感数据放在 Google 的服务器上。然而，对于企业用户来说，一个企业是否会将关系到本企业的核心数据放在第三方的服务器上？Google 是否对于网络安全和在线托管有足够的经验？如果出现数据丢失情况，Google 将如何赔偿？这些方面的问题都还有待考量。

2）如果用户数据被非法操作，致使数据修改或删除，导致用户数据丢失，这无疑会对用户造成损失。

3）数据存储的透明度。互联网遍布全球，数据的存储位置不确定，如果发生法律纠纷，不同国家和不同区域的管理规则不同，处理起来比较棘手。

4）Google Docs 能否带来持久的服务。如果 Google Docs 暂时出现故障或者长时间无法使用，给用户带来的损失是难以估计的。

2. 安全策略

针对 Google Docs 存在的安全与隐私问题，目前已有如下安全策略：

（1）身份认证　目前，Google Docs 用户的身份认证主要还是用户名和密码，这使得越来越多的黑客攻击从最终用户下手，因此，基于端到端的安全理念，可以在硬件层面中加强身份认证。例如，采用指纹认证或其他生物特征识别技术，来提高安全级别。另外，用户级别的权限要进行严格的设置。

（2）数据加密　存放在云端的数据，如果是隐私或机密级别较高要慎重考虑。确认是否存储在云端。存储在云端的数据在数据存储管理和计算的各个环节中要采用严格的数据加密，防止数据被窃取。

（3）加强对数据中心的管理　确保所有用户可以随时使用数据，出现故障时，以尽可能短的时间恢复正常，并且数据不会丢失。此外，还要保证每次对数据实施的增、删、改等操作都有记录，以便出现问题时有记录可循。

（4）制订灾难恢复策略　用户需要与云服务提供商进行协调，制订灾难恢复计划，主要包括业务恢复计划、系统应急计划、灾难恢复实施计划以及各方对计划的认可，以便在发生意外期间，能够在尽量不中断运行的情况下，将所有任务和业务的核心部分转移到备用节点。

7.4　Amazon 的安全措施

Amazon 提供的云服务主要包括弹性计算云（EC2）、简单数据库服务（SimpleDB）、简单存储服务（S3）等。Amazon EC2 提供与 SimpleDB、简单队列服务（SQS）、S3 集成的服务，为用户提供完整的解决方案。

7.4.1　概述

尽管云计算是 Google 最先倡导的，但是真正把云计算进行大规模商用的公司首推 Amazon。因为早在 2002 年，Amazon 公司就提供了著名的网络服务 AWS。AWS 包含很多服务[8]，它们允许通过程序访问 Amazon 的计算基础设施。到 2006 年，Google 首次提出云计算的概念之后，Amazon 发现云计算与自己的 AWS 整套技术架构无比吻合，顺势推出由现有网络服务平台 AWS 发展而来的弹性云计算平台（EC2）。如今 Amazon 已成为与 Google、IBM 等巨头公司并驾齐驱的云计算先行者。

Amazon 是第一家将云计算作为服务出售的公司，将基础设施作为服务向用户提供。目前，AWS 提供众多网络服务，大致可分为计算、存储、应用架构、特定应用和管理五大类。Amazon 的主要云产品有弹性计算云（EC2）、简单存储服务（S3）、简单数据库服务（SimpleDB）、内容分发网络服务（CloudFront）、简单队列服务（SQS）、MapReduce 服务、电子商务服务（DevPay，专门设计用来让开发者收取 EC2 或基于 S3 的应用程序的使用费）和灵活支付服务（FPS）等。

1. AWS 计算服务

AWS 提供多种让企业依照需求快速扩大或缩小规模的计算实例。最常使用的 AWS 计算服务是 Amazon 弹性计算云（EC2）和 Amazon 弹性负载平衡。

最早将云计算的概念成功进行产品化并进行商业运作的是 Amazon 的 EC2 平台[9]。EC2 是 Amazon 于 2006 年 8 月推出的一种 Web 服务。它利用其全球性的数据中心网络，为客户提供虚拟主机服务。它让用户可以在很短时间内获得虚拟机，根据需要轻松地扩展或收缩计算能力。用户只需为实际使用的计算时间付费。如果需要增加计算能力，可以快速地启动虚拟实例。

EC2 本身基于Xen。用户可以在这个虚拟机上运行任何自己想要执行的软件或应用程序，也可以随时创建、运行、终止自己的虚拟服务器，使用多少时间算多少钱。因此这个系统是弹性使用的。

EC2 提供真正全 Web 范围的计算，很容易扩展和收缩计算资源。Amazon 还引入了弹性 IP 地址的概念，弹性 IP 地址可以动态地分配给实例。

AWS 的弹性负载平衡（ELB）服务会在 AWS EC2 实例中自动分配应用，以达成更好的容错性和最少的人为干涉。

2．AWS 存储服务

AWS 提供多种低价存储选项，让用户有更大的弹性。其中最受欢迎的存储选项包括 Amazon 简单存储服务（S3）、弹性块存储（EBS）及 CloudFront。

S3 是 Amazon 在 2006 年 3 月推出的在线存储服务。这种存储服务按照每个月类似租金的形式进行服务付费，同时用户还需要为相应的网络流量进行付费。亚马逊网络服务平台使用 REST 和简单对象访问协议（SOAP）等标准接口，用户可以通过这些接口访问相应的存储服务。

S3 使用一个简单的基于 Web 的界面并且使用密钥来验证用户身份。用户可直接将自己的文档放入 S3 的储存空间，并可在任何时间、任何地点，通过网址存取自己的数据，同时用户可针对不同文档设定权限。例如对所有人公开或保密，或是针对某些使用者公开等，以确保文档的安全性。S3 不但能提供无限量的存储空间，还能大大减少企业和个人维护成本和安全费用。对于存储在 S3 中的每个对象，可以指定访问限制，可以用简单的 HTTP 请求访问对象，甚至可以让对象通过 BitTorrent（一种由 Bram Cohen 设计的端对端文件共享协议）协议下载。

S3 的存储机制主要由对象和桶组成。对象是基本的存储单位，如客户存储在 S3 的一个文件就是一个对象，Amazon 对对象存储的内容无限制，但是对对象的大小有所限制，为 5GB。桶则是对象的容器，一般以 URL 的形式出现在请求中。理论上来说，一个桶可以存储无限的对象，但是一个用户能够创建的桶是有限的，并且不能嵌套。

S3 是专为大型、非结构化的数据块设计的，同 Google 的 GFS 在一个层面。

AWS 的 EBS 服务提供了持续的 EC2 实例块层存储，有加密和自动复制的能力。Amazon 宣称 EBS 是个高可用性、高安全性的 EC2 存储补充选项。

CloudFront 是个内容交付服务，主要面向开发者和企业。它可以配合其他的 AWS 应用来实现低延迟、高数据传输速度。CloudFront 还可以进行快速的内容分发。

3．AWS 数据库服务

AWS 有关系型和 NoSQL 数据库，也有内存中缓存和 PB 级规模的数据仓库。用户可以在 AWS 中以 EC2 和 EBS 运行自己的数据库。

2007 年，AWS 推出 SimpleDB。SimpleDB 是一个对复杂的结构化数据提供索引和查询等核心功能的 Web 服务。

SimpleDB 无须配置，可自动索引用户的数据，并提供一个简单的存储和访问 API，这种方式消除了管理员创建数据库、维护索引和调优性能的负担，开发者在 Amazon 的计算环境中即可使用和访问，并且容易弹性扩展和实时调整，只需付费使用。SimpleDB 可自动创建和管理分布在多个地理位置的数据副本，以此提高可用性和数据持久性。

然而，SimpleDB 在性能方面一直存在不足。RDS 是在 SimpleDB 之后推出的关系型数据库服务，它的出现主要是为 MySQL 开发者在 AWS 云上提供可用性与一致性。RDS 解决了很多 SimpleDB 中存在的问题，AWS 也进一步扩展了它的数据库支持，包括 Oracle、SQL Server

以及 PostgreSQL 等。同时，AWS 还添加了跨区域复制的功能，并支持固态硬盘（SSD）。

Amazon Redshift 是个可以辅助许多常见的商业智能工具的数据仓库服务。它提供了可以为那些以列而不是以行来存储数据的数据库所使用的柱状存储技术。

至于数据的安全性及稳定性，Amazon 表示，写入 Redshift 节点的数据会自动复制到同一集群的其他节点，所有数据都会持续备份到 S3 上。而在安全方面，Redshift 可在数据传送时使用 SSL，在主要储存区及备份数据使用硬件加速的 AES-256 加密。另外，由于应用虚拟私有云，Redshift 也能通过 VPN 通道连接企业现有的数据中心。

用户可以通过多种途径把数据上传到 Redshift，有大数据的企业可以用 AWS Direct Connect（亚马逊直接连接）设定私有网络以 1Gbit/s 或 10Gbit/s 的速度连接数据中心和亚马逊的云端服务。

4. AWS 队列服务

2007 年 7 月，Amazon 公司推出简单队列服务（SQS）。它是一种用于分布式应用的组件之间数据传递的消息队列服务，这些组件可能分布在不同的计算机上。通过这一项服务，应用程序开发人员可以在分布式程序之间进行数据传递，而无须考虑消息丢失的问题。通过这种服务方式，即使消息的接收方没有模块启动也没有关系，服务内部会缓存相应的消息，而一旦有消息接收组件被启动运行，则队列服务将消息提交给相应的运行模块进行处理。用户必须为这种消息传递服务进行付费使用，计费的规则与存储计费规则类似，依据消息的个数以及消息传递的大小收费。

通过使用 SQS 和 Amazon 其他基础服务可以很容易地构造一个自动化工作流系统。例如，EC2 实例可以通过向 SQS 发送消息相互通信并整合工作流，还可以使用队列为应用程序构建一个自愈合、自动扩展的基于 EC2 的基础设施，可以使用 SQS 提供的身份验证机制保护队列中的消息，防止未授权的访问。

5. 云数据库服务 Aurora

Aurora 是一个面向 Amazon RDS、兼容 MySQL 的数据库引擎，结合了高端商用数据库的高速度和高可用性特性以及开源数据库的简洁和低成本。

Aurora 的性能可达 MySQL 数据库的 5 倍，且拥有可扩展性和安全性，但成本只是高端商用数据库的 1/10。Aurora 具有自动拓展存储容量、自动复制数据、自动检测故障和恢复正常等功能。

6. AWS 网络

AWS 提供了一系列网络服务，包括连接到云端的私有网络，可扩展的 DNS 和创建逻辑隔离网络的工具。流行的网络服务包括 Amazon 虚拟私有云（VPC）[10]和 Amazon Direct Connect 服务。

在 VPC 中，使用者可以在 AWS 内部创建虚拟网路拓扑，就像在机房规划网络环境一样。使用者可以自由地设计虚拟网路环境，包括 IP 地址范围、子网络拓扑、网络路由和网络网关等。用户可以轻易地配置需要的网络拓扑。此外，使用者可以在自己的数据中心和 VPC 之间建立 VPN 通道，将 VPC 作为数据中心的延伸。

AWS 的 Direct Connect 服务可以让用户绕过互联网而直接连接到 AWS 的云。

7. AWS 的免费套餐

Amazon AWS 免费套餐旨在帮助用户获得 AWS 云服务的实际操作经验，用户在注册后可免费使用 12 个月。

Amazon 免费套餐所提供的免费项目很多，具体如下：

1）750h 的 Amazon EC2 Linux Micro Instance Usage（内存 613MB，支持 32bit 以及 64bit 平台）。

2）750h 的 Elastic Load Balancer 以及 15GB 数据处理。

3）5GB 的 Amazon S3 标准储存空间，20000 个 Get 请求，2000 个 Put 请求。

4）10GB Amazon Elastic Block Storage，2000000 次输入/输出，1GB 快照存储。

5）30GB 的 Internet 数据传送（15GB 的数据上传以及 15GB 的数据下载）。

关于免费套餐的更详细说明请参考官方网站[11]。申请免费套餐的官方网址为http://aws.amazon.com/free/。如何使用申请免费套餐可阅读参考文献[12]。

8．AWS 基本架构

AWS 基本架构服务包括 S3、SimpleDB、SQS 和 EC2，覆盖了应用从建立、部署、运行、监控到卸载的整个生命周期。图 7-4 显示的是 AWS 中主要 Web 服务之间的关系。

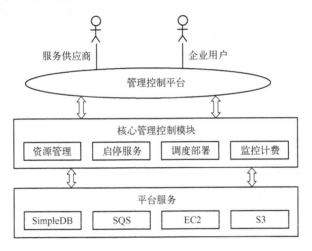

图 7-4　AWS 基本架构

7.4.2　安全策略

1．容错设计

核心应用程序以一个 N+1 配置被部署，从而当一个数据中心发生故障的情况下，仍有足够的能力确保其他数据中心的流量负载平衡。AWS 由于其多地理位置以及跨多个可用区的特点，可以让用户灵活地存放实例和存储数据。每一个可用性区域被设计成一个独立区域。

2．安全访问

客户端接入点通常都采用 HTTPS，允许用户在 AWS 内与自己的存储和计算实例建立一个安全通信会话。为了支持客户 FIPS 140-2 的要求，亚马逊虚拟私有云 VPN 端点和 AWS GovCloud（美国）中的 SSL 终端负载均衡进行操作使用 FIPS 140-2 第 2 级验证的硬件。此外，AWS 还实施了专门用于管理与互联网服务提供商的接口的通信网络设备。AWS 在 AWS 网络的每个面向互联网边缘采用一个到多个通信服务的冗余连接，每个连接都专用于网络设备。

3．传输保护

用户可以通过 HTTP 或 HTTPS 与 AWS 接入点进行连接，HTTP 或 HTTPS 使用 SSL 协议。对于需要网络安全的附加层的客户，AWS 提供 VPC，提供了 AWS 云中的专用子网，并具有使用 VPN 设备来提供 VPC 和用户数据中心之间加密隧道的能力。

4．加密标准

AWS 的加密标准为 AES-256，客户存储在 S3 中的数据会自动进行加密。针对必须使用硬件安全模块（HSM）设备来实现加密密钥存储的客户，可以使用 AWS CloudHSM 存储和管理密钥。

5．内置防火墙

AWS 可以通过配置内置防火墙规则来控制实例的可访问性，既可完全公开，又可完全私有，或者介于两者之间。当实例驻留在 VPC 子网中时，便可控制出口和入口。

6．网络监测和保护

AWS 利用各种各样的自动检查系统来提供高水平的服务性能和可用性。AWS 监控工具被设计用于检测在入口和出口通信点不寻常的或未经授权的活动和条件。这些工具可以监控服务器和网络的使用、端口扫描活动、应用程序的使用以及未经授权的入侵企图。同时，它们还可以给异常活动设置自定义的性能指标阈值。AWS 网络提供应对传统网络安全问题的有效保护，并可以实现进一步的保护。

7．账户安全与身份认证

Amazon 使用的是 AWS 账户，AWS 的 IAM 允许客户在一个 AWS 账户下建立多个用户，并独立地管理每个用户的权限。当访问 Amazon 服务或资源时，只需要使用 AWS 账户下的某个用户即可。

8．账户复查和审计

账户每隔 90 天审查一次，明确的重新审批要求或对资源的访问被自动撤销。当一个员工的记录在 Amazon 的人力资源系统被终止时，它对 AWS 的访问权限也将被自动取消。在访问中的变化请求都会被 Amazon 权限管理工具审计日志捕获。当员工的工作职能发生改变，继续访问资源时必须明确获得批准，否则将被自动取消。

9．EC2 的安全措施

在 EC2 中，安全保护包括宿主操作系统安全、客户操作系统安全、防火墙和 API 保护。宿主操作系统安全基于堡垒主机和权限提升。客户操作系统安全基于客户对虚拟实例的完全控制，利用基于 Token 或密钥的认证来获取对非特权账户的访问。在防火墙方面，使用默认拒绝模式，使得网络通信可以根据协议、服务端口和源口地址进行限制。API 保护指所有 API 调用都需要 X.509 证书或客户的 Amazon 秘密接入密钥的签名，并且能够使用 SSL 进行加密。此外，在同一个物理主机上的不同实例通过使用 Xen 监督程序进行隔离，并提供对抗分布式拒绝服务攻击、中间人攻击和对欺骗的保护[13]。

10．SimapleDB 的安全措施

在 SimpleDB 中，提供 Domain-level 的访问控制，基于 AWS 账户进行授权。一旦认证之后，订购者具有对系统中所有用户操作的完全访问权限，SimpleDB 服务也通过 SSL 加密访问。

11．S3 的安全措施

通过 SSL 加密来防止传输的数据被拦截，并允许用户在上传数据之前进行加密等。具体来讲如下：

（1）账户安全　访问 Amazon 服务或资源时，只需要使用 AWS 账户下的某个用户，而不需要使用拥有所有权限的 SWA 账户。除传统的用户名和密码验证措施外，Amazon 提供多因子认证（MFA），即可以为 AWS 账户或其下的用户匹配一个硬件认证设备，使用该设备提供的一次性密码（6 位数字）来登录，这样，除验证用户名和密码之外，还验证了用户所拥有的设备。

（2）访问控制 S3 提供的对象和桶级的两种访问控制各自独立实现，它们有各自独立的访问控制列表，在默认情况下，只有对象/桶的创建者才有权限访问它们。当然用户可以授权给其他 AWS 账户或使用 IAM 创建的用户，被授权的用户将被添加到访问控制列表中。S3 提供 REST 或 SOAP 请求来访问对象，客户在构造 URL 的过程中，为了证明自己的身份并且防止请求在传输过程中被篡改，需要在请求中提供签名。S3 使用 HMAC-SHA1，摘要长度为160 位。至于使用的密钥，Amazon 则在用户注册时分发。

（3）数据安全传输 在数据传输过程中，用户能够使用 SSL 来保护自己的数据在传输过程中的安全性。对于敏感数据，用户能以加密的形式存储在 S3 上。S3 提供客户端加密与服务器端加密两种加密方式。这两种方式的区别在于密钥由谁来掌管，如果用户信任 S3，则可以选择使用服务器端加密，这种方式下的加密密钥由 S3 保管，在用户需要取回数据时，解密操作也由 S3 来负责。如果用户选择在上传数据之前进行加密，即选取使用 S3 客户端加密，其好处在于密钥由用户自己保管，杜绝数据在云服务商处被泄露的可能，但同时客户端需要保证具有良好的密钥管理机制。

（4）数据保护 存储在 S3 中的数据会被备份到多个节点上，即 S3 维护着一份数据的多个副本，这样保证即使某些服务器出现故障，用户数据仍然是可用的。这种机制增加了数据同步的时间开销，导致用户在对对象做出更新等操作后立即读取到的可能还是旧的内容，但却保证了数据的安全性与一致性。

为了在数据的上传、存储以及下载各阶段保证数据的完整性，用户可以在上传数据的时候指定其 MD5 校验值，以供 S3 在接收完数据之后判断传输中是否发生任何错误。而当数据成功地存储到 S3 存储节点之后，S3 则混合使用 MD5 校验和与循环冗余校验机制来检测数据的完整性，并使用正确的副本来修复损坏的数据。

7.5 阿里云的安全措施

7.5.1 概述

阿里云成立于 2009 年 9 月，致力于打造云计算的基础服务平台，注重为中小企业提供大规模、低成本和高可靠的云计算应用及服务。飞天开放平台是阿里云自主研发完成的公共云计算平台。该平台所推出的第一个云服务是弹性计算服务（ECS）。随后阿里云又推出了开放存储服务（OSS）、关系型数据库服务（RDS）、开放结构化数据服务（OTS）、开放数据处理服务（ODPS），并基于弹性计算服务提供了阿里云服务引擎（ACE）作为第三方应用开发和Web 应用运行及托管的平台[14]。

7.5.2 安全策略

1. 数据安全

阿里云的云服务运行在一个多租户、分布式的环境，而不是将每个用户的数据隔离到一台机器或一组机器上。这个环境是由阿里云自主研发的大规模分布式操作系统"飞天"将成千上万台分布在各个数据中心、拥有相同体系结构的机器连接而成的。

（1）访问与隔离　阿里云通过 ID 对 AccessId 和 AccessKey 安全加密以实现对云服务用户的身份验证。阿里云运维人员访问系统时，需经过集中的组和角色管理系统来定义和控制其访问生产服务的权限。每个运维人员都有自己的唯一身份，经过数字证书和动态令牌双重认证后通过 SSH 连接到安全代理进行操作，所有登录和操作过程均被实时审计。

阿里云通过安全组实现不同用户间的隔离需求，安全组通过一系列数据链路层和网络层访问控制技术实现对不同用户虚拟化实例的隔离以及对 ARP 攻击和以太网畸形协议访问的隔离。

（2）存储与销毁　客户数据可以存储在阿里云所提供的"盘古"分布式文件系统或"有巢"分布式文件系统中。从云服务到存储栈，每一层收到的来自其他模块的访问请求都需要认证和授权。内部服务之间的相互认证是基于 Kerberos 安全协议来实现的，而对内部服务的访问授权是基于能力（Capability）的访问控制机制来实现的。内部服务之间的认证和授权功能由云平台内置的安全服务来提供。

阿里云的云服务生产系统会自动消除原有物理服务器上硬盘和内存数据，使得原用户数据无法恢复。对于所有外包维修的物理硬盘均采用消磁操作，消磁过程全程视频监控并长期保留相关记录。阿里云定期审计硬盘擦除记录和视频证据以满足监控合规要求。

2．访问控制

为了保护客户和自身的数据资产安全，阿里云采用一系列控制措施，以防止未经授权的访问。

（1）认证控制　阿里云每位员工拥有唯一的用户账号和证书，这个账号作为阻断非法外部连接的依据，而证书则是作为抗抵赖工具用于每位员工接入所有阿里云内部系统的证明。

阿里云密码系统强制策略用于员工的密码或密钥，包括密码定期修改频率、密码长度、密码复杂度和密码过期时间等。对生产数据及其附属设施的访问控制除去采用单点登录外，均强制采用双因素认证机制。

（2）授权控制　访问权限及等级是基于员工工作的功能和角色，最小权限和职责分离是所有系统授权设计基本原则。例如根据特殊的工作职能，员工需要被授予权限访问某些额外的资源，则依据阿里云安全政策规定进行申请和审批，并得到数据或系统所有者、安全管理员或其他部门批准。所有批准的审计记录均记录于工作流平台，平台内控制权限设置的修改和审批过程的审批政策确保一致。

（3）审计　所有信息系统的日志和权限审批记录均采用碎片化分布式离散存储技术进行长期保存，以供审计人员根据需求进行审计。

3．基础安全

（1）云安全服务　阿里云为广大云平台用户推出基于云计算架构设计和开发的云盾海量防 DDoS 清洗服务，对构建在云服务器上的网站提供网站端口安全检测、网站 Web 漏洞检测、网站木马检测三大功能的云盾安全体检服务。

（2）漏洞管理　阿里云在漏洞发现和管理方面具备专职团队，主要责任是发现、跟踪、追查和修复安全漏洞，并对每个漏洞进行分类、严重程度排序和跟踪修复。漏洞安全威胁检查主要通过自动和手动的渗透测试、质量保证流程、软件的安全性审查、审计和外部审计工具进行。

（3）网络安全　阿里云采用多层防御体系，以保护网络边界面临的外部攻击。阿里云网络安全策略主要包括：①控制网络流量和边界，使用行业标准的防火墙和 ACL 技术对网络进行强制隔离；②网络防火墙和 ACL 策略的管理，包括变更管理、同行业审计和自动测试；③使用个人授权限制设备对网络的访问；④通过自定义的前端服务器定向所有外部流量的路由，可帮助检测和禁止恶意的请求；⑤建立内部流量汇聚点，帮助更好地实行监控。

（4）传输层安全　阿里云提供的很多服务都采用安全的 HTTPS。通过 HTTPS，信息在阿里云端到接收者计算机实现加密传输。

7.6　Hadoop 的安全措施

Hadoop 是目前最常见且实际应用在大规模商业软件的云端计算平台之一。Hadoop 已经成为工业界和学术界公认的进行云计算应用和研究的标准平台。然而，其安全机制方面还是对想要实施基于 Hadoop 解决方案的用户造成了顾虑[15,16]。

7.6.1　Hadoop 概述

1．Hadoop 架构

Hadoop 架构依据 Google 研究者所发表的关于 BigTable 和 GFS 等学术论文提出的概念克隆而成，因此它与 Google 内部使用的云端计算架构非常相似。Hadoop 在硬件环境上兼容性较高，相对于现有的分布式系统，Hadoop 更注重在容错性及廉价的硬设备上，用很小的预算就能实现大数据量的读取。

Hadoop 包含有三个核心模块，即 HDFS、Hbase 和 MapReduce。

HDFS 为 Hadoop Distributed File System 的缩写。HDFS 由名字节点（NameNode）和数据节点（DataNode）两个角色组成，HDFS 是将数据文件以块（Block）方式存储在许多的 DataNode 上，再通过 NameNode 来处理和分析。此外 HDFS 与 GFS 不同的地方在于，它改进了 NameNode 的数量，已经不是只有一台 NameNode 来应付所有可能发生的情形，也大大改善了当只有一台 NameNode 主机时随时可能会发生故障的情形。HDFS 的主要概念是以有效率的数据处理方式一次写入、多次读取，当数据经过建立、写入后就不允许更改，采用附加的方式，加在原有数据后面。通常数据会以预设 64MB 为单位切割成区块分散存储在不同数据节点上。而 HDFS 会将区块复制为多个副本存储在不同的数据节点作为备份。

HBase 是一个分布式数据库，建构于 HDFS 之上。由行与列构成一个数据表，数据表单元格是有版本的，主要的索引为行键（Row Key），由 HBase 通过主要索引做排序，在同一个 Row Key 上有着不同版本的时间戳，每写进一次数据表都是一个新的版本。写入的数据都为字符串，并没有形态。当 HBase 在写入数据时会先写入 Log（WAL Log）和目标主机的易失存储器，若主机无法正常运作时，此时使用 Log 来恢复检查点（Checkpoint）之后的数据，无法搜寻到数据时就会从 HDFS 中寻找。

MapReduce 是一个大型分布式框架，利用大量的运算资源，加速处理庞大的数据量。MapReduce 框架是典型的 Master/Slaves（主/从）结构，也称为 JobTracker-TaskTracker。JobTracker 负责资源的管理（节点资源和计算资源等）以及任务生命周期管理（任务调度、进度查看和容错等）。TaskTracker 主要负责任务的开启/销毁、向 JobTracker 汇报任务状态。JobTracker 所在节点称为 Master，TaskTracker 所在节点称为 Slaves。Hadoop 集群由一个主节点 Master 和若干个从节点 Slaves 组成。Hadoop MapReduce 的框架如图 7-5 所示。

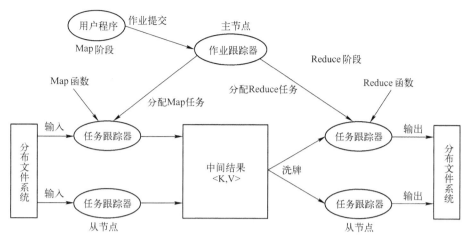

图 7-5　Hadoop MapReduce 框架

MapReduce 的处理程序分为两个阶段：Map 和 Reduce。当数据开始进行运算，系统会将输入和输出都采用 Key-value 对方式切割成许多部分，分别传给不同的 Mapper 做处理，在集群中的计算机都会参与运算的过程，位于 Master 的 JobTracker 负责发送 Map 指令或 Reduce 指令给 Slave 中的 TaskTracker，经由 Map 处理过后的数据，会暂存在内存内，这些数据称为中介数据，Reduce 再将具有相同中介值的数据整合出最后的结果，并存储在用户设定的位置如 HDFS。

2. Hadoop 的安全问题

对于像金融、政府、医疗保健和其他对敏感数据的访问有严格监管的行业，如若使用 Hadoop 进行大数据处理，则必须确保 Hadoop 集群满足如下几个要求：

1）周边安全。通过网络安全、防火墙和认证机制等确认用户身份，确保 Hadoop 集群访问的安全。

2）数据安全。通过屏蔽和加密等技术，保护 Hadoop 集群中的数据不会被非法访问。

3）访问安全。通过 ACL 和细粒度授权，定义授权用户和应用程序对集群数据的权限。

但是，Hadoop 最初的设想是：Hadoop 集群总是处于可信环境中，由可信用户使用的相互协作的可信计算机组成；另外，其应用场景主要是围绕着如何管理大量的公共 Web 数据，无须考虑数据的安全性问题，因此 Hadoop 的早期版本中并没有考虑安全性问题。

随着 Hadoop 在数据分析和处理平台中的地位日益凸显，安全专家开始关注来自 Hadoop 集群内部的恶意用户的威胁。比如：

1）Hadoop 并没有设计用户及服务器的安全认证机制，由于 Hadoop 并没有设计用户认证，使得任何用户都能冒充其他用户非法访问被冒充用户的 HDFS 或 MapReduce，从而进行一些非法的对被冒充用户有危害的操作，如恶意提交作业、篡改 HDFS 上的数据和修改 JobTracker 状态等。尽管在版本 0.16 以后，HDFS 增加了文件和目录的权限，但是由于用户无须认证，HDFS 的权限控制还是极其容易绕过，允许一个用户伪装成任意一个用户，同时 Hadoop 计算框架也没有进行双向验证，一个恶意的网络用户可以模拟一个正常的集群服务加入 Hadoop 集群，去接受 JobTracker 和 NameNode 的任务指派。

2）Hadoop 缺乏相应的安全授权机制。Hadoop 在 DataNode 服务器上不仅缺乏相应的认证，而且也缺少相应的访问控制机制。当用户知道 BlockID 后，可以绕过相对应的认证和授权机制，直接对 DataNode 上的 Block 进行访问，而且可以随意写入或修改 DataNode 上的数据。由于缺乏相应的安全授权机制，用户还可以任意修改或销毁其他用户的作业。

3）Hadoop 缺乏相关的传输以及数据加密。虽然在 Master 与 Slave 之间、Client 与服务器之间的数据传输以 Socket 方式实现，采用的是 TCP/IP，但是在传输时并没有进行加密处理。而且由于各节点之间的数据是通过明文传输的，数据容易在传输的过程中被窃取。

2009 年，关于 Hadoop 安全性的讨论接近白热化，安全被作为一个高优先级的问题被提出。Apache 专门为了解决 Hadoop 的安全漏洞问题组成了一个团队，为 Hadoop 增加安全认证和授权机制，后来又为其加入 Kerberos 身份认证和基于 ACL 的访问控制机制。

7.6.2 Hadoop 内置安全机制

目前，Hadoop 内置的安全机制主要如下：

1）在 RPC 连接上进行双向认证。Hadoop 的客户端通过 Hadoop 的 RPC 访问相应的服务，Hadoop 在 RPC 层中添加了权限认证机制，所有的 RPC 都会使用 SASL/GSS API 进行连接。其中 SASL 协商使用 Kerberos 或 DIGEST-MD5 协议。

2）HDFS 使用的认证。一方面指强制执行 HDFS 的文件许可，使用 Kerberos 协议认证和授权令牌认证，这个授权令牌可以作为接下来访问 HDFS 的凭证，即可以通过 NameNode，根据文件许可强制执行对 HDFS 中文件的访问控制；另一方面指用于数据块访问控制的块访问令牌。当需要访问数据块时，NameNode 会根据 HDFS 的文件许可做出访问控制决策，并发出一个块访问令牌给客户端，只有使用这个令牌才能从相应的 DataNode 获取数据块。因为 DataNode 没有文件或访问许可的概念，所以必须在 HDFS 许可和数据块的访问之间建立对接。

3）用作业令牌强制任务授权。作业令牌是由 JobTracker 创建的，传给 TaskTracker，确保每个 Task（任务）只能做交给它去做的任务，也可以把 Task 配置成当用户提交作业时才运行，简化访问控制检查。这样就防止了恶意用户使用 Task 干扰 TaskTracker 或者其他用户的 Task。

4）HDFS 在启动时，NameNode 首先进入一个安全模式，此时系统不会写入任何数据。在安全模式下，NameNode 会检测数据块的最小副本数，当一定比例的数据块达到最小副本数如 3 时，系统就会退出安全模式，否则系统会自动补全副本以达到一定的数据块比列。

5）当客户端从 HDFS 获得数据时，客户端会检测从 DataNode 收到的数据块，通过检测每个数据块的校验和来验证这个数据块是否损坏。如果损坏则从其他 DataNode 获得这个数据块的副本，以保证数据的完整性和可用性。

从以上的描述可以看出，Hadoop 内置的安全机制主要是依赖 Kerberos 协议。然而，该协议并没有涵盖企业在安全方面的需求，如基于角色的验证和 LDAP 的支持等。因此，很多厂商近年来纷纷采取措施，积极应对 Hadoop 的安全性问题。但是，有些安全问题可能需要第三方的 Hadoop 安全补充工具来解决。其原因如下：

1）静态数据不加密。目前 HDFS 上的静态数据没有加密。那些对 Hadoop 集群中的数据加密有严格安全要求的组织，被迫使用第三方工具实现 HDFS 层面的加密，或安全性经过加强的 Hadoop 版本。

2）以 Kerberos 为中心的方式。Hadoop 依靠 Kerberos 进行身份验证。对于采用其他身份认证方式的组织而言，这意味着他们要单独搭建一套认证系统。

3）有限的授权能力。尽管 Hadoop 能基于用户及群组许可和访问控制列表进行授权，但还不能完全满足企业严格的安全性需求。因此，对于企业自身而言，需要自行实现合适的基于角色的安全访问机制。比如有的组织基于 XACML 和基于属性的访问控制，使用灵活动态的访问控制策略。

4）安全模型和配置的复杂性。Hadoop 的认证有几个相关的数据流，用于应用程序和 Hadoop 服务的 Kerberos RPC 认证，以及使用代理令牌、块令牌和作业令牌等。对于网络加密，也必须配置几种加密机制，用于 SASL 机制的保护质量等。所有的这些设置都要分别进行配置，并且很容易出错。

7.6.3 第三方解决方案

目前，Hadoop 安全市场已出现爆炸性的增长，很多厂商都发布了安全加强版的 Hadoop 和对 Hadoop 的安全加以补充的解决方案。比如 Intel 开源安全版 Hadoop 项目 Rhino。Rhino 项目所列出的希望在 Hadoop 中实现的安全特性有支持加密和密钥管理、一个超越 Hadoop 当前提供的用户及群组 ACL 的通用授权框架、一个基于认证框架的通用令牌、改善 HBase 的安全性以及改善安全审计。再如，2013 年 Cloudera 发布 Hadoop 开源授权组件 Sentry。组件 Sentry 为了对正确的用户和应用程序提供精确的访问级别，提供了细粒度级、基于角色的授权以及多租户的管理模式。通过引入 Sentry，Hadoop 可以在以下几个方面满足企业和政府用户的 RBAC 需求：

（1）安全授权　Sentry 可以控制数据访问，并对已通过验证的用户提供数据访问特权。

（2）细粒度访问控制　Sentry 支持细粒度的 Hadoop 数据和元数据访问控制。在 Hive 中，Sentry 在服务器、数据库、表和视图范围内提供不同特权级别的访问控制。

（3）基于角色的管理　Sentry 通过基于角色的授权简化了管理，可以轻易将访问同一数据集的不同特权级别授予多个组。

（4）多租户管理　Sentry 允许为委派给不同管理员的不同数据集设置权限。在 Hive 中，Sentry 可以在数据库/Schema 级别进行权限管理。

（5）统一平台　为确保数据安全，Sentry 提供一个统一平台，使用现有的 Hadoop Kerberos 实现安全认证。同时，通过 Hive 等访问数据时可以使用同样的 Sentry 协议。

Sentry 架构主要由一个核心授权提供者和一个结合层组成。核心授权提供者包括：①一个协议引擎，可以评估和验证安全协议；②一个协议提供者，负责解析协议。结合层提供一个可插拔的接口，实现与协议引擎的对话。

另外，Apache 也有 Accumulo 项目，Accumulo 是一个可靠的、可伸缩的、高性能的排序分布式的 Key-Value 存储解决方案，基于单元访问控制以及可定制的服务器端处理，使用 BigTable 设计思路，基于 Hadoop、Zookeeper 和 Thrift 构建。

7.7　中国电信安全云应用实践

7.7.1　云应用安全防护体系

电信运营商结合传统安全管理及云计算系统的特点，形成了自己独特的如图 7-6 所示的云计算应用安全防护体系[17]。

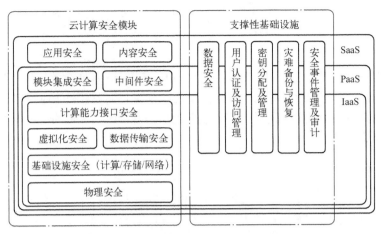

图 7-6　云计算应用安全防护体系

该体系包含支撑性基础设施和云计算安全模块两部分。

1）支撑性基础设施的安全功能组件包括数据安全、灾难备份与恢复、用户认证及管理、密钥分配与管理以及安全事件管理与审计。

2）云计算安全模块可以细分为 IaaS、PaaS 和 SaaS。具体来讲：①IaaS 层包括计算能力接口安全、虚拟化安全、数据传输安全、基础设置安全和物理安全；②PaaS 层包括模块集成安全和中间件安全；③SaaS 层包括应用安全和内容安全。

其中虚拟化安全、数据安全及隐私保护是云计算应用安全防护的重点和难点。

7.7.2　云安全框架

针对电信云平台的安全问题，电信行业提出了如图 7-7 所示的云计算安全框架[18]。主要安全问题如下：

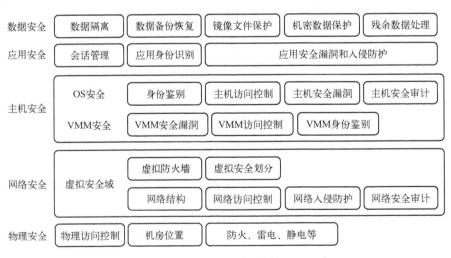

图 7-7　云计算安全框架

1）网络安全问题。网络安全问题重点考虑虚拟安全域访问控制、虚拟安全域划分方式以及相应的虚拟防火墙部署和配置等虚拟安全域的问题，另外还要考虑传统的安全问题。

2）主机安全问题。包括用户虚拟机安全和虚拟机管理程序安全。其中虚拟机管理程序安全主要包括虚拟机管理程序安全漏洞检测、物理和网络访问控制等问题，是云计算系统新增的安全问题。

3）数据的安全问题。数据安全问题需要重点考虑的是虚拟环境下用户镜像文件保护、数据隔离和残余数据的处理等问题，另外，传统业务平台的机密数据保护和数据备份恢复也不能丢。

4）应用安全问题和物理安全问题同传统云平台的安全问题基本一致。

7.8 基于 Hadoop 的访问控制实验

本实验[19]采用实体主机与虚拟主机混合，并在此环境中建立基于 Hadoop 云端平台并引入 Kerberos 验证系统，以加强云端平台安全。

7.8.1 访问控制概述

访问控制的目标是防止任何未经授权的用户进行存取等操作，以保护信息系统的安全。在 ISO/IEC 27002 标准中，对于访问控制的规定如下：

1）访问控制的营运要求。

2）使用者存取管理。

3）使用者责任。

4）网络访问控制。

5）操作系统访问控制。

6）应用系统与信息访问控制。

7）移动计算与远程操作。

这里以"使用者存取管理"和"应用系统与信息访问控制"两项规定为实验对象。

7.8.2 Kerberos 简介

源自麻省理工学院的"雅典娜计划（Project Athena）"的 Kerberos，是一种被业内人士公认的成熟的使用 X.509 公钥凭证的网络认证协议。Kerberos 的设计针对客户端/服务器模型，为其相互提供身份验证，并保证其协议信息不受窃听和重播攻击。Kerberos 是通过一种可信任的通过传统的加密技术来执行认证的第三方认证服务。

为了能有效地提供验证服务，Kerberos 采用模块化与分布式系统架构，让系统之间能够相互支持，防止因单一系统故障而导致访问控制验证的失败。Kerberos 以第三方的形式提供身份验证机制，并以主从架构及利用集中密钥控管方式，以及应用 TGS，通过共享私钥的加密提供各项服务，建立安全及可靠的身份鉴别系统。

采用 Kerberos 与使用一般账户密码方法的不同之处在于如下几个方面：

1）由于 Hadoop 是分布式系统，因此通常使用 Hadoop 系统时不会只有一台主机用来服务，因此如果以一般的账号密码作为身份验证及访问控制时，每当需要更改密码就必须一一登入每台 Hadoop 系统主机更改密码，使用 Kerberos 验证时就可以不需要登入每台主机更改密码。

2）Kerberos 验证使用 Ticket 实现单一登录的功能，并由用户第一次验证输入用户信息取得 Ticket 之后，再次使用经过 Kerberos 验证核查其他系统时，就可以不重复输入用户信息，可减少数据的输入工作。

3）一般使用账号密码的方式可能会有部分密码数据会传递到其他服务器中，因此会有被窃取破解的可能，使用 Kerberos 验证是针对系统的使用而每次产生 Ticket，并会记载使用期限，即使被窃取也只能在特定范围使用，无法取得详细验证信息。

4）当应用系统需要使用许多资源时，又要使用身份验证功能保护系统安全，此时使用 Kerberos 身份验证可将验证工作转移到 Kerberos 验证服务器中，以降低应用系统服务器的资源消耗。

5）使用 Kerberos 实现访问控制的好处，是针对用户与应用系统两个方面都需经过 Kerberos 的验证，因此用户与应用系统是相互可信任的。经过 Kerberos 验证后，用户可以信任系统不会有被伪造的可能，所以可以放心地存取数据；此外，应用系统也可以确定用户的身份，但是使用一般的账号密码作为访问控制方式则无法达到此要求，只能单纯地验证使用者身份。

在 Kerberos 验证系统中共有如下四个角色：

1）客户端，提出验证需求的 Kerberos 使用者端。

2）应用服务器端，提供用户应用程序服务的 Kerberos 服务器端。

3）身份鉴别服务器（AS），作为使用者的身份鉴别并维护使用者和应用服务器之间所需验证的权限数据。

4）通行证签发服务器（TGS），用以产生客户端与应用服务器每次通信时所要使用的通信密钥（包含 Session Key 与 Ticket）。其中身份鉴别服务器与通行证签发服务器所组成的系统称为 KDC，当客户端向 KDC 请求与应用服务器认证时，KDC 会建立两个相同的 Session Key，并透过 ServiceTicket 的机制，安全地将 Session Key 分别传送给客户端与服务器，以便两者进行相互验证的工作。

使用 Kerberos 进行身份验证的六个步骤即执行过程如图 7-8 所示。

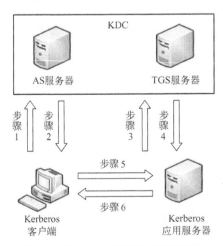

图 7-8 Kerberos 身份验证过程示意

步骤 1：客户端向 KDC 请求 TGT。客户端计算机上的 Kerberos 服务首先向 KDC 的 AS 发送一个 Kerberos 身份认证服务请求，以期获得 TGS 提供的服务。该请求包括自己的 ID、TGS 的 ID 及一个加密的时间戳。

步骤 2：KDC 发送加密的 TGT 和登录会话密钥。KDC 会利用该用户的密钥，解密随 Kerberos 身份认证请求一起传送的时间戳。如果该时间戳有效，则用户是有效用户。KDC 身份认证服务会创建一个登录会话密钥，并使用用户的密钥对该副本进行加密。然后，KDC 身份认证服务再创建一个 TGT，包括用户信息和会话密钥。同时，KDC 身份认证服务使用自己的密钥加密 TGT，最后，AS 将客户端与 KDC 之间的 Session Key 与 TGT 传送给客户端。由于进行了加密，只有真正的拥有密钥的用户才能解密 TGT。

步骤 3：客户端利用客户端与 KDC 之间的 Session Key 与 TGT 向 TGS 请求应用服务器端的 ServiceTicket（由 TGS 颁发）。请求信息包括用户 ID、使用 Session Key 加密的认证符、TGT，以及用户想访问的服务和服务器名称。

步骤 4：KDC 确认客户端的身份后，由 TGS 将客户端与应用服务器端之间加密的 Session Key 和 ServiceTicket 发送给客户端。

步骤 5：客户端利用客户端与应用服务器之间的 Session Key 来建立验证码，然后再利用验证码与 ServiceTicket 向应用服务器发送一个请求服务。

步骤 6：服务器与客户端进行相互验证。应用服务器使用 Session Key 和 ServiceTicket 解密认证符，并计算时间戳，然后与认证符中的时间戳进行比较，如果误差在允许的范围内（通常为 5min），则通过测试，服务器使用 Session Key 对认证符进行加密，然后将认证符（时间戳）传回到客户端。客户端用 Session Key 解密时间戳，如果该时间戳与原始时间戳相同，则该服务是客户端所需的，此后客户端可以进行其他操作。

当用户登录以后，TGT 失效，这样就可以避免 TGT 被其他用户恶意使用。当客户端需要与其他服务器节点通信时，会将加密后的 TGT 发送给 TGS。在一般的情况下，TGS 和 KDC 是共享同一个主机的。

Kerberos 的设计适合用于开放式网络或内部网络的架构，整个身份鉴别架构虽然复杂，但却是一种相当完善的验证协议。它运用集中私钥的管理方式，提供主从架构的第三方身份鉴别，尤其在验证机制中 Kerberos 系统具有相互验证的功能，因此加强了身份验证的可信度，更重要的是 Kerberos 是一个通用的标准，所以提高了与其他系统整合的兼容性。

7.8.3 实现环境搭建

实验所用架构如图 7-9 所示。

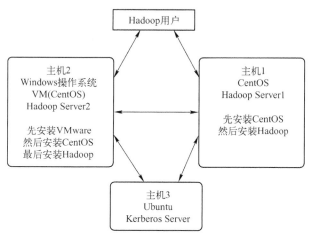

图 7-9　实验环境架构示意

实现环境搭建步骤如下：

1）建立实验所需的三个操作系统。

① 在主机 1 中安装 CentOS 操作系统。

② 在装有 Windows 操作系统的主机 2 中使用 VMware 软件，建立一个 CentOS 虚拟操作系统。

③ 在主机 3 安装 Ubuntu 操作系统。

2）分别于建立的三个操作系统中安装所需的应用程序。

① 在主机 1 的 CentOS 操作系统中安装 Hadoop。

② 在主机 2 的 VMware 所建立的虚拟操作系统中安装 Hadoop。

③ 在主机 3 中安装 Kerberos 验证软件。

3）在两台安装 Hadoop 的主机中建立 Hadoop 所需使用的账号。

① 建立 HDFS 操作账号。

② 建立 MapReduce 操作账号。

4）在 Kerberos 验证伺服主机中建立 HDFS 与 MapReduce 所使用的 Kerberos Ticket。

5）将已建立的 Kerberos Ticket 分别传送至两台 Hadoop 主机中。

6）设定两台 Hadoop Server 操作系统中的 Kerberos Agent。

7）设定两台 Hadoop Server 所需变动的配置文件，并将 Kerberos 所传送的 Kerberos Ticket 整合在 Hadoop Server 的配置文件中。

8）在 Master Hadoop Server 中分别使用 HDFS 账号激活 NameNode Service 和 SecondaryNode Service，使用 Root 账号激活 DataNode Service，使用 MapReduce 账号激活 Jobtracker Service 与 Tasktracker Service 的服务程序。

9）在 Slave Hadoop Server 中使用 Root 账号激活 DataNode Service，使用 MapReduce 账号激活 Task Tracker Service 的服务程序。

7.8.4　实验流程

实验环境搭建好后，就可以编程验证基于 Hadoop 云端平台的 Kerberos 验证系统是否能正常工作。验证流程如图 7-10 所示。

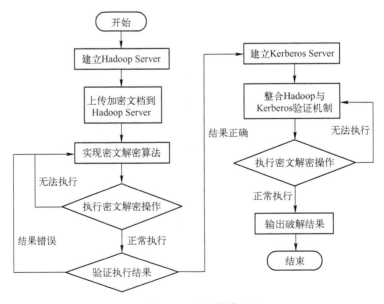

图 7-10　验证流程

参考文献

[1] OpenStack：Open source software for building private and public clouds[J/OL]. http://www. openstack.org/.

[2] 熊微，房秉毅，张云勇，等. OpenStack 认证安全问题研究[J]. 邮电设计技术，2014,(7):21-25.

[3] 百度百科. OpenStack[J/OL]. http://baike.baidu.com/item/OpenStack.

[4] 发现 OpenStack：架构、功能和交互[J/OL]. http://www.ibm.com/developerworks/cn/cloud/ library/cl-openstack-overview/.

[5] Albaroodi H, Selvakumar M, Parminder S. Critical review of openstack security: Issues and weaknesses[J]. Journal of Computer Science，2014,10(1):23-33.

[6] Redkar T，Tony G. Windows Azure Platform[M]. Berkeley：Apress,2011.

[7] Zhao G S, Rong C M, Jaatun M G, et al. Reference deployment models for eliminating user concerns on cloud security[J].The Journal of Supercomputing,2012,61(2):337-352.

[8] 云产品[J/OL]. http://aws.amazon.com/products/.

[9] Robinson D. Amazon Web Services Made Simple: Learn How Amazon EC2, S3, SimpleDB and SQS Web Services Enables You to Reach Business Goals Faster[M]. Melboume: Emereo Pty Ltd.2008.

[10] Extend your, IT infrastructure with Amazon virtual private cloud[J/OL]. http://aws.amazon. com/whitepapers, 2010.

[11] AWS 免费套餐[J/OL]. http://aws.amazon.com/cn/free/.

[12] Amazon 云端服务[J/OL]. http://benjr.tw/1423.

[13] 俞能海，郝卓，徐甲甲，等. 云安全研究进展综述[J]. 电子学报，2013,41(2):371-381.

[14] 阿里云安全白皮书 V1.2[J/OL]. http://help.aliyun.com/knowledge_detail.htm? knowledgeId= 5975221.

[15] 邓谦. 基于 Hadoop 的云计算安全机制研究[D].南京：南京邮电大学，2013.

[16] Kevin T S. Big data security: The evolution of Hadoop's security model[J/OL]. http://www. infoq.com/articles/HadoopSecurityModel.

[17] 王建峰，樊宁，沈军. 电信行业云计算安全发展现状[J]. 信息安全与通信保密，2013,(11):98-101.

[18] 陈丹，郭先会. 电信行业的云计算安全研究与应用[J]. 通讯与信息术，2014,(2):38-41.

[19] 沈忠飞. 在 Hadoop 为基础的云端计算上访问控制之研究[D]. 台北：中国文化大学，2012.

第8章 云 测 试

云计算开创了开发和交付计算应用服务的新模式，近年来已经获得了相当高的重视。云计算可以影响软件生命周期的各个阶段，包括软件测试阶段。云测试（包括测试云和使用云测试）是软件工程领域中一个快速发展的研究方向。但是，云测试面临着前所未有的挑战，其相关研究属于云计算研究领域中正在崛起的热点之一，其重要性与紧迫性已不容忽视。目前，云测试仍在完善过程中，但已经取得一系列研究成果。本章主要介绍云测试的基本概念和研究现状，同时对云测试目前所面临的挑战、常用的云测试工具以及云测试的解决方案给出论述。

8.1 概述

随着对计算机需求和依赖的与日俱增，计算机系统的规模和复杂性急剧增加，使得计算机软件的规模以惊人的速度急剧膨胀。然而，对于软件来讲，无论采用什么样的技术和方法，软件中都会有故障存在。这些软件故障需要通过测试来发现。

软件测试是保证软件质量的关键步骤。其根本目的是以尽可能少的时间和人力发现并改正软件中潜在的各种故障及缺陷。换言之，软件测试是为了发现故障而执行程序的过程。或者说，软件测试是根据软件开发各阶段的规格说明和程序的内部结构而精心设计的一批测试用例即输入数据及其预期的输出结果，并利用这些测试用例去运行程序，以发现软件故障的过程[1]。

软件测试必须在软件上线前进行，以尽可能多地发现软件中的故障，提高软件可靠性。测试的目的不仅仅在于发现错误，在软件测试的过程中，通过发现错误来分析错误产生的原因，能够帮助项目管理者发现软件开发过程中所存在的各种缺陷，让项目管理者可以尽快地改进。

软件测试在整个软件开发周期中所占的比例日益增大。目前，许多软件开发机构已将研制力量的 40% 以上花费在软件测试中。对于要求高可靠性的软件，如飞行控制、核反应堆监控软件等，其软件测试费用甚至高达软件开发其他阶段所花费用总和的 3～5 倍。

早在 20 世纪 50 年代，英国著名的计算机科学家图灵就给出了程序测试的原始定义。然而，测试工作并未受到重视。直到 70 年代以后，测试的意义才逐渐被人们认识，软件测试的研究才开始受到重视。1982 年，美国北卡罗来纳大学召开了首次软件测试技术会议，这是软件测试与软件质量研究与开发人员的第一次聚会，这次会议成为软件测试技术发展的一个重要里程碑。自此以后，软件测试理论和测试方法不断完善，从而使软件测试这一实践性很强的学科成为有理论指导的学科。

8.1.1 软件测试的关键问题

软件测试主要涉及以下 5 个方面的问题：

1．测试执行者

在软件产品的开发过程中，通常存在软件开发者和软件测试者两种角色。软件开发人员通过写代码而形成产品。其工作主要包括分析、设计、编码、调试或者文档编制。软件测试人员是通过测试来检测软件产品中存在的错误和缺陷。其工作主要包括编写测试用例、构造测试、执行测试及评估测试结果。一般来说，开发机构负责对软件产品进行单元测试，而系统测试则由专门的测试机构或独立的测试人员进行。

2．测试内容

尽管软件测试的主要内容是对程序源代码的测试，但是表现在程序中的故障，并不一定都是编码所引起的，很可能是详细设计、概要设计阶段，甚至是需求分析阶段的问题所引起的。因此，需求分析、概要设计、详细设计以及程序编码等各个阶段所得到的文档，包括需求规格说明分析、概要设计规格说明、详细设计规格说明以及源程序，都应成为软件测试的对象。

3．测试时间

在现实中，软件模块开发结束之后就可以进行测试，也可以推迟至各模块装配到单个执行程序中再进行测试。实践表明，测试开始的时间越早，测试执行得越频繁，所带来的整个软件开发成本的下降就会越多。因此，测试的一个极端是每天都进行测试，一旦软件的每个模块开发出来之后就对它们测试，这样尽管会延缓早期开发的进度，但是却能够大大减少将所有模块装配到项目中以后出现问题的可能性。

4．测试方法

软件规范说明一个软件要做什么，而程序实现则规定了软件应该怎样做。对软件进行测试就是根据软件的功能规范说明和程序实现，利用各种测试方法，生成有效的测试用例，对软件进行测试。

软件测试的方法和技术多种多样，根据不同的角度，将这些方法可以分为不同的类别。比如：根据测试对象是否被执行的角度，可以划分为静态测试和动态测试；根据软件的开发过程，可以分为单元测试、集成测试、确认测试、验收测试和系统测试；根据是否关心软件的内部结构和具体实现过程可以划分为黑盒测试和白盒测试；根据测试测试的策略，可以将测试分为功能性测试、结构性测试、集成与系统测试、面向对象的测试等。

5．测试标准

从现实和经济的角度来看，对软件进行完全测试不太现实，所以决定什么时候停止测试是一件非常困难的事情。测试完成的传统标准是分配的测试时间用完了，或完成了所有的测试又没有检测出故障，但这两个完成标准都没有什么实用价值。在实践中，实用的完成标准应该基于以下几个因素：①成功地采用了具体的测试用例设计方法；②每一类测试的覆盖率；③故障检测率低于指定的限度，基于故障检测数量的标准必须注明故障严重性程度；④检测出故障的具体数量或消耗的具体时间。

8.1.2 典型的软件测试方法

在软件测试理论迅速发展的同时，各种软件测试方法也将软件测试技术提高到了无法比拟的高度。为了提高软件测试效率、加快软件开发过程，一些测试工具相继问世。下面介绍几种主要的测试方法。

1．白盒测试

白盒测试，也称为结构测试、逻辑驱动测试或基于程序的测试。在进行这类测试时，测试人员看到的是被测源程序的内部结构，测试人员根据其内部结构设计测试用例。主要目的就是检查产品内部结构是否与设计规格说明书的要求相符合，同时测试程序中的分支是否都能够正确地完成所规定的任务要求。这种测试方法无须关注程序功能。

根据测试方法的原理不同，白盒测试可以分为静态测试和动态测试。

（1）静态测试　静态测试是在不执行程序的情况下，分析软件的特性。静态测试主要集中在需求文档、设计文档以及程序结构上，可以进行结构分析、类型分析、接口分析、输入输出规格说明分析等。其中静态结构分析主要利用图的方式来表达程序内部的结构，常用的有函数关系图和内部控制流图等。检查性测试主要是对代码的检查，即主要检查代码是否符合设计、是否符合相应的标准以及代码的逻辑性是否表达正确。通过对代码的检查，发现程序中编写不安全和不恰当的地方，找出程序表达模糊不可移植的部分。所以在进行静态检查前，应该准备好相应的文档，如需求分析文档、程序设计文档和源代码清单等，以方便进行代码检查。

按照完成的职能不同，静态测试方法或工具包括以下几种类型：①代码审查，帮助了解代码相关性，跟踪程序逻辑，观看程序的图形表达，确认死代码，确定需要特别关照的域，检查源程序是否遵循了程序设计规则，典型的规则包括结构化设计与编码、使用标准的编码格式等；②一致性检查，检测程序的各单元是否使用统一命名或术语，这类工具通常用以检查是否遵循设计规格说明书；③错误检查，确定差异和分析错误的重要性及原因；④接口分析，检查程序单元之间接口的一致性，以及是否遵循预先确定的规则；⑤输入输出规格说明分析，借助于分析输入输出规格说明生成测试输入数据；⑥数据流分析，检测数据的赋值与引用之间是否出现不合理的现象；⑦类型分析，检测命名的数据项和操作是否得到正确的使用；⑧单元分析，检测单元或构成实体的物理元件是否定义正确以及使用一致。

（2）动态测试　动态测试是直接执行被测程序以提供测试支持，即动态测试通过在计算机上运行程序或者程序片段，根据程序的运行结果是否符合预期要求来分析判断程序可能存在的问题和缺陷。因为动态测试必须在计算机上运行程序，所以需要具备相应的测试用例。

动态测试所支持测试的范围主要包括：①功能确认与接口测试，测试各个模块功能的正确执行、模块间的接口、局部数据结构、主要的执行路径及错误处理等内容；②覆盖率分析，对测试质量提供定量的测量，即覆盖分析可以告诉我们被测试产品的哪些部分已被当前测试所覆盖，哪些部分还没有被覆盖到；③性能分析，程序的性能问题得不到解决，将降低应用程序的质量，于是查找和修改性能瓶颈成为改善整个系统性能的关键；④内存分析，内存泄露会导致系统运行的崩溃，通过测量内存使用情况，可以掌握程序内存分配的情况，发现对内存的不正常使用，在问题出现前发现征兆，在系统崩溃前发现内存泄露错误。

2．黑盒测试

黑盒测试，也称为功能测试、数据驱动测试或者基于规格说明书的测试。黑盒测试是在已知软件产品应具有的功能条件下，在完全不考虑被测程序内部结构和内部特性的情况下，通过测试来检测每个功能是否都按照需求规格说明的规定正常运行。

在进行黑盒测试时，测试者常常把被测产品看作一个不能够被打开的黑盒子，在无须了解软件内部的结构和具体实现的情况下，测试者对程序的功能进行测试。

黑盒测试主要用于软件的确认测试。常用的黑盒测试工具包括：①功能测试工具，用于检测被测程序能否达到预期的功能要求及正常运行；②性能测试工具，用于确定软件和系统性能。性能测试又分为客户端的测试和服务器端的测试。客户端的测试主要关注应用的业务逻辑、用户界面和功能测试等；服务器端的测试主要关注服务器的性能，衡量系统的响应时间和事务处理速度等需求。

8.2 云测试

要想使用户放心地将自己的数据交付于云服务提供商管理，首先需要解决云计算平台所存在的各种问题。测试就是一种非常有效的保证手段。云测试是云计算的重要组成部分，是信息技术发展的新方向。

8.2.1 云测试的概念和类别

由于云测试是一个刚刚兴起的云计算研究领域，关于什么是云测试，目前还没有公认的统一定义。比如参考文献[2]给出的定义是"云测试是一种利用云环境模拟实际用户使用负载，以对Web 应用进行负载和压力测试的软件测试"。参考文献[3]认为"云测试是一种有效利用云计算环境资源对于其他软件进行的测试或是一种针对部署在云中的软件所进行的测试"。

依照软件测试的基本含义来讲，普遍认为云测试是由测试和云两者构成。首先它应该是一种软件测试，有自己的测试手段和测试方法。其次，它工作于云端，通过云来实现其测试方法和测试过程。即云测试是一种通过云环境实施软件测试的过程。

依据测试对象和测试策略不同，可以将云测试划分为如下三个大的类别[4]：

1．基于云的在线应用测试（Online-based Application Testing on a Cloud）

这种类型的测试主要是利用云服务提供商所提供的云资源对可以部署在云平台上的应用软件进行测试。用户只需连接互联网来访问云测试服务，就可以对应用软件进行高效、便捷的测试，而不需关心测试工具、环境和资源的使用情况，云测试平台负责对相关的资源进行调度、优化和建模等方面问题。

目前，在云环境中测试的研究主要集中在云资源的调度和优化上。工业界已推出很多云测试的工具。比如，PushToTest 推出的云测试的工具 TestMaker[5]可以支持本地和云端或者两者皆可的测试方式。IBM 公司的 Smart Business Test Cloud 可以向用户提供动态、可靠和按需分配的虚拟测试服务器资源[6]。

2．面向云的测试（Cloud-oriented Testing）

这种类型的测试是针对云平台自身的架构、环境、功能、性能及系统等方面的测试问题，使云计算自身符合各项技术指标要求，满足各项性能规定。

测试活动通常是在云内部，通过云服务供应商的工程师执行。主要目的是保证所提供的云服务的质量。实现云服务的具体功能性方法必须经过单元测试、集成、系统功能验证和回归测试，以及性能和可扩展性的评价。此外，还要测试面向客户的 API 和安全服务等。其中，性能测试和扩展性评价非常重要，因为它们是确保云弹性服务的基础。

目前，针对云服务环境的测试主要集中在 IaaS 和 PaaS 服务架构上，对 SaaS 层的研究较少。由于 IaaS 的性能直接关系到云服务上层的服务的可靠性，所以针对 IaaS 层的云测试研究侧重于 IaaS 的性能问题。比如通过测试，可以分析 Hadoop 的执行效率及执行失效问题等。在 PaaS 层面主要关注 PaaS 层上开发程序的测试，缺乏 PaaS 自身测试机制。在 SaaS 层次上的研究较少，相关理论研究并不深入。目前的主要工作是借助于云平台获得软件测试服务。比如，参考文献[7]提出一种 TaaS 的单元测试模型。把单元测试作为一种服务提供给开发人员，使开发人员不需要编写大量的测试用例，就可以获得测试结果，这大大减轻了开发人员的负担。

3．基于云的云应用测试（Cloud-based Application Testing over Clouds）

这种类型的测试是指为保证能够运行于不同云环境的云的应用程序的质量而进行的测试。当开发部署云应用程序时，在不同云环境下进行测试是必要的，以确保它的质量。

与前两种类型不同，此类型的测试目标是保证运行于云上的端到端应用的质量。需要在不同云技术环境下，开展系统级集成、功能验证、性能评估和可伸缩性等方面的测试任务，验证在不同环境下的系统兼容性、互操作性和连通性。

4．测试环境

与上述三种云测试类别对应的测试环境如图 8-1 所示。

基于云的企业测试环境是指云服务提供商在云中部署一个基于 Web 的应用程序，以验证其在云框架中的软件质量。在私有/公有云测试环境中，服务提供商在私有或公有云中部署 SaaS 应用，以验证其质量。混合云测试环境中，服务提供商在混合云基础设施上部署基于云的应用程序来检查其质量。

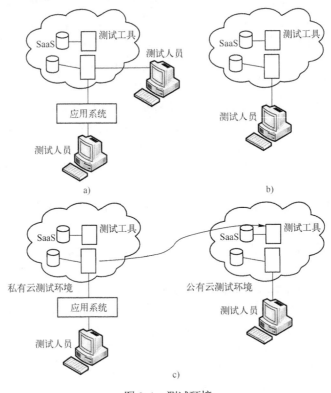

图 8-1　测试环境

a) 基于云的企业测试环境　b) 私有/公有云测试环境　c) 混合云测试环境

5. 测试内容

表 8-1 列出了上述三种类型云测试的具体任务。

表 8-1　三种类型云测试的具体任务

测试类别	面向云的测试	基于云的在线应用测试	基于云的云应用测试
服务功能测试	在云内部测试面向云的服务功能	基于云平台测试在线应用的服务功能	基于云框架测试云应用的服务功能
集成测试	私有/公有云内部特定供应商的组件和服务整合	在线客户端和后端服务器之间的集成	端到端应用集成，与遗留系统的集成
API 和连通性测试	云 API 和连通性测试	以用户为中心的服务 API 和连通性测试	测试应用程序服务 API 和连通性
性能和可扩展性测试	基于给定 SLA 的云的性能和可扩展性测试	面向用户的应用性能和可扩展性测试	基于给定 SLA 端到端的系统级性能和可伸缩性测试
安全性测试	云安全功能和用户隐私	面向用户的安全和隐私	系统级的端到端安全
互操作和兼容性测试	测试云的兼容性、连通性协议、UI 和客户端技术	测试以用户为中心的互操作性、平台/操作系统/浏览器的兼容性、客户端技术	应用程序兼容性，端到端互操作性
回归测试	面向云的回归测试	以用户为中心的验证	端到端应用系统回归测试

8.2.2　云测试的特点

云测试服务商给企业提供超大规模的测试资源、动态分配和在线支持，以提高测试效率，并且为测试人员提供各种系统平台环境。然而，由于云计算环境具有异构、分布、动态以及对用户透明等特性，测试者通常无法获知云内部的特性。所以，与传统的软件测试相比，云测试有自己独特的一些特点，主要表现在以下几个方面[3]：

（1）测试成本低　随着应用需求的变化，需要不断地更新软件测试的方案，相应地需要不断部署新的设备　显然，云测试可以充分利用云端的资源部署和配置测试环境，用户无须购买测试工具或设备，只需支付低廉租赁费用，降低企业成本。

（2）测试场景逼真　由于测试发生在云端，因此，云测试能够更加真实地模拟出分布式环境下的虚拟用户环境，包括地理位置、浏览器和网络宽带等，同时使得测试用例更加丰富。

（3）测试环境按需提供　由于云服务是一种按需提供服务的运营模式，因此，在进行云测试时，用户可以按需地部署测试资源和环境。

（4）适用尽早测试原则　应用云测试，通过云平台能够更快速地完成测试，因此，软件应遵循尽早测试原则，这不仅能够降低风险，同时也不会影响软件开发效率。

（5）测试周期短　当测试用例非常庞大或者反复运行测试时，工作量就会显得非常巨大。由于云测试具有并发性，因此，利用云测试可以大大减少测试的时间。

（6）规范标准　云测试提供了一种不同应用系统测试的共同解决方案，可以预先定义多种测试所需环境的标准镜像文件。在某种意义上来说，这必然会促进不同应用系统之间标准的统一化，从而加速云技术的发展。

8.2.3　云测试面临的挑战

虽然云测试具有诸多优势，但是云测试也面临一些挑战[3]。

（1）安全性问题　安全性一直都是云服务最为关心的一个问题，但是目前关于云测试的研究很少考虑到安全性的问题。用户的隐私和敏感数据得不到充分的保护，会大大降低人们使用云测试的信心。而在云计算中存在着多级服务委托关系，所用的测试方法会比较复杂，这也会造成安全性问题，使得最终的测试结果不可靠，使人们丧失对云测试服务的信心。

（2）多用户租赁　SaaS 上的云应用是在多用户租赁环境下的应用系统。多个租户共享同一个实例化的应用实体及数据来达到个性需求的目的，这就要求用户能够正确完成自身的操作功能，而彼此间的并发操作不会产生相互影响，这对测试而言是一项极大挑战。

（3）并发问题　云服务可以迅捷地提供测试其他软件所需的资源和环境，但并不是所有的测试过程和场景都适合云测试框架，需要考虑系统间和测试用例间相互的依赖关系。

（4）虚拟化问题　虚拟化技术提高了资源利用效率，然而并不是所有的测试方法都支持虚拟化技术。同时，在一台机器上产生的多个虚拟设备存在资源的竞争机制，这样测试的结果可能会与实际情况有一定的偏差。

（5）研究结论不通用　在不同平台的测试环境中，所测试的结果和平台以及语言有密切的相关性。目前，测试大都没有考虑平台不同的问题，这使得测试结论没有通用性。

（6）迁移测试方法有局限　迁移传统的软件测试到云计算环境中，这样可以有效地降低软硬件购置成本，为企业和组织发展提供有力的支持。然而并非所有软件的测试都适合迁移到云环境下进行，软件测试迁移时需要考虑迁移所带来的风险与收益。因为迁移应用程序到云，可能会导致原有应用系统重构，必然也会带来测试方案的改变；而迁移测试方法到云中，由于云的特性，也会改变原有的测试方式。

目前，这方面的研究主要是结合云环境的测试，提高一些传统测试的效率，如回归测试等。因此，展开一系列相关研究工作具有非常重要的意义。比如，Parveen 等人从被测试程序的特征和所执行的测试类型两个方面分析了测试何时适合迁移到云环境下进行，并给出若干影响因素[8]：①测试用例是否相互独立；②自我包容且易识别的测试环境；③可编程接口。上述三个特征分别对应测试用例的并行执行、测试所需的软硬件环境以及测试的自动化控制。

8.2.4　云测试的研究进展

云测试是在云计算研究中迅速崛起的一个领域，近年来已经获得了相当高的重视[9]。

著名的软件测试国际会议 ICST（International Conference on Software Testing）将云计算的测试列为焦点问题，并在 2009 年和 2010 年举办两次针对云测试的专题讨论会 STITC（Software Testing in the Cloud），专门探讨和研究云计算测试相关的问题。

自此，许多企业组织、研究团体及标准化组织都启动了相关研究，很多软件商也纷纷推出各类云计算的测试产品。学术界也提出各自的理论方法和技术成果。

对不同类型的计算机系统和软件应用所需要的测试方法和技术不尽相同，云测试也是如此。到目前为止，在云测试的不同领域都已有研究成果，包括安全测试[10]、自主自我测试[11]、存在服务测试[12]、云计算基础架构互操作测试[13]、云存储系统测试[14]和面向移动应用的云测试[15]等。

市场上，各类云计算的测试工具或产品已经很多，如关于网站应用程序性能测试，目前主流的工具如下：

1）SOASTA 是一个总部位于加州的专门从事云测试的科技公司。CloudTest 是 SOASTA 所提供的云端测试服务工具。CloudTest 通过 EC2 的云端基础设施服务模拟成千上万个使用者，对网站或 Web 应用程序发出请求，以测试网站或 Web 应用程序的性能。CloudTest 能及时将测试结果如响应时间、模拟的使用者量等数据以可视化的图表形式展现给测试者。通过

CloudTest，用户可以在任何时间、任何地点，通过计算机的浏览器和互联网开展测试工作，这为中小型 IT 企业提供了很大的便利。由于中小型企业在软件测试过程中可能需要模拟出上百万个虚拟用户来进行性能和压力测试，然而他们的硬件难以提供如此大规模的计算能力。此时，为了获得强大的运算能力只需要租用云测试服务进行测试即可。

2）LoadStorm 是一套云端负载测试工具，LoadStorm 所使用的云端基础设施服务为 EC2，用户提供网站或网络应用程序的 URL 给 LoadStorm，LoadStorm 即会仿真用户对测试象进行开启页面或单击连接操作。在 LoadStorm 的官方文件提到主要的测试报表内容有平均响应时间、错误率、每秒请求数、每秒吞吐量、峰值响应时间和同时发出请求的使用者数量。

3）Load Impact 是一家位于瑞典的 Gatorhole AB 公司所开发的一个使用 EC2 服务的云端网站压力测试服务，通过模拟不同的在线人数所得到的网站响应时间，来计算出网站的最大负载。Load Impact 类似于 LoadStorm，测试者提供网站应用程序的 URL 给 Load Impact，Load Impact 即对测试对象发出 HTTP 请求并测量响应时间。测试者还可以通过 Load Impact 提供的 API 编写测试脚本，并设定模拟的使用者数量、测试运行时间、该测试案例所占的比例以及发出 HTTP 请求的主机所在地，用来模拟同一时间点、不同地点与不同使用者的行为。目前免费版本仅提供模拟最多 50 个同时在线的使用者。

在学术界，各种技术和解决方案也不断涌现。比如参考文献[7]提出一种 TaaS 的模型，此模型主要关注云测试所需资源的分配和调度算法，作者还评估了该云服务测试模型的有效性。参考文献[16]利用云计算服务资源构建网络管理系统的测试环境，有效地解决大规模测试环境构建困难的问题，准确地测试了大规模网络管理系统的性能。参考文献[17]提出一个基于云的并行符号测试引擎 Cloud9，利用云计算的资源解决了以往符号测试中内存和 CPU 资源不足、无法应用于大型软件系统测试的缺陷。Cloud9 可以运行于 EC2 环境。参考文献[18]提出一个称为 D-Cloud 的云计算测试环境。D-Cloud 使用多个虚拟机节点，QEMU 作为虚拟化软件，以及将 Eucalyptus 作为云管理软件。D-Cloud 使用云计算资源来运行一个分布式软件，虚拟机允许进行各种配置。为了测试系统的容错功能，D-Cloud 采用故障注入方法作为测试场景的一部分。

目前，尽管在云测试的理论和工具开发方面已经取得一定成果。但是，还有很多问题没有解决，在未来几年内，这个有前途的领域将会越来越受到关注。

8.2.5 传统软件与云服务测试的异同

传统软件与云端服务测试不同之处在于为解决云端服务质量问题而造成用户对于云端服务安全性担心的问题，如同云端服务软件与一般传统软件在开发过程不同，云端服务软件测试也不同于一般传统软件测试。传统软件与云端服务在测试上的差异见表 8-2[19]。

表 8-2　统软件测试与云端测试差异

项　　目	传统软件测试	基于云端软件测试
测试目标	确保系统功能和约定的性能质量；检查可用性、兼容性和互操作	保证云端服务性能和功能的质量；基于 SLA，保证云端服务的弹性和可扩展性
测试即服务	内部软件测试	由第三方提供实时按需测试服务；依据预先定义的 SLA 进行在线测试服务
测试和运行时间	在本地测试区中进行离线测试	由第三方按需求执行测试；公有云上执行在线测试；在私有云执行离线测试
测试环境	在测试区配置专属测试环境	具备各种计算资源的开放公有云测试环境；专有私有云测试环境

项　　目	传统软件测试	基于云端软件测试
测试成本	测试所需硬件和软件成本；测试过程中的技术人力成本	云端测试服务租用费用；云端计算的技术人力成本
测试模拟	模拟在线使用者；模拟在线流量	模拟虚拟/在线用户访问云端服务；仿真虚拟/在线云端服务流量数据
功能测试	验证组件和系统功能	云服务功能、端到端应用功能
集成测试	基于功能的集成测试；基于组件的集成测试；基于体系结构的集成测试	云中基于 SaaS 的集成测试；云间 SaaS 集成测试；面向应用的端到端集成测试；云间面向企业的应用集成测试
安全测试	基于功能的安全特性；用户隐私；进程访问的安全性；客户端/服务器访问安全测试；数据与信息完整性	云端服务安全功能验证；云端 API 和连通性安全性；端到端应用安全；用户隐私
可扩展性和性能测试	在线监控和评价；模拟用户访问、消息和测试数据进行测试；运行一个固定的测试环境	基于 SLA 运行于一个可扩展的测试环境；应用虚拟和实时在线数据进行测试；在线监控、验证和度量

8.3　常用的云测试方法

在云平台上进行的测试主要包括性能测试、安全性测试、功能测试和会话劫持测试等，测试过程包括测试用例的设计、测试问题的提交、测试计划、测试报告以及测试管理等工作。

8.3.1　性能测试

云计算性能测试的目标是验证在各种负载情况下云服务的性能。进行性能测试的最佳方法是多个测试用户运行完整的云服务测试，包括请求提交和应答验证。性能测试不仅通过指定的并发请求数目来监视服务器的响应时间，还要测试各类负载是否导致云服务的功能性障碍。所以，云服务性能测试工具应该能够设置或者定制性能测试场景。

下面主要就计算、通信和存储三个方面的性能测试进行简单论述。

1. 计算能力

对于计算能力，可以通过以下指标进行评测：

（1）加速比　在分布式环境下，通过执行负载测试、压力测试、稳定性测试和大数据量测试等方法。加速比直接反映了同一个任务在分布式环境中运行消耗的时间的比率。

（2）指令效率　在分布式环境下，通过执行负载测试、压力测试、稳定性测试和大数据量测试等方法。指令效率直接反映了所测试集群系统的分布式计算能力的高低。

（3）平均的并发用户数量　在分布式环境下，测试某一云服务的并发用户峰值。

（4）集群负载相对差　采用压力测试工具对云计算系统增加负载，测试每个节点的 CPU使用率和节点上被分配的任务数。

2. 存储能力

存储能力问题是计算机系统的一个传统问题，构建于云存储平台的各类应用和网络存储能否成功，很大程度上取决于存储服务提供的性能[20]。

与存储能力相关的度量指标主要如下：

（1）内存带宽　通过运算简单向量，对存储器速度进行测试，主要针对存储器的实际内存带宽即低延时可保证宽带进行测试。

（2）平均读写时间　对不同大小数据包读写，测试访问次数及访问时间。

（3）接口访问速率　首先设置一个总控节点，其余节点为负载生成节点。用总控节点对负载生成节点配置，并对负载生成节点进行远程调用启动测试；然后总控节点向每个负载节点发送一定大小的 I/O 负载，不同节点间多个进程并发协同工作，测试中需要统计实时接收的测试数据。

（4）元数据吞吐率　首先设置一个管理节点和一个客户节点，管理节点读入全局配置文件和测试参数配置文件，把任务分给客户节点，然后将文件系统配置成单核多个元数据服务器，使每个客户测试进程完成不同数量文件的创建和删除，观察系统执行情况。

（5）存储利用率　在具有分布式存储功能的云计算平台系统上，向集群上传和删除大小不同的文件，观察集群节点的存储空间利用情况。

3. 通信能力

通信测试一般采用网络性能测试方法，通过主动测试、被动测试和主被动相结合的方式进行测试。

（1）主动测试　在测量节点上使用测试工具有目的性地主动产生注入网络的测试流量，并根据实际数据流传送情况和测量值分析网络性能。测试时需要建立一个面向云计算的网络测量系统，其中包括测量节点、中心服务器、中心数据库和分析服务器等。实际测试中，中心服务器、中心数据库和分析服务器可能在一台物理主机中。测量中要能够明确控制流量大小、测量包大小和类型、发包频率、抽样方法等来控制流量特征。

（2）被动测试　在链路等设备上对网络状态进行检测，通过周期性查询检测设备数据信息来判断网络性能状态。被动测试不需要产生额外流量，但是被动测试需要对每个设备进行检测，比较难掌握网络全局点到点的性能，并且实时采集数据量过大时容易造成安全性问题，如数据遗漏和丢失。

（3）混合测试　因为主动测试适用于测试端到端的延时和丢包等情况，被动测试适用于测量路径吞吐量等流量参数。对于通信能力的测试，适合选用主动与被动相结合的方式，这样更容易得到相应的测量参数。

8.3.2　渗透测试

1. 渗透测试概述

渗透测试是一种传统的软件安全性测试方法，最早由 R. R. Linde 于 1975 年提出，并被用于操作系统的安全性测试中。它通过注入安全风险来确定系统在攻击下的可能行为。同时，渗透测试也是受信任的第三方进行的一种评估网络安全的活动。

渗透测试并没有一个严格的定义，通用说法是：渗透测试是通过模拟恶意黑客的攻击方法，来评估计算机网络系统安全的一种评估方法。这个过程包括对系统的任何弱点、技术缺陷或漏洞的主动分析。

通常的黑客攻击包括预攻击、攻击和后攻击三个阶段。预攻击阶段主要指一些信息收集和漏洞扫描的过程；攻击阶段主要是利用第一阶段发现的漏洞或弱口令等脆弱性进行入侵；后攻击阶段是指在获得攻击目标的一定权限后，对权限的提升、后门安装和痕迹清除等后续工作。与黑客攻击相比，渗透测试仅仅进行预攻击阶段的工作，并不对系统本身造成危害，即仅仅通过一些信息搜集手段来探查系统的弱口令和漏洞等脆弱性信息。

执行渗透测试通常需要一些专业工具进行信息收集。渗透测试工具种类繁多，涉及广泛，按照功能和攻击目标分为网络扫描、通用漏洞检测和应用漏洞检测三类。

（1）网络扫描　网络扫描是渗透测试的第一步，其目的在于发现目标的操作系统类型和开放端口等基本信息，为后续的扫描工作做基础。事实上，利用操作系统本身的一些命令如ping、telnet 和 nslookup 等可以对目标的信息进行判断。但是利用专业的工具，如网络连接端口扫描软件 NMap，可以给出更加全面和准确的判断。

（2）通用漏洞检测　利用漏洞扫描工具，如 Nessus[21]，检测目标系统所存在的漏洞和弱口令。通用漏洞主要指操作系统本身或者安装的应用软件所存在的漏洞，如缓冲区漏洞。

（3）应用漏洞检测　在网络环境下，威胁最大的应用漏洞形式就是 Web 应用漏洞。常见的漏洞包括 SQL 注入、表单破解、跨站脚本攻击和编码漏洞等。从本质上来说，应用漏洞的形成原因是程序编写时没有对用户的输入字符进行严格过滤，造成黑客可以精心构造一个恶意字符串而达到自己的目的。

2．云计算渗透测试

云计算渗透测试是通过模拟一个未知恶意源发起的攻击，主动分析云计算的网络安全强度，寻找由于系统错误配置、软硬件缺陷或操作系统脆弱性等引起的潜在漏洞，模拟现实世界黑客的攻击，找到绕过应用、系统和网络安全措施的方法。该方法通常分为信息收集、网络扫描、漏洞识别和实施攻击四个阶段。

云渗透检测流程分为准备阶段、测试部署阶段、信息收集阶段、场景构建阶段、攻击阶段和交付阶段。准备阶段确定测试的范围和时间期限等；测试部署阶段在云计算中心部署一个渗透测试管理工具和多个执行工具；信息收集阶段运用 Whois 和 Nslookup 等工具，收集目标信息，进行漏洞分析；场景构建根据分析结果，构造测试步骤，如测试图、测试树和测试序列等；攻击阶段根据测试步骤进行攻击以验证漏洞是否存在；交付阶段根据场景构建阶段和攻击阶段的信息进行分析，提供分析报告。

8.3.3　功能测试

功能测试是为了确保程序以期望的方式运行而按功能要求对软件进行的测试，通过对一个系统的所有特性和功能都进行测试以确保其符合需求和规范。

云测试服务商预先构建好大量配置各异的虚拟测试环境，使测试人员借助于云计算服务商提供的各种硬件设备、软件系统和测试工具等进行测试。测试人员只需制订好测试方案，编写好脚本，上传至云服务商提供的平台，便可以运行脚本进行测试；也可以将测试用例提交给云平台，使测试用例并发的运行在测试环境中，让测试人员在短时间内可以收集到大量的测试信息。

目前，市场上已有很多云测试服务平台产品，如 Testin、SOASTA 和易测云等。它们主要提供功能测试和性能测试。

1．Testin

Testin 云测试是首家面向全球提供免费的自动化云测试服务平台，可以实现自定义终端进行批量自动化兼容适配测试以及功能、性能、稳定性测试，极大减少了大量重复和枯燥的人力测试工作，节省测试终端的租用和购买成本。例如，Testin 的功能测试主要包括：①自定义脚本测试，上传自定义脚本，脚本中给出测试方法，自动定位错误及反馈出错原因，在结果报告中呈现测试过程出现的缺陷，并提供重现功能，利用单元测试工具可以快速定位代码错误；②执行结果评判，比对每个用例的测试结果，未通过的用例给出准确的日志分析。

2. 易测云

易测云由东软出品，专门为安卓 APP 产品提供适配测试、功能测试、覆盖测试和性能测试等多种服务的真机自动化云测试服务产品。易测云目前支持 Robotium、Athrun 和 Guerrilla 等开源测试框架，方便测试人员快速书写测试脚本。

易测云支持手写脚本和录制脚本两种生成模式，且可支持脚本自定义。用户可根据实际需要对脚本进行编辑、回放和截图等操作。灵活便捷的脚本处理大大增加了功能测试的易用性和智能性，更符合开发者和测试者的实际需求。用户只需将处理完毕的脚本，一键提交到易测云服务系统，便可以获得测试结果。

8.3.4 会话劫持测试

1. 会话劫持测试概述[22]

在通常情况下，任何涉及对设备间会话的攻击都称为会话劫持。其中，会话是指存在状态的设备间连接。会话劫持是一种结合嗅探和欺骗技术在内的攻击手段。从广义上来说，会话劫持就是在一次正常的通信过程中，入侵者从中获取所需数据，并冒充一方主机，欺骗另一方主机，接管会话，作为第三方参与其中，或者是在数据流里注入额外的信息，或者是双方的通信模式被私下改变。

会话劫持利用 TCP/IP 设计攻击。TCP 使用端到端的连接，即 TCP 用来唯一标识（源、目的 IP，源、目的 TCP 端口号）每一条已经建立连接的 TCP 链路。另外，TCP 在进行数据传输时，TCP 报文首部的两个字段即序号和确认序号非常重要。它们与所携带 TCP 数据量的多少有直接关系。序号字段指出本报文中传送的数据在发送主机所要传送的整个数据流中的顺序号，而确认序号字段指出发送本报文的主机希望接收方主机中下一个八位组的顺序号。对于一台主机来说，其收发的两个相邻 TCP 报文之间的序号和确认序号的关系为：它所要发出的报文中的序号字段值应等于它所刚收到的报文中的确认序号值，而它所要发送报文中确认序号值应为它所收到报文中序号值加上该报文中所发送的 TCP 数据的长度。

会话劫持攻击分为中间人攻击和注射式攻击两种类型。会话劫持攻击也可分为被动劫持和主动劫持两种形式。被动劫持就是在后台监视双方会话的数据流，从中获得敏感数据；主动劫持则是将会话当中的某一台主机"踢"下线，然后由攻击者取代并接管会话。

会话劫持是一种难检测、更难以抵御的攻击。因为会话劫持攻击基本属于被动攻击形式。除非恶意用户在访问已劫持会话时执行某种明显的操作，否则将永远无法知道账户已经被劫持。

2. 云计算会话劫持测试

云平台有广泛的网络接入，在用户与云数据中心建立连接时，TCP 会话劫持可以对如 HTTP、FTP、Telnet 等发起攻击。对于攻击者来说，所需要做的就是窥探到正在进行 TCP 通信的用户主机与云数据中心之间传送的报文。只要攻击者获得该报文的源 IP、源 TCP 端口号、目的 IP 和目的 TCP 端号，就可以得知其中一台主机对将要收到的下一个 TCP 报文中的序号和确认序号的值。这样，在该合法用户主机收到云数据中心主机发送的 TCP 报文前，攻击者根据所截获的信息向该主机发出一个 TCP 报文，如果云中心主机先收到攻击报文，就可以把合法的 TCP 会话建立在攻击主机与被攻击主机之间。

TCP 会话劫持攻击方式的特点在于使攻击者避开被攻击主机对访问者的身份验证和安全认证，从而使攻击者直接进入对被攻击主机的访问状态。

对于云平台的会话劫持攻击可采用账户信息安全分级策略和客户机异常行为监测策略进行检测。

（1）账户信息安全分级策略　在云平台的服务设计中可以建立一个账户信息安全分级机制，对用户的普通数据、隐私数据、账户常规设置和关键设置等引入不同的验证机制。对于访问敏感数据要求一次验证码验证甚至要求重新输入密码；如果是关键隐私数据，除在线验证之外，还要与用户进行脱网交互，如手机短信验证等。

（2）客户主机异常行为监测策略　在攻击生命期内，恶意脚本会尽量发出更多的请求，即其 HTTP 等请求频率远远高于正常操作，或者表现为对 Web 服务的访问规律出现异常现象。针对这些情况，可以预定安全策略进行拦截或放行。

8.3.5　业务逻辑测试

业务逻辑测试就是指依据客户需求，围绕项目质量目标，进行测试计划制订、测试用例编写、测试脚本开发和测试流程优化的整个过程。主要目标是检查软件是否满足需求说明书中的规定要求，验证软件功能的完整性、正确性和一致性。

对业务逻辑进行测试主要考虑：①业务规则格式转换；②业务规则验证；③业务规则存储；④业务规则执行。

对于云应用来说，它与传统软件的业务逻辑之间存在一定差异，这些差异包括：①云应用的业务逻辑定制需要支持多租户，每个租户有着自己不同的定制，而传统软件只需要一份定制；②云应用的定制操作不是在系统运行前定制，而是要能够在系统运行过程中动态执行，从而能够根据需求的变化随时做出相应的定制，而且定制时不能把系统暂停下来，以免影响其他租户；③云中大多数定制操作由管理员来执行，而不是由软件供应商的开发人员来配置。

8.4　云服务质量测试

近年来很多云服务提供商都曾发生过不同程度的服务中断事件，这些事件的发生会对业务造成冲击，影响使用者对于云端服务的信心，也会限制云端服务的推广与应用。

从用户角度看，当前云服务市场产品良莠不齐，云主机质量严重缺乏透明度，中小企业在选购云服务产品时需要特别关注自身的需求、云服务的质量和性价比。

因此，研究云服务质量度量标准、设计验证方法与测试程序，以期降低云端服务软件质量测试成本，确保云端服务的高质量是一项值得研究的内容。

8.4.1　服务质量参数的选取与度量

要对云服务质量进行度量，首先要确定相应的服务质量参数。服务质量参数的定义是SLA 的一项重要内容。SLA 的定义：服务等级协议是一个经过双方谈判协商而签订的正式协议，是服务提供商和使用者之间的一个契约，其目的在于对服务、优先级和责任等达成共识。即 SLA 是服务提供商和用户之间的一个协定，规定了相关的服务质量参数以及相应的服务质量测量标准和技术等。

对于云计算来说，服务质量就是它所提供服务的质量。服务质量参数是用户与服务提供商协商并定义在 SLA 中与各种服务相关的需要保障的参数。下面是度量云服务质量的常用参数[22]。

（1）可用性　可用性表示一个服务是否存在或者是否可以立即使用，用来衡量一个服务可被使用的可能性。服务可用性通常用一个百分比来表达，这个百分比表明了合约中规定的服务在各自的服务访问点可操作的时间比例。

在服务访问点，一个影响服务的不可用事件称为故障。故障事件的持续时间为故障时间。在 SLA 中规定的服务时间内，服务不可用性百分比为所有故障时间所占的比例。

（2）性能　服务性能一般可以通过服务响应时间来衡量。短的服务响应时间表示服务的性能良好。

（3）吞吐率　吞吐率表示服务的处理能力，一般可以用单位时间内处理的服务请求数量来衡量。

（4）利用率　在保证响应时间的条件下，服务可达到的最大利用率即服务利用率。可以用一段时间内已经利用的资源与总资源的比值来表示。利用率可以表明一段时间内服务的繁忙情况。同时，用户也可以根据利用率来判断对所购买服务的使用情况，从而对所需购买的服务作进一步调整。

8.4.2　SaaS 云服务质量测试

这里以 SaaS 云服务为例，论述云服务质量的测试方法，即依据云端特性并参考 ISO/IEC 25010 软件质量评量模型。参考文献[19]将云端特性分为功能性测试与非功能性测试，而在测试过程中则以子特征（评量指标）作为测试评量目标。在测试过程中，验证软件质量子特征并设计适当的评估指标量化计算方式进行测试验证。然而，并非所有的质量特征评价指标都可以获得量化的结果，故采用定量（计算公式）和定性（调查表）相结合的方式对 SaaS 云服务进行评估。

1. 功能性测试步骤

步骤 1：确定软件质量模型中对应的质量特征。

步骤 2：依据特征设计调查表，并进行调研。

步骤 3：审查结果再以量化方式计算符合度。

2. 非功能性测试步骤

步骤 1：确定软件质量模型中对应的质量特征。

步骤 2：依据特征定义设计计算公式并收集测试数据计算各评价指标。

步骤 3：计算整体符合度。

下面仅以多租户（功能性）以及高可靠度（非功能性）特性为例，说明 SaaS 服务质量的评测方法。

8.4.3　多租户服务质量测试

多租户为 SaaS 云端服务的重要特性之一，通过多租户的架构，SaaS 服务提供商可以大量简化操作并降低营运成本，在同一云端资源池服务大量使用者（租户）。服务供应商为每个租户提供一个单独的使用环境，每个客户的数据却是独立存放的，彼此互不相通。

多租户特性所对应质量模型中的相关质量特征属于定性评估，因此在测试过程中，将以调查表的方式调查云端服务提供商的多租户架构设计，确保各租户彼此的独立性为测试任务的主要目标。从技术角度来讲，多租户的架构是通过隔离技术实现的，多租户的服务模式支持租户在运行时可自行调整服务，而不影响其他租户。当租户数量增加时，可能会导致服务可用性问题。因此，多租户属于功能性特性，与其对应的质量特征有可移植性、易用性、相容性、安全性与可维护性。多租户评估指标内容见表8-3[19]。

表8-3 调查表

软件质量特征	子特征	调查内容	符合程度 （符合/不符合）
易用性	易操作性	用户界面：应用程序的用户操作接口是否支持定制调整并且可通过设定更改外观而不影响其他用户	
安全性	保密性	通过隔离技术让每个客户只可访问属于自己的专属区域，如虚拟资源、作业流程和 Web 服务	
	完整性	用户进入操作系统时是否进行数据检查，以确保数据完整性	
	不可否认性	使用者的通信链路与操作是否具备完善的授权管理，以便确保用户依据授权进行系统操作	
	可审查性	使用者的通信链路与操作是否具备完善的审查机制并针对操作异常保留以便后续追踪审查	
	可信赖性	过去几年是否发生过重大安全事件；是否通过安全认证；是否定期进行信息安全测试	
兼容性	共享存性	资源池：云端服务共享环境与资源时，是否能够正常运行，而且不会给其他使用者带来不利的影响	
		数据库：单一租户使用数据库数据变更操作时，是否会影响其他人	
		业务流程：是否支持让客户依实际的需求分配相关的业务流程给个别负责人	
	互操作性	是否可依据性能及扩充性等需求，支持多种数据库，让租户可以进行数据库相关的维护作业，如备份等	
可维护性	模块化	多租户服务的系统修改、维护与更新作业是否可依据不同的用户需求弹性更新与修改程序，且不造成其他用户的影响	
	易分析性	随时监控并记录客户资源使用情况，以便计算客户端可以使用多少服务项目或资源、应该要支付多少费用	
	易修改性	在不需更改程序的前提条件下，每个客户是否可以依据自身需求对业务逻辑进行定制化设定	

当完成调查表评估后，可依据调查结果，计算该云端服务针对多租户特性质量特征的符合程度。多租户特性符合程度的计算方法如下：

$$多租户功能符合程度=\left(\sum_{i=1}^{n}\frac{符合功能选项的数量}{所有功能选项的数量}\right)/n$$

其中，n 是质量子特征项次的总数。多租户特性符合程度检核的范围是[0,1]，数值 1 表示该云端服务完全符合多租户特性。

8.4.4 可靠性与容错性测试

高可靠度与容错机制是依据软件质量可靠性进行评量与验证，可靠性测试是指使用者对云端服务系统的可靠性要求，通过对云端系统进行测试验证是否达到可靠性要求的一种测试方法，高可靠度与容错机制可通过软件质量特性中的可靠度与三个子特征作为评量指标。

1）可用性的计算为云端服务的使用时间与云端服务的总运行时间的比值。有关可用性的计算方法如下：

$$可用性=\frac{服务总执行时间-服务中断时间}{服务总运行时间}$$

其中，分母是云端服务运行的总时间，而分子是该云端服务可被使用的时间，分子可以通过"服务总运行时间 – 服务中断时间"计算得到。服务中断时间表示由任何故障原因造成服务中断的时间，该服务无法使用的总时间。可用性结果范围是[0,1]，越接近 1 表示该云端服务具有越高的可用性。

2）容错性是指当发生错误或故障时，却不影响系统运行状况。容错性计算是曾经发生过故障次数却没有造成服务中断的比例。有关容错性的计算方法如下：

$$容错性=\frac{发生错误却没造成服务中断事件次数}{错误发生总次数}$$

其中，分母是确定发生故障的总数，分子是发生故障但不会引起失败的次数。从参考云端服务相关的软硬件的日志文件，可以统计发生故障的总数。因此，可以从日志故障事件的总数和实际上真正发生故障的总数量之间的差异获得分子的数值。容错性结果范围是[0,1]，越接近 1 表示云端服务具有越高的故障容错性。

3）可恢复性是指曾经发生故障事件，却自动恢复不影响运作的比例。可恢复性的计算方法如下：

$$可恢复性=\frac{发生错误却自动恢复正常次数}{错误发生总次数}$$

其中，分母是发生故障的总次数。可恢复性范围是[0,1]，越接近 1 表示云端服务具有越高的可恢复性。

4）高可靠度与容错机制整体符合程度是由以上三个指标乘以各指标的权重参数 W 的总和。其总和为 1。假设 $W=1/n$，其中 n 为评量指标个数。高可靠度与容错机制的范围是[0,1]，越接近 1 表示云端服务具有越高的可靠性与容错机制。有关可靠性计算方法如下：

$$可靠性 = W_{可用性} \times 可用性 + W_{容错性} \times 容错性 + W_{可恢复性} \times 可恢复性$$

关于更多的实现细节读者可以阅读参考文献[19]。

8.5 OpenStack 平台安全测试实践

8.5.1 搭建环境[24]

这里安装两台 OpenStack 服务器，分别为控制服务器和计算服务器。物理服务器安装 CentOS 操作系统，在 CentOS 操作系统中安装 KVM 软件，然后创建虚拟机作为 OpenStack 服务器。在物理服务器和虚拟机中安装 OpenStack 的区别在于底层虚拟化技术的选择。若在物理机上安装时，底层指定虚拟化技术为 KVM，若在虚拟机中安装时，底层虚拟化技术必须采用 QEMU[23]。

控制服务器负责 OpenStack 的用户验证控制和服务控制。控制服务器需要安装 Glance 项目、KeyStone 项目和 Horizon 项目。计算服务器负责虚拟机实例的资源分配、运行以及网络分配。计算服务器需要安装 Nova 项目含 Nova-network。

图 8-2 为实验所架设的 OpenStack 总体结构图。

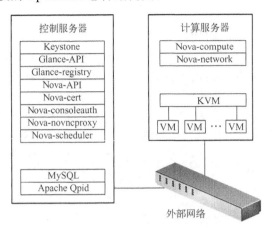

图 8-2　OpenStack 实验总体架构

1．身份验证服务部署

身份验证服务是由 OpenStack 的 Keystone 组件负责。其主要功能是负责身份验证和服务令牌功能。

Keystone 类似于一个服务总线，可以说是整个 OpenStack 框架的注册表，每个服务都要通过 Keystone 对服务自身和该服务的访问点（Endpoint）进行注册。服务之间相互调用也都需要经过 Keystone 的身份验证，并经过访问点来获取服务。Keystone 涉及的概念主要如下：

1）User（用户），代表访问 OpenStack 云服务的用户、系统或者服务等。身份验证服务对用户提出的需求进行可行性判断。用户通过账号及令牌来获得访问资源的权限。

2）Credentials，用于证明一个用户是合法的。在身份验证服务中，它可能是用户姓名与密码或者经认证的令牌。

3）Authentication，用于确定用户身份的行为，通过用户提供的证书来进行合法性判断。验证通过后，身份验证服务向用户发放一个令牌，用户可以在后续的资源访问中使用该令牌。

4）Token，由一串任意的文本信息构成。每一个令牌表征着可使用的资源范围。Token 可以在任意时候被撤回，也有可能永久有效。

5）Tenant，表示一组用户。一个 Tenant 可以有一个或多个用户，用户可以属于一个或者多个 Tenant。

6）Service，提供了一个或多个 Endpoint，用户通过 Endpoint 访问资源并进行操作。

7）Endpoint，是一个通常用 URL 来指定的网络地址。如果需要访问一个服务，则必须知道它的 Endpoint。在 Keystone 中包含一个 Endpoint 模板，这个模板提供了所有存在的服务 Endpoints 信息。一个 Endpoint 模板包含一个 URL 列表，列表中的每个 URL 都对应一个服务实例的访问地址，并且具有 Public、Private 和 Admin 三种权限。Public URL 可以被全局访问，Private URL 只能被局域网访问，Admin URL 只能被管理员访问。

8）Role，代表一组用户可以访问的资源权限。一个令牌中包括用户具备的全部角色。用户访问服务时，服务对用户所持的令牌进行角色提取，然后判断用户是否具有访问权限。

本部分的安装内容如下：

1）安装 Keystone。

2）安装 Keystone 数据库。

3）创建用户、租户及角色。

4）创建身份验证服务及访问点。

2．镜像管理服务部署

镜像管理服务对应 OpenStack 组件是 Glance。镜像文件可以是简单的文件系统，也可以是对象存储系统。实验所用镜像存储在文件系统中，默认存放在控制服务器的/var/lib/lance/images/目录下。

Glance 包含如下组件：

1）CE-API，提供镜像发现、注册、检索及存储的 API。

2）Glance-registry，存储、处理及检索镜像元数据，元数据包括镜像大小和类型等。

3）Database，存放镜像元数据，本次采用 MySQL 数据库。

4）Storage repository for image files，镜像存储仓库。

本部分的安装内容如下：

1）安装 Glance。

2）创建 Glance 数据库。

3）创建 Glance 服务及访问点。

3．计算服务部署

计算服务是 OpenStack 的核心部件，主要用于主持和管理云计算系统，提供按需分配虚拟机。计算服务需要虚拟化支持，OpenStack 支持多种虚拟化技术，这里采用 QEMU。

本部分的安装内容如下：

1）安装 Nova。

2）创建 Nova 数据库。

3）创建 Nova 服务与访问点。

4．网络服务部署

计算服务自带的 Nova-network 实现了一些基本的网络模型，能够实现云主机之间相互通信及云主机与 Internet 的相互访问。Nova-network 提供两种 IP 和三种网络管理模型。

两种 IP 是指固定 IP（Fixed IP）和浮动 IP（Floating IP）。固定 IP 分配给云主机之后将不做变动，直至删除云主机并将该 IP 进行释放。固定 IP 可以看作是所有云主机所构成虚拟子网的内网 IP，支持云主机之间的通信。为了实现云主机能够访问 Internet，需要为每个云主机分配一个浮动 IP，该浮动 IP 为连接互联网的 IP，可以随时进行绑定和解除绑定，采用动态分配。

三种网络管理模式是指 Flat（扁平）模式、FlatDHCP 模式和 VLAN 模式。Flat 模式是指所有云主机都桥接到同一个虚拟网络，需要管理员手动设置网桥，虚拟机的 IP 都从该子网中分配，网络相关的配置信息会在虚拟机启动时注入虚拟机镜像中。FlatDHCP 模式是指 Nova 会自动创建网桥并启动 DNSmasp（一个用于配置 DNS 和 DHCP 的工具）来配置云主机的固定 IP，虚拟机启动时通过 DHCP 获取其固定 IP，因此不需要将网络配置信息注入云主机中。VLAN 模式会为每个项目（Project，可以看作一组用户）提供受保护的网段，每个项目可以有自己独立的 IP 地址段，不同的项目之间是隔离的，不会相互影响。这里采用 FlatDHCP 模式。

本部分的安装内容如下：

1）安装 Nova-network。

2）配置 FlatDHCP。

5．Web 服务环境部署

Dashboard（Horizon）是云管理人员与用户管理各种 OpenStack 资源与服务的 Web 接口。通过 Web 界面可以方便地对 OpenStack 的各类资源进行浏览与管理。Web 服务发布采用 Apache 服务器。

本部分的安装内容如下：

1）安装 Dashboard。

2）启动 Apache。

8.5.2　测试内容

1．网络端口测试

OpenStack 服务的网络端口见表 8-4（根据命令#netstat –atn –p 及 Openstack 日志得到）。格式说明：端口-用途。

表 8-4　OpenStack 服务的网络端口

80-HTTP	6080-nova-novncproxy	9191-Glance Registry
3260-Nova iscsi	8773-Nova EC2 API	9292-Glance API
3306-MySQL	8774-Keystone compute	35357-Keystone admin
5000-Keystone public	8775-Nova API	
5672-Nova rabbit	8776-Nova osapi-volume_listen	

实验选取 HTTP 端口，测试其数据包发送与接收的稳定性。

2．会话劫持

会话劫持是指将试图劫持 OpenStack 服务器发送给用户的 Session Cookie，然后利用该 Session Cookie 信息登录 OpenStack 服务器。

实验将利用第三方工具监测用户登录 OpenStack Dashboard 时的网络连接信息，并试图抓取服务器向用户浏览器返回的信息。

3．登录信息盗取

登录信息盗取是一种比较简单的渗透测试技术，攻击者盗取或者猜测用户的登录信息。用户登录信息可能被存放在非加密的文件中，也可能在网络连接中被非加密地进行传输。这两种情况中的任何一种都可能导致用户登录信息的泄露，从而使攻击者通过获取到的用户登录信息去访问用户数据。

实验将测试 OpenStack Dashboard 的登录信息安全性。

8.5.3　选择测试方法

1．网络端口测试方法

本次测试将采用 Kali Linux 系统提供的 BED 程序，对 Dashboard 的 HTTP 服务进行测试。将在 BED 命令行输入如下格式的参数：

```
#cd /usr/share/bed
./bed.pl –s  HTTP –t 192.168.10.252 –p 80 –o 2
```

其含义是，每 2s 对 192.168.10.252:80 进行 HTTP 测试。BED 将通过传输一系列的包来分析 HTTP 所携带的信息。

2．会话劫持测试方法

选取 Ferret 工具用于监控 OpenStack 用户与 OpenStack 服务端的网络连接。当用户登录 Dashboard 时，Ferret 将试图抓取服务端返回给浏览器的 Session Cookie。Ferret 将会把 Session Cookie 以及用户访问的 URL 等相关 Web 数据保存在一个文本文件中。

选取 Hamster 分析 Ferret 抓取的文本文件，从而利用用户的 Session Cookie 访问 Dashboard 的 Web 界面。

3．登录信息盗取测试方法

采用 Wirdshark 软件来监控 OpenStack 用户与 OpenStack 服务器之间的网络连接。通过分析 Wireshark 抓获到的网络数据包来分析是否用户登录信息采用非加密方式传输。

通过分析 Linux 系统的文件来分析用户登录信息是否被非加密地存放在 OpenStack 的服务器端。例如，采用 vi 打开 OpenStack 的基本配置文件，看能否查找出用户的登录名和密码之类的信息。

8.5.4　部署测试环境

实验采用两台机器，其中一台为 Windows 7 操作系统，另一台为 Kali Linux 操作系统。Windows 7 操作系统主要用于 Wireshark 程序的安装与使用，并负责以用户身份登录 Dashboard。Kali Linux 操作系统主要用于网络端口测试及会话劫持测试。

Kali Linux 是一个基于 Debian 的 Linux 发行版，包含很多安全和取证方面的相关工具，支持 ARM 架构。按照官方网站的定义，Kali Linux 是一个高级渗透测试和安全审计 Linux 发行版。Kali Linux 自带了很多工具集，如图 8-3 所示。其中最顶层 "Top 10 Security Tools" 是最受欢迎的十大安全工具。Kali Linux 共将工具集分为 14 个大类，在这些大类中，有些工具集是重复出现的。

这里主要用漏洞分析工具（见图 8-4）和嗅探/欺骗工具（见图 8-5）进行实验。

图 8-3　Kali Linux 安全测试工具

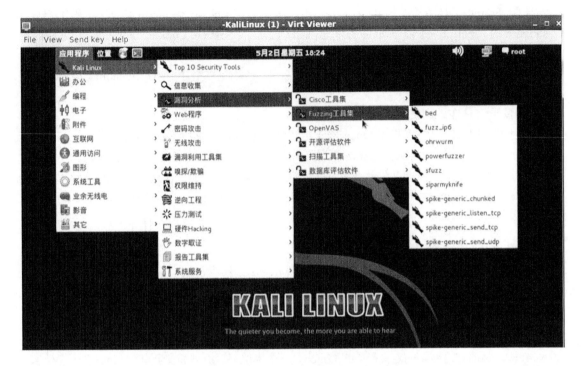

图 8-4　Kali Linux 漏洞分析工具

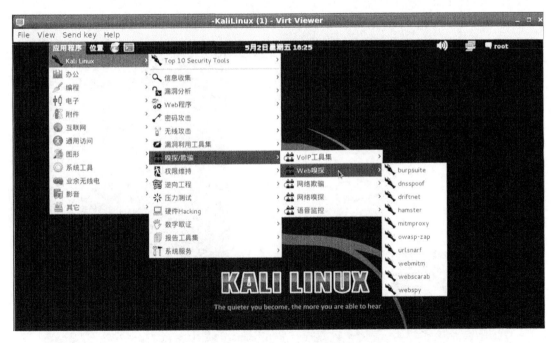

图 8-5　Kali Linux Web 嗅探工具

8.5.5 实施测试

1. 网络端口测试

第一步：打开 BED 命令窗口（见图 8-6）。如图 8-4 所示，依次选择"Kali Linux"→"漏洞分析"→"Fuzzing 工具集"→"bed"。

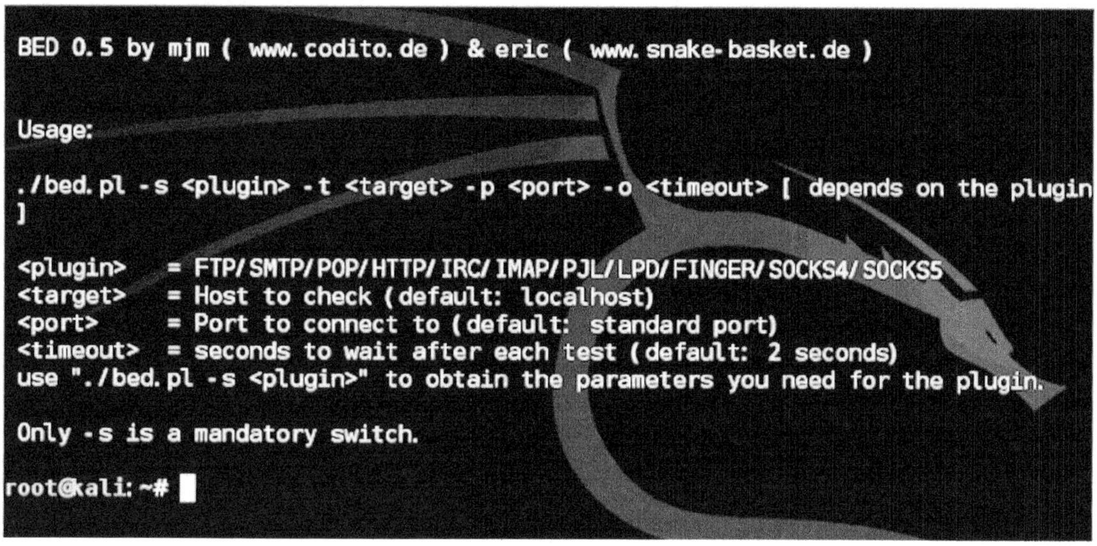

```
BED 0.5 by mjm ( www.codito.de ) & eric ( www.snake-basket.de )

Usage:

./bed.pl -s <plugin> -t <target> -p <port> -o <timeout> [ depends on the plugin
]

<plugin>   = FTP/SMTP/POP/HTTP/IRC/IMAP/PJL/LPD/FINGER/SOCKS4/SOCKS5
<target>   = Host to check (default: localhost)
<port>     = Port to connect to (default: standard port)
<timeout>  = seconds to wait after each test (default: 2 seconds)
use "./bed.pl -s <plugin>" to obtain the parameters you need for the plugin.

Only -s is a mandatory switch.

root@kali:~#
```

图 8-6　BED 命令窗口

第二步：输入如下命令，对 OpenStack Dashboard 的 HTTP 端口 192.168.10.252:80 进行漏洞检测。

> \# cd /usr/share/bed
>
> \#./bed.pl –s HTTP –t 192.168.10.252 –p 80 –o 2

然后系统会输出测试结果，用户可以依据各个指标是否正常，确定 Dashboard 的 HTTP 服务是否具有较强的稳定性。

2. 登录信息劫持测试

采用 Windows7 连接 OpenStack Dashboard 界面。

第一步：进入 OpenStack Dashboard，并输入普通用户名及密码，本次实验中采用的是test1/123456。

第二步：在 Wireshark 应用程序中配置监控网卡，由于 Windows7 只有 1 块网卡，因此默认即可。

第三步：单击"Start"按钮（图 8-7 中左侧绿色的类似小帆船的图标）。

第四步：过滤发往 OpenStack Dashboard 目的地址的包，即图 8-8 中的"ip.dst==192.168.10.252"。

此时，通过观察可以发现用户在 Dashboard 界面输入的用户名及密码是明文传输。

同样，当以管理员的身份登录 Dashboard 时，其用户名及密码（admin/ADMIN_PASS）也是明文传输，如图 8-9 所示。

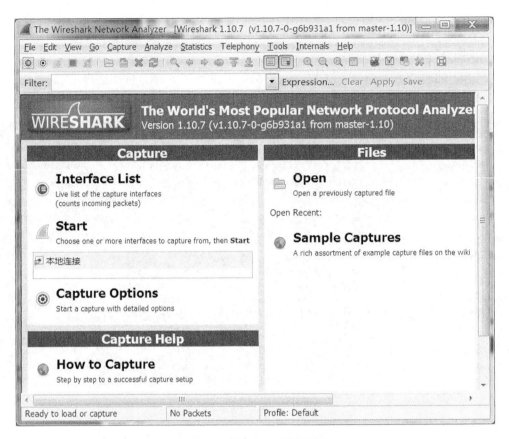

图 8-7　Wireshark 开启监控

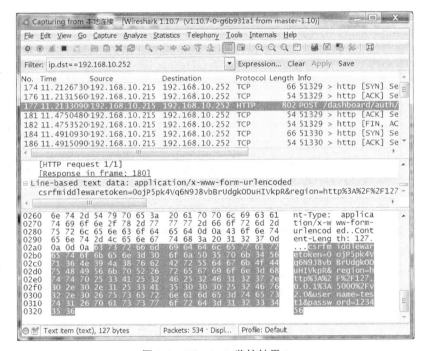

图 8-8　Wireshark 监控结果 1

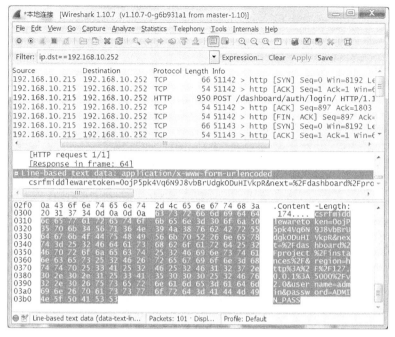

图 8-9　Wireshark 监控结果 2

3．会话劫持测试

这里采用 Kali Linux 系统提供的 Hamster 工具进行 Session 窃取实验。预期目标是当在 Windows 7 操作系统中登录 Dashboard 时，利用 Ferret 窃取到该 Session，并由 Hamster 解析，最终实现在 Kali Linux 系统中实现 Dashboard 登录（不必输入用户名及密码）。

由于 Kali Linux 系统默认不提供 Ferret 工具，因此，需要用户下载和安装 Ferret 程序，然后就可以利用 Ferret 和 Hamster 进行 Session 窃取实验。

第一步：架设 Hamster 代理。如图 8-10 所示，设置浏览器代理，即配置为使用本地回环地址 1234 端口的 127.0.0.1。

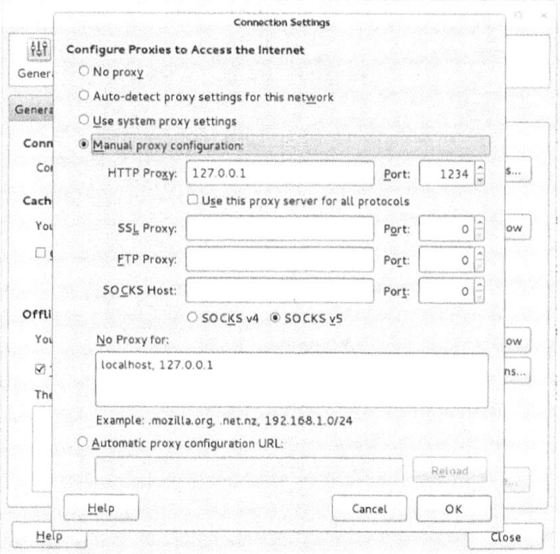

图 8-10　Hamster 网络代理设置

第二步：登录会话。为了可以使用 Hamster 发起实际攻击，需要启动会话劫持工具
Hamster，操作流程：依次选择"Kali Linux"→"嗅探/欺骗"→"Web 嗅探"→"Hamster"，
进入如图 8-11 所示的 Hamster 监测界面。

图 8-11　Hamster 监测界面

第三步：实施劫持。在浏览器中网址栏输入"http://hamster"，打开 Hamster，显示如
图 8-12 所示页面。然后需要在网页的右半部分单击目标 IP 地址 192.168.10.252 后，网页
左侧会出现获取的有关信息。若 Session 窃取成功，则可以从左侧的网址直接进入网站，
从而实现用户数据的盗取。

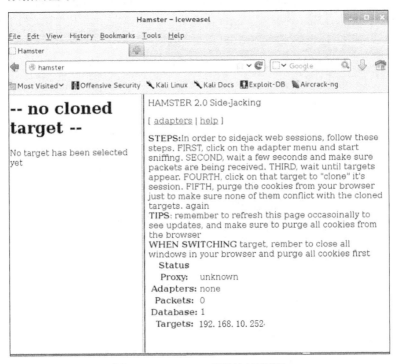

图 8-12　Hamster 页面的运行界面

参考文献

[1] 赵瑞莲. 软件测试[M]. 北京: 高等教育出版社, 2005.

[2] 维基百科. Cloud testing[J/OL]. https://en.wikipedia.org/wiki/Cloud_testing.

[3] 李乔, 柯栋梁, 王小林. 云测试研究现状综述[J]. 计算机应用研究, 2012, 29(12): 4401-4406.

[4] Jerry G, Bai X Y, Tsai W-T. Cloud testing-issues, challenges, needs and practice[J]. Software Engineering: An International Journal, 2011, 1(1): 9-23.

[5] Cloud testing with TestMaker[J/OL]. http://www.pushtotest.com/cloudtesting.

[6] Sultan N. Cloud computing for education: A new dawn?[J]. International Journal of Information Management, 2010, 30(2): 109-116.

[7] Yu L, Tsai W-K, chen X J, et al. Testing as a service over cloud[C]. Fifth IEEE International Symposium on Service Oriented System Engineering, Nanjing, 2010: 181-188.

[8] Parveen T, Tilley S. When to migrate software testing to the cloud?[C].Third International Conference on Software Testing, Verification, and Validation Workshops, Paris, 2010: 424-427.

[9] Vilkomir S. Cloud testing: A state-of-the-art review[J]. Information & Security: An International Journal, 2012,28(2): 213-222.

[10] Zech P. Risk-based security testing in cloud computing environments[C]. IEEE Fourth International Conference on Software Testing, Verification and Validation, Berlin, 2011: 411-414.

[11] King T M, Ganti A S. Migrating autonomic self-testing to the cloud[C]. Third International Conference on Software Testing, Verification, and Validation Workshops, Paris,2010: 438-443.

[12] Quan W, Wu J, Zhan X S, et al. Research of presence service testbed on cloud-computing environment[C]. 3rd IEEE International Conference on Broadband Network and Multimedia Technology, Beijing, 2010: 865-869.

[13] Rings T, Grabowski J, Schulz S. On the standardization of a testing framework for application deployment on grid and cloud infrastructures[C]. Second International Conference on Advances in System Testing and Validation Lifecycle, Nice, 2010: 99-107.

[14] Moreno J. A testing framework for cloud storage systems[D]. Zurich: ETH Zurich, 2010.

[15] Baride S, Dutta K. A cloud based software testing paradigm for mobile applications[J]. ACM SIGSOFT Software Engineering Notes, 2011, 36(3): 1-4.

[16] Ganon Z, Zilbershtein I E. Cloud-based performance testing of network management systems[C]. IEEE 14th International Workshop on Computer Aided Modeling and Design of Communication Links and Networks, Pisa, 2009: 1-6.

[17] Ciortea L, Zamfir C, Bucur S, et al. Cloud9: A software testing service[J]. ACM SIGOPS Operating Systems Review, 2010, 43(4): 5-10.

[18] Banzai T, Koizumi H, Kanbayashi R, et al. D-cloud: Design of a software testing environment for reliable distributed systems using cloud computing technology[C]. Proceedings of the 10th IEEE/ACM International Conference on Cluster, Cloud and Grid

Computing, Melbourne, 2010: 631-636.

[19] SaaS 云端服务软件质量测试之研究[J/OL]. http://gebrc.nccu.edu.tw/jim/2S/papers/3- 4.pdf.

[20] 鲍冬梅. 云服务质量度量和测量方法研究[D]. 济南: 山东大学, 2011.

[21] Thacker B H, Riha D S, Fitch S H K, et al. Probabilistic engineering analysis using the NESSUS software[J]. Structural Safety, 2006, 28(1): 83-107.

[22] 百度百科. 会话劫持[J/OL]. http://baike.baidu.com/view/1618406.htm.

[23] OpenStack installation guide for red hat enterprise Linux, CentOS, and Fedora[J/OL]. http://docs.openstack.org/icehouse/install-guide/install/yum/content/.

第9章 云计算标准

云计算技术和产业仍处于发展的初期阶段，目前云计算呈现事实标准和开放标准并存，且在应用中以事实标准为主。随着云计算作为一种公共服务的属性不断加强，以及云间的互通和业务迁移需求不断提升，云计算的开放标准将成为重要的发展趋势。本章首先介绍云计算特别是云安全的标准研究工作，然后对当前主要的标准化组织及其各自在云安全领域的标准研究情况进行阐述，希望能为国内云安全标准的研究及制订者提供借鉴的经验。

9.1 概述

由于云计算还处于不断发展阶段，业界各方很难达成共识。正如俗话说"无规矩不成方圆"，因此，要实现云计算真正的产业化并步入平稳发展阶段，必须制订统一的技术标准和运营标准，确保云计算平台的互操作性及云服务的可移植性和互操作性。其中，应优先制订云服务提供商之间的接口标准以及云服务提供商与应用方之间的接口标准。另外，由于云用户普遍对云计算的安全问题表示担忧，这就促使越来越多的组织和机构去制订云安全标准，目的就是为了增强安全性[1]。

目前，业内普遍认为，要想从根本上解决云安全问题，众多安全厂商、传统及新兴的国际标准组织等需要寻求合作，共同推进统一开放的云安全标准体系的建设。事实上，相关云安全标准体系的研究和制订已经成为业界的一致诉求[2]。

9.1.1 云标准化组织

国内外研究和制订云计算安全标准的组织有很多。目前，全世界已经有 50 多个标准组织宣布加入云计算标准的制订行列。这些标准组织大致可分为以下 3 种类型[1]：①以分布式管理任务组（DMTF）、开放网格论坛（OGF）和网络存储工业协会（SNIA）等为代表的传统 IT 标准组织或产业联盟，这些标准组织中有一部分原来是专注于网格标准化的，现在转而进行云计算的标准化工作。②以 CSA 和云计算互操作论坛（CCIF）等为代表的专门致力于进行云计算标准化的新兴标准组织。这些新兴的标准化组织和协会，通常从某一方面入手，开展云计算标准研制，如 CSA 主要关注云安全标准研制，CSC 主要从客户使用云服务的角度开展标准研制。③以国际电信联盟（ITU）、国际标准化组织（ISO）、IEEE 和 IETF 等为代表的传统电信或互联网领域的标准组织。他们关于云计算标准化的工作大致分为两类：一类是已有的分技术委员会，如软件和系统工程技术委员会（ISO/IEC JTC1 SC7）、信息技术安全技术委员会（ISO/IEC JTC1 SC27），在原有标准化工作的基础上逐步渗透到云计算领域。其主要成果有《基于 ISO/IEC 27002 的云计算服务的信息安全控制措施实用规则》《公有云服务的数据保护控制实用规则》《供应商相关信息安全　第 4 部分云服务安全指南》。这些规则和指南基本确定了云计算安全和隐私的概念体系架构。另一类是新成立的分技术委员会如分布式应用平台和服务（ISO/IEC JTC1 SC38）、信息技术可持续发展（ISO/IEC JTC1 SC39）等开展云计算领域新兴标准的研制。SC38 的主要成果是与 ITU-T 形成联合工作组共同推出《云计算概述和词汇》与《云计算参考架构》两项标准。

这些标准组织关于云计算标准化工作的研究和制订主要集中在如下几个方面：①云计算的概念、架构与应用场景，如 NIST 和 ITU 的电信标准化部（ITU-T）等组织进行了相关研究；②云计算业务的互操作，如 OCC 等标准组织进行有关研究；③云计算安全，如 CSA 和 ITU-T 等进行相关研究；④云计算相关技术，从事这方面研究的比较有名的组织是 SNIA；⑤云计算的运维与资源管理，如 DMTF、结构化信息标准促进组织（OASIS）等。

在国内，工信部自 2009 年以来已将推动和促进云计算技术研发、产业发展和标准化作为重点工作内容之一，并及时组织中国电子技术标准化研究所、全国信息技术标准化技术委员会 SOA 标准工作组、工业和信息化部信息技术服务标准工作组，启动了云计算相关技术和服务标准的预研、规划及标准制订工作。

由于云计算安全研究尚处于起步阶段，业界尚未形成统一标准。不同组织所制订的标准和工作重点也不尽相同。比如，ISO/IEC 下专门从事信息安全标准化的分技术委员会（SC27）是信息安全领域中最具代表性的国际标准化组织。SC27 的工作涵盖了信息安全管理和技术领域，包括信息安全管理体系、密码学与安全机制、安全评价准则、安全控制与服务、身份管理与隐私保护技术。SC27 于 2010 年 10 月启动了研究项目《云计算安全和隐私》，随后又启动了《云安全评估和审计》《适于云的风险管理框架》《云安全组件》与云安全密切相关的研究项目。

9.1.2 云标准化内容

从现有云计算标准化组织所关注内容的分布看，云计算标准组织繁多，不少组织的研究方向和内容之间都有交集。虚拟化技术、云存储、云安全、云计算模型、云服务和云互操作性等是当前云计算标准研究的热点。具体来讲，需要进行标准化的主要内容如下[3]：

1）云计算互操作和集成标准。涵盖不同的云之间，如私有云和公有云之间、公有云和公有云之间、私有云和私有云之间的互操作性和集成接口标准。

2）云计算服务接口标准和应用程序开发标准。针对云计算与业务层面的交换标准，从业务层面如何调用、使用云服务。

3）云计算不同层面之间的接口标准，包括架构层、平台层和应用软件层之间的接口标准。

4）不同云计算之间无缝迁移的可移植性标准。

5）云计算架构治理标准，包括设计、规划、架构、建模、部署、管理、监控、运营支持、质量管理和服务水平协议的标准。

6）云计算安全和隐私标准，包括数据的完整性、可用性和保密性等内容。

总体来讲，国内外云计算的开放标准研究进展较为缓慢，尚未建成一个开放的云安全标准体系，也没有一个规范化的标准。这需要整个行业统一行动，为云计算建立一套统一的国际标准，以促进不同云计算厂商之间的互通性。

9.2 NIST 的相关标准

NIST 是美国商务部下属的一个非政府监管机构，成立于 1901 年。为了落实和配合美国联邦云计算计划，NIST 牵头制订云计算标准和指南，其目标是提供技术指导和推广技术标准在政府和工业领域有效和安全地应用。它提出了云计算的定义，针对美国联邦政府的云架构、安全和部署策略，专注于美国联邦政府的云标准、云接口、云集成和云应用开发接口等。

NIST 下设 5 个云计算工作组，即云计算参考架构和分类工作组、旨在促进云计算应用的标准推进工作组、云计算安全工作组、云计算标准路线图工作组和云计算业务用例工作组。

自 2011 年起，NIST 先后发布若干有关云计算及云安全的标准或草案，如规范云安全访问控制模型中安全访问边界问题的《通用云计算环境》草案，阐述虚拟机隔离、虚拟机监控以及虚拟面临的安全威胁的《完全虚拟化技术安全指南》标准。《云计算安全障碍与缓和措施》草案对各种不同部署平台可能面临的安全威胁进行了详尽的分析，并提出应对措施。2014 年，NIST 发布《美国政府云计算技术路线图》聚焦战略和战术目标，以支持联邦政府加速发展云计算的想法。其成果还有《NIST 云计算术语定义》《NIST 云计算参考架构》《安全控制》等。

9.2.1 《云计算参考体系架构》标准

此标准发布于 2011 年，主要内容是提出了云计算参考框架及类型划分。

NIST 的云计算参考架构定义了云计算中的 5 个主要参与者。每个参与者都是参与云计算中事务或流程以及执行任务的一个实体。具体来讲：①云消费者，使用云提供者服务的个人或组织；②云提供者，负责向云消费者提供可用服务的个人、组织或实体；③云审计者，能够指导对云计算服务及云计算实例的信息系统操作、性能和安全性的中立评估机构或实体；④云代理，管理云计算服务的使用、性能以及交付的实体，能够协调提供者和消费者之间关系；⑤云载体，为提供者向消费者的云服务提供连接和传输的媒介。

云计算参考架构主要由如下组件构成：①服务部署。按照 NIST 对云计算的定义，云基础设施具有公有云、私有云、社区云和混合云等 5 种部署模式。它们的区别在于计算资源允许消费者独占的程度。②服务编排。为支撑云提供者对计算资源的安排、协同和管理等行为，对系统组件进行组合，使其能够为云消费者提供服务。③云服务管理。包括所有与服务相关的管理和操作所必需的功能，这些服务都是云消费者所需的或向其推荐的。④安全。云计算参考模型各个层面在安全方面都存在交集，从物理层面的安全到应用层面安全都是参考模型需考虑的问题。因此，云计算架构中的安全问题不单单存在于云提供者的范畴，同样也包括云消费者和其他相关的参与者。⑤隐私。云计算提供者应保护的信息。主要包括对个人信息和个人认证信息适当的、一致的收集、处理、通信、使用和丢弃的约定。

9.2.2 《公有云计算中安全与隐私》草案

此标准[4]发布于 2011 年，其主要内容是提供公有云计算的概括以及在安全和隐私方面的挑战，论述了公有云环境的威胁、技术风险和保护措施，并为规划出合理的信息技术解决方案提供一些见解。

该草案指出，公有云给安全带来了积极方面，但也带来一些潜在风险，主要风险有：①云计算环境复杂，容易引起黑客的攻击；②多租户共享计算资源，增加了网络和计算基础设施的风险；③公有云计算通过互联网交付，用户的应用和数据面临来自网络和暴露接口的威胁；④用户失去对系统和数据的控制，增加了数据泄密的风险。

该草案还指出，公有云面临的关键性的安全与隐私问题主要有管理、法律法规的遵从、信任、云计算体系结构、身份与访问控制、软件隔离、数据保护、可用性和事件响应等。

9.3 CSA 的相关标准

CSA 的诞生绝非偶然，随着云计算的快速发展，各大企业都陆续选择基于云计算平台的应用软件来降低成本、提高效率。然而，数据在云端的安全问题一直困扰着企业，随着云应用的持续普及，云安全的受关注度也与日俱增。于是，CSA 应运而生，这个非营利性组织的主要职能就是在云计算环境下提供企业认可的最佳安全方案。

CSA 的宗旨是"促进云计算安全技术的最佳实践应用，并提供云计算的使用培训，帮助保护其他形式的计算"。自成立以来，CSA 获得了业界的广泛认可，如 Dell、HP、Microsoft、Intel、Cisco、Google、Novell、Oracle、McAfee 和 VMware 等国际领先的电信运营商、IT 和网络设备厂商、网络安全厂商、云计算提供商等都是其组织成员。另外，CSA 与 ISO、ITU-T等建立起定期的技术交流机制，相互通报并吸收各自在云安全方面的成果和进展。2011 年 4月，CSA 宣布与 ISO 及 IEC 一起合作进行云安全标准的开发。

CSA 先后发布了一系列关于云计算安全的标准和研究报告，主要成果有《云计算关键领域安全指南》《云控制矩阵》《身份管理与接入控制指导建议书》《云计算安全障碍与缓和措施》《如何保护云数据》《云审计》《定义云安全：六种观点》《云信任协议》《隐私水平协议》《参考架构——可信云计划》《云计算的主要安全威胁报告》《开放认证构架》《共识评估计划调查问卷》《安全即服务》《CSA 云控制模型》《CSA 报告》《2013 云安全九大威胁》等。这些标准和研究报告从技术、操作和数据等多方面来强调云计算安全的重要性、保证安全性应当考虑的问题以及相应的解决方案。这些报告对业界有着积极的影响，对形成云计算安全行业规范具有重要影响。

在当前尚无一个被业界广泛认可和普遍遵从的国际性云安全标准的情况下，《关键领域的云计算安全指南》最为业界所熟知，无疑是云安全标准指南中最具影响力的一个指南。可以讲，CSA 的工作和研究成果对形成云计算安全领域的规范和标准具有重要的推动作用。

9.3.1 《云计算关键领域安全指南》白皮书

CSA 于 2009 年 4 月发布了《云计算关键领域安全指南 V1.0》，2009 年 12 月发布了《云计算关键领域安全指南 V2.1》，2011 年 11 月发布了《云计算关键领域安全指南 V3.0》。

《云计算关键领域安全指南 V3.0》从架构（Architecture）、治理（Governance）和运行（Operation）三个方面及 14 个领域对云安全进行了深入阐述，具体构成如图 9-1 所示。

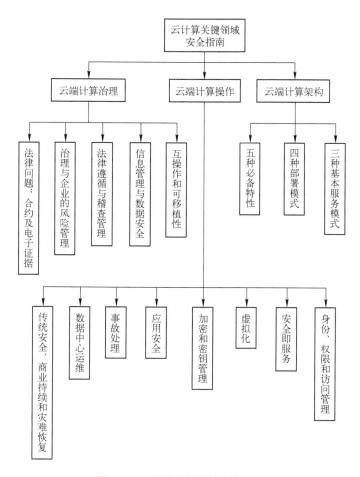

图 9-1 云计算关键领域安全指南

9.3.2 《云控制矩阵》白皮书

云安全联盟的云控制矩阵（CCM）提供了一个控制框架。作为一个框架，云控制矩阵为企业提供所需的为云产业定制的信息安全相关的结构、细节和清晰度。云控制矩阵通过强调企业的信息安全控制要求，加强现有信息安全控制环境，减少并确定在云中一致的安全威胁和漏洞，提供标准化的安全性和操作风险管理，并力求标准化安全预期、云分类和术语，以及在云中实施的安全措施。

2013 年，CSA 发布云控制矩阵 3.0 版，该版本共包括 16 个控制域、136 个控制点。16个控制域分别是：①应用和接口安全；②审计保证和合规；③企业连续性管理；④控制改变和管理确认；⑤数据安全和信息生命周期管理；⑥数据中心安全；⑦加密和密钥管理；⑧治理和风险管理；⑨人力资源；⑩身份认证和接入管理；⑪基础设施和虚拟化安全；⑫互用性和可移植性；⑬移动安全；⑭安全事故管理、电子发现和云取证；⑮供应链管理、透明度和问责制；⑯威胁与脆弱性管理。

9.3.3 《身份管理与接入控制指导建议书》白皮书

《身份管理与接入控制指导建议书》主要讨论了身份配置或取消身份配置、认证和联合、接入控制与用户配置文件管理、合规性等几个重要的身份和访问管理（IAM）功能。这些功能对于云中身份的有效管理至关重要。

9.3.4 《云计算安全障碍与缓和措施》白皮书

《云计算安全障碍与缓和措施》总结了数据泄露、数据丢失、账户劫持、不安全的 API、拒绝服务、恶意的内部人员、滥用云服务、审慎评鉴不足和共享技术问题等九个关键的云计算安全障碍。

9.3.5 《云审计》白皮书

云审计提供了一个开放、可扩展和安全的接口，允许云服务供应商为授权客户的 IaaS、PaaS 和 SaaS 服务提供审计、断言、评估和保证信息。

9.4 ENSIA 的相关标准

为提高欧共体范围内网络与信息安全的级别，提高欧共体成员国以及业界团体对于网络与信息安全问题的防范、处理和响应能力，培养网络与信息安全文化，2004 年 3 月，欧盟成立了欧洲信息安全局（ENISA）。

2009 年，ENISA 先后发布《云计算：优势、风险及信息安全建议》和《云计算信息安全保障框架》。这些报告使公共部门对云服务提供商进行预评估，确定是否采购其服务。其中，《云计算：优势、风险及信息安全建议》从企业角度出发指明云计算可能带来的好处，并指出公有云的数据安全会面临巨大的挑战。该报告并不建议将最敏感或者核心数据置于云端，但认为许多电子政务应用，可以适当地放在公有云上。该报告还定义了云里的风险类型、资产类型和弱点类型，然后对风险详细分类并给出其可能性、影响大小、与弱点的关系、影响资产风险等级。

2011 年，ENISA 发布《政府云的安全和弹性》报告，为政府机构提供决策指南。2012 年，ENISA 发布《云计算合同安全服务水平监测指南》，提供一套持续监测云计算服务提供商服务级别协议运行情况的操作体系，重点关注公共服务领域的合同，将评估工作贯穿整个合同期，详细阐述了如何在云计算服务合同期内对服务的安全性进行检查。

9.5 Gartner 的相关标准

成立于 1979 年的 Gartner 是全球最具权威的 IT 研究与顾问咨询公司。其研究范围覆盖全部 IT 行业，就 IT 的研究、发展、评估、应用和市场等领域，为客户提供客观、公正的论证报告及市场调研报告，协助客户进行市场分析、技术选择、项目论证和投资决策。为决策者在投资风险和管理、营销策略、发展方向等重大问题上提供重要咨询建议，帮助决策者做出正确抉择。

Gartner 在 2008 年 6 月发布《云计算安全风险评估》报告。该报告称云计算存在许多安全风险，智慧的用户会在选择云服务提供商之前做全面的咨询并且考虑通过第三方来进行安全性评估。

以下是 Gartner 认为用户在选择云服务提供商之前应该向提供商方面提出的几个安全

问题：

（1）用户访问权限　来自于企业外部的服务会带来一定程度上的内在风险，因为外来的服务绕过了 IT 部门对内部程序实施的"物理、逻辑以及人员控制"。因此，用户应该尽可能了解是谁来管理自己的数据。Gartner 表示："你应该要求提供商提供有关特权管理人员的录用以及对他们权限的控制等信息"。

（2）法规遵从　用户要对自己数据的安全性和完整性负责，即使这些数据是由服务提供商保存的。传统服务提供商负责外部审查以及安全认证。Gartner 认为，那些拒绝提供这种审查机制的云计算服务提供商"表明用户只能利用它们完成最不起眼的琐碎功能"。

（3）数据保存位置　当采用云时，用户并一定知道自己的数据到底是托管在哪里的，甚至不知道自己的数据被保存在哪个国家。因此，Gartner 建议用户询问服务提供商是否具有保存和处理数据的某些权限，以及他们是否会站在保护用户个人隐私的角度与用户签订隐私保护协议。

（4）数据分离　云中的数据往往是与其他用户的数据一起保存在一个共享环境中的。加密虽然是一种有效的方法，但并非万全之策。Gartner 表示："了解提供商是如何将不同用户的数据分离开来的"。云计算服务提供商应该向用户证明，他们的加密策略是经过经验专家设计和测试的。同时，Gartner 表示："加密可能会导致数据完全无法读取，甚至普通的加密方法都可能让可用性问题变得很复杂"。

（5）恢复　即使不知道数据被保存在哪里，云服务提供商也应该告诉用户在发生灾难的情况下数据和服务的情况。Gartner 表示："任何不能在多节点间复制数据和应用架构的服务产品都可能遭受最严重的灾难"。因此，Gartner 建议用户向服务提供商询问他们是否"有能力做完全恢复，这个过程需要花费多长时间"。

（6）调研支持　对云计算可能发生的不适当或者违法的行为进行调查研究是不太可能的。Gartner 表示："用户很难调查云服务，因为多租户的日志文件和数据可能同时保存在一起，并且可能散落于不断变化的主机和数据中心内。如果你不能获得支持某种形式调研的协议保证，或者该提供商曾经成功支持这种调研行为的证明，那么你唯一的安全设想就是，调研和请求调研是不可能的"。

（7）长期可用性　从理想角度来讲，云服务提供商永远不可能破产或者被其他厂商收购。但是服务商必须确保如果发生这些情况的时候，用户数据仍然是可用的。Gartner 表示："向提供商询问你如何收回数据"。

9.6　ITU-T 的相关标准

ITU-T 是国际电信联盟管理下的专门制定远程通信相关国际标准的组织。该机构创建于 1993 年。ITU-TSG17 研究组会议于 2010 年 5 月在瑞士的日内瓦召开，决定成立云计算专项工作组，旨在达成一个"全球性生态系统"，确保各个系统之间安全地交换信息。工作组将评估当前的各项标准，将来会推出新的标准。云计算安全是其中重要的研究课题，计划推出的标准包括《电信领域云计算安全指南》。

ITU-T 于 2010 年 6 月成立云计算焦点研究组，致力于从电信角度为云计算提供支持，焦点组运行时间截止到 2011 年 12 月，后续云工作已经分散到其他研究组。

ITU-T 云计算工作组的主要成果有《云计算安全框架》《云计算身份管理要求》《云计算框

架&优先要求》《云计算基础设施要求》《E2E云资源管理框架》《云计算概述和词汇》《互联云架构》《云计算参考架构》《DaaS参考架构要求》等标准，《云生态系统介绍》《功能要求和参考架构》《云基础设施参考架构要求》《云资源管理缺口分析》《云安全》《云计算相关SDOS综述》《云在电信和ICT产业的收益》、《云计算标准制订组织综述》等报告或白皮书。

其中，《云安全》报告旨在确定ITU-T与相关标准化制订组织需要合作开展的云安全研究主题。确定的方法是对包括ENISA和ITU-T等标准制订组织目前开展的云安全工作进行评价，在评价的基础上确定对云服务用户和云服务供应商的若干安全威胁和安全需求。《云计算标准制订组织综述》报告主要对NIST、DMTF和CSA等标准制订组织在以下7个方面开展的活动及取得的研究成果进行综述和分析：①云生态系统、使用案例、需求和商业部署场景；②功能需求和参考架构；③安全、审计和隐私；④云服务和资源管理、平台及中间件；⑤实现云的基础设施和网络；⑥用于多个云资源分配的跨云程序、接口与服务水平协议；⑦用户友好访问、虚拟终端和生态友好的云。

9.7　OASIS 的相关标准

OASIS是一个成立于1993年开放的、非营利的联合会组织。其目标是推动全球信息社会的开发、融合和应用开放标准。OASIS在软件开发领域的影响力很大，有著名的XML和Web Services标准。

OASIS于2010年5月19日，成立云中身份技术委员会。该技术委员会负责为在云计算环境中进行身份部署、访问和身份策略安全、配置和管理，制订开放标准大纲，并致力于与云安全联盟和ITU等相关标准组织在云安全和身份管理领域开展合作。具体包括识别现有识别管理标准中的问题，调查跨云互操作需求，对收集用例进行风险分析。

该组织的主要成果有《云应用管理平台》《云应用程序拓扑和编排规范》《开放数据协议》《键值数据存储》《云用例定义》《云PaaS属性定义》《云外包属性定义》。

9.8　DMTF 的相关标准

分布式管理任务组（DMTF）成立于1992年，目标是联合整个IT行业协同起来开发、验证和推广系统管理标准，帮助全世界范围内简化管理，降低IT管理成本，目前主机操作系统和硬件级的管理接口规范都来自DMTF标准。

2009年4月27日，DMTF宣布成立开放云标准孵化器，该研究组关注云计算管理方面的标准，通过制订云资源管理的协议、封装格式和安全机制来制订互操作标准。DMTF先后还成立有致力于改善云服务提供者和云服务使用者之间，以及云服务提供者和云服务开发者之间在云管理方面的互操作性的云管理工作组、云审计联合工作组、软件授权工作组和开发虚拟化工作组等。

其主要成果有《开放虚拟化格式规范OVF》《云基础设施管理接口模型和HTTP规范下的REST接口》《云基础设施管理接口——通用无条件模型》《互操作云白皮书》《云管理体系结构》《云管理中的用户案例和交互流程》《通用信息模型》等。另外，从2010年7月起该组织下的云管理工作组（Cloud Management Working Group，CMWG）开始起草开放云标准孵化器（Open Cloud Standard Incubator）。

9.9 OGF 的相关标准

开放网格论坛（OGF）是由来自 40 个国家的 400 多个用户、开发者和提供商的社区组织，目的是引导网络计算的标准和规范。

该组织所属的 OCCI 工作组（Open Cloud Computing Interface Working Group）提出开放云计算接口（OCCI）标准。该标准目的是建立架构即服务云的接口标准解决方案，实现架构云远程管理，开发不同工具以支持部署、配置、自动扩展、监控和定义云计算、存储和网络服务。该标准最初面向的是 IaaS 云平台。该标准由 OCCI Core、OCCI Rendering 和 OCCI Extensions 三部分组成。

OGF 成员发表很多针对网格计算和节能降耗的数据中心建设最佳实践白皮书。这些白皮书对云计算数据中心的建设具有一定的参考价值。

9.10 OCC 的相关标准

开放云计算联盟（OCC）主要由一些专注于提高云性能的美国大学组成[5]，提出不同云之间集成和云操作性的开放框架，云计算参考指标和开源云参考模型，管理着开放云平台（Open Cloud Testbed）的实验平台和开放科学数据云（Open Science Data Cloud）的科学研究基础架构。

9.11 CCIF 的相关标准

云计算互操作论坛（CCIF）是开放的、厂家中立的非营利技术社区组织[6]，其目标是建立全球的云团体和生态系统，讨论云计算的社区共识，探讨新兴趋势和参考结构，帮助不同组织加快和应用云计算解决方案和服务。

CCIF 提出了统一云接口（UCI），把不同云的 API 统一成标准接口实现互操作，还提出了资源描述框架（RDF），定义资源的语义、分类和实体方法。

9.12 SNIA 的相关标准

存储工业协会（SNIA）是一家非营利的行业组织，拥有 420 多家来自世界各地的公司成员以及 7100 多位个人成员，遍及整个存储行业。其目标是推进存储网络成为信息科技业内完善并值得信赖的解决方案。为了此目标，SNIA 致力于提供相关的行业标准、技术和培训服务，以推动开放式存储网络解决方案的市场。

针对云计算迅速发展，SNIA 成立了云计算工作组，并在 2010 年 4 月，SNIA 发布云存储标准即云数据管理接口（CDMI）草案 1.0 版本，其中包括 SNIA 云存储的参考模型以及基于此参考模型的 CDMI 参考模型。目的是推广存储即服务的云规范，统一云存储的接口，实现面向资源的数据存储访问，扩充不同的协议和物理介质。CDMI 是云存储标准化工作开端的一个重要步骤。

9.13 国内云标准化进展

2008 年开始，国内科研机构、行业协会及企业开始关注并参与云计算相关的标准化研究工作。目前，国内主要有工信部 IT 服务标准工作组、中国电子学会云计算专委会、中国电子技术标准化研究院、全国信息技术标准化技术委员会 SOA 标准工作组等组织进行云计算标准的研究。他们目前的主要工作是对国际标准组织发布的各项云计算指标进行研究和梳理，并对国内云计算商业需求进行调研，基于我国的云计算标准体系开展云计算标准的制订工作。

我国也在积极参与和推动国际云计算标准化的相关工作。目前我国专家在 ITU-T、DMTF、ISO/IEC 和 JTC1/SC38 等国际化标准组织内均有任职。这既能使我们快速了解云计算领域的最新进展和输出成果，也有助于将国内云计算相关的研究成果及标准化诉求与国际标准化组织相结合。比如在 2010 年的 SC38 第二次年会上，我国提交的《云计算潜在标准化需求分析》提案得到了多个国家的认可，相关内容纳入后续研究组报告中。

表 9-1 是我国在云计算标准化工作方面所取得的主要成果[7]。

表 9-1　国内开展云计算标准化工作组织

组织 / 学会	工作目标	主要成果
全国信息技术标准化技术委员会 SOA 标准工作组	开展云计算标准体系研究及关键技术和产品、测评标准的研究和制订工作	《云计算标准研究报告》（征求意见稿）
工信部 IT 服务标准工作组	开展云计算相关服务和运营等方面的标准研究和制订	《中国信息技术服务标准白皮书》《信息技术服务 云计算服务 第一部分：通用要求（草案）》
中国电子技术标准化研究院	云计算技术和产业发展	《云计算标准化白皮书》

参考文献

[1] 中国电子技术标准化研究院. 云计算标准化白皮书[S]. 2012.
[2] 颜斌. 云计算安全相关标准研究现状初探[J/OL]. http://wenku.baidu.com/view/1d0c53755acfa1c7 aa00cc49.html.
[3] 十大组织竞争云计算标准 中国应如何参与[J/OL]. http://www.nwnu.edu.cn/Article.do_id=10454.html.
[4] 闫晓丽. 云计算安全问题[J]. 信息安全与技术, 2014, (3): 3-5.
[5] 百度百科. 开放云联合会[J/OL]. http: //baike.baidu.com/view/6308519.htm.
[6] 百度百科. 云计算互操作论坛[J/OL]. http://baike.baidu.com/view/6287498.htm.
[7] 林宁. 我国云计算标准化工作思路[J]. 信息技术与标准化, 2010, (12): 34-37.

第 10 章　云安全发展趋势

本章主要对云安全研究的主要方向及主流技术的现状和发展趋势进行阐述。

10.1　概述

目前，几乎所有的信息系统都遵循相同的策略[1]，即尽量防止攻击者闯入服务器。其原因是，如果攻击者无法入侵服务器，他们就无法访问服务器中的数据。

然而，黑客通过软件缺陷非法入侵系统并获得敏感数据的情况始终存在。其原因是，如今的软件都异常复杂，很难开发出没有缺陷的软件产品。另外，黑客还可以非法获取访问服务器的管理权限，从而能够访问存储在服务器上的包含用户数据的所有资料。

在云计算时代，越来越多的企业把他们的数据外包给云服务提供商，因此他们的敏感数据对于云平台运维人员及管理员来说变得更容易获取。现有的大多数保护技术和机制无法阻止这种攻击，因为他们作为云服务提供商的工作人员有足够的权限访问服务器，并且可以轻松地绕过这些机制。另外，很多政府如美国政府，即使在没有传票的情况下，也可以访问保存在云服务器上的私人数据。

总之，安全问题已成为限制云计算进一步发展的瓶颈，很多企业都是因为安全方面的考虑才不敢贸然地将已有业务迁移到云计算上。为了改善云计算系统的安全状况，许多企业和学术机构都先后启动了相关研究，致力于各类云安全产品的研发。

目前，学术界已就云安全研究的重要性达成共识，但从整体上来看，云安全的研究无论是深度还是广度都还很不够。当前关于云安全的研究大多侧重于如何使用新技术提高服务的安全性，而安全性的提高往往会导致服务效率的下降，而且新技术的引入可能会引发新的安全问题。但是，需要指出的是，保障云服务安全的本质就是保障云中数据的安全，因此，已有的及未来的研究主要是针对数据的安全性展开的。

10.2　密码技术

解决数据泄露问题的基本策略就是让服务器上存储加密的数据，并在其上进行计算时，不需要进行解密，即服务器只接收加密数据，即使攻击者闯入服务器并获取存储在那里的数据，由于数据是加密的且服务器上没有保存解密密钥，所以数据的机密性始终可以得到保护。此外，当数据在存储时，同一份数据也可以同时分割存储部分数据到不同的云端服务供应商，如此即使云服务供应商暴力破解，也无法解读全部数据内容。

如果数据加密服务是由云服务提供商所提供的，则会迫使用户信任那些拥有密钥的人，而这本身就蕴藏着危险和弱点。因此，如果能够直接在密文上进行计算，则更有利于保证数据安全和用户隐私。然而，如何通过密文构建密文计算算法找到所需数据，将是密码学中极具挑战性的且有待研究的问题之一。

目前关于密文计算的研究主要集中在基于密文的处理和检索两个方面。

10.2.1 全同态加密

同态加密是由密码学家 Rivest、Adleman 和 Dertouzos 于 1978 年提出的一种特殊加密算法[2]。该加密算法可解决数据和操作委托给第三方时的安全问题。

设加密操作为 E，明文为 m，相应密文为 e，即 $e=E(m)$。若已知针对明文有操作 f，针对 E 可构造操作 F，满足 $F(e)=E(f(m))$，则称 E 为一个针对 f 的同态加密算法。

有了同态加密，就可以把加密得到的密文 e 交由第三方来执行 F 操作即 $F(e)$。然后，通过对 $F(e)$ 进行解密，就可以得到 $f(m)$。尽管 $F(e)$ 操作由第三方进行，但在整个数据处理过程中，数据内容 m 对第三方是完全透明的。

若对任意复杂的明文操作 f，都能构造出相应的 F，则称 E 为全同态加密算法，也称为隐私同态。

全同态加密的目的是找到一种能够在加密数据上进行加法和乘法运算的加密算法，使得对加密数据进行某种操作所得到的结果恰好等于对加密前的数据进行预期操作后所得到的密文。换言之，全同态密码支持对密文的任意运算。

全同态密码能很大程度上解决云计算上的数据安全问题。用户可以将数据加密后保存在云端。除非获得加密者的私钥，否则无人可以获得明文。但是，用户可以对云端的密文进行有意义的操作。

然而，全同态加密的构造问题困扰密码学家们 30 余年。在此期间，先后出现过很多同态加密算法，但这些算法大多只满足两种同态性中的一个，即：要么满足加法同态，而不满足乘法同态；要么满足乘法同态，而不满足加法同态。例如，RSA 算法只对乘法运算是同态的，而 Paillier 算法则是对加法运算是同态的[3]。

此间也出现了少数的几种全同态算法。比如，1978 年 Rivest 提出的一种既满足加法同态又满足乘法同态的 Rivest 加密方法[4]。该方法的安全性依赖于大整数分解的困难度，所以不能保证加密安全。之后，Haridas 又设计了一种效果更佳的算法，解决 Rivest 加密方法存在的安全问题[5]。但人们往往出于其安全性的考虑放弃使用这些算法。直到 2009 年，对全同态加密算法的研究才有了突破性的进展。IBM 公司的研究员 Gentry 设计了第一个全同态加密方案[6]。该方案是基于理想格构造的，可看作一种特殊的公钥密码体制。他构造的同态公钥加密方案包括密钥生成算法、加密算法、解密算法和额外的评估算法。全同态加密保证了数据处理方仅仅能够处理数据，而且对数据的具体内容一无所知。但是，该方案计算效率很低，离真正实用还有很大的距离。

2010 年，Smart 等借鉴 Gentry 构造全同态加密方案的思想，提出基于相对小的密钥和密文规模的全同态加密方案[7]。Van Dijk 等人用整数集代替理想，设计了全同态加密方案，把此方案的安全性问题归结到找一个近似的最大公约数[8]。与 Gentry 设计的方案相比，其优点是更简洁，但效率依然很低。2011 年，Loftus 等人对 Smart 等构造的全同态加密方案进行改进，得到了满足不可区分非适应性选择密文攻击安全性的全同态加密方案[9]。

全同态加密技术将会促进云计算的发展。因为云端使用同态加密算法对数据进行加密后，数据以密文的形式存储在云上，在一定程度上保证了数据的安全性，而且全同态加密方案能够实现直接对密文数据进行计算。显然，全同态加密技术在云计算领域拥有很高的实际应用价值。然而，目前已知的全同态加密体制的运算复杂度远远高于传统的加密算法，难以在现有计算技术条件下进行实用化。因此，设计高效全同态加密方案是一个有待解决的问题。

10.2.2 密文检索

当用户数据以密文形式保存在云端服务器上时，可以确保敏感信息具有一定的安全性。但是，数据使用者在对这些数据进行处理时，不可避免地会需要对数据进行频繁地存取和加解密，这样就极大地增加了云服务提供商和使用者之间通信和计算的时间。因此，如果能快速地对密文数据进行检索，则对云安全具有一定的实用价值。

针对基于密文的操作问题，一种称为可搜索加密（SE）的技术应运而生。其工作原理如下[10]：

用户首先使用 SE 机制对数据进行加密，并将密文存储在云端服务器；当用户需要搜索某个关键字时，可以将该关键字的搜索凭证发到云端服务器；服务器将接收到的搜索凭证后对每个文件进行试探匹配，如果匹配成功，则说明该文件中包含该关键字；最后，云端将所有匹配成功的文件发回给用户。在收到搜索结果之后，用户只需要对返回的文件进行解密。

目前，对密文检索技术的研究主要集中在如下两个方面：①等值匹配检索，主要的算法有线性搜索算法、基于关键词的公钥检索和安全索引等；②密文区间检索，主要的算法有分桶实现区间检索和保序加密等。

Boneh 等人[11]在非对称密码体制中引入可搜索加密，提出第一个带关键字搜索的公钥加密（PEKS）方法。其使用公私密钥来构建和检索密文，但该方法需要将检索对象和检索关键词逐个比对，检索效率很低，不适合对大数据量的加密文本进行检索。此外，该方案由于需要数据使用者和服务器之间共享一个安全通道，其实用性也较差。2005 年，Baek 等提出一种不需要安全信道的 PEKS 系统[12]。

公钥混淆概念是由 Ostrovsky 和 Skeith 提出[13]的。其目标是通过加密程序来达到混淆的目的，即通过运行一个加密程序来处理一个加密的输出，之后再对加密输出进行解密。由于云计算平台上可以执行加密程序，而云服务器无法获知执行程序的其他信息，因此公钥混淆密码学可用于解决 PaaS 平台中存在的安全问题。

私有信息检索（PIR）允许一个用户在保持询问隐私的情况下从数据集中检索信息。只有在数据使用者执行很多计算、通信复杂性仍然保持很小时，私有信息检索才被认为是可接受的。

字符型密文检索研究的热点主要是通过对字符数据建立安全索引，从而实施快速查询。比如，Song 等人[14]采取序列加密方法对文本数据进行加密处理，这样无须解密就可以直接对加密文本搜索关键词。Li 等人[15]基于关键词编辑距离，研究了云计算环境下加密字符型数据的模糊匹配查询，但是其需要语义库的支持。Wang 等人[16]基于文本词频研究云计算环境下密文数据查询的结果集排序问题，但这种方法仅支持单关键词的排序查询。微软公司在 2009 提出的加密的云存储中实现了基于密文的检索、基于属性的加密机制和数据持有性证明等技术[17]。

能够实现对密文进行检索是 Rivest 等人提出全同态加密概念的初衷之一，当数据被加密后，数据自身的一些特性将会消失，从而使直接对数据进行运算变得十分困难。比如当使用精确匹配查找密文时，不需要解密就能够检索成功。但是，当需要对查找的密文进行大量的模糊匹配或比较操作时，需要先对密文进行解密得到对应的明文后才能进行检索。

总之，目前的研究主要关注密文数据的检索方法以及提高密文检索效率，但现有研究在查询功能上还不能满足大数据的高效全文检索服务要求。其主要问题是对于普通的非同态加密方案，必须对密文进行解密才能进行检索，而解密同时会占用大量的计算资源[18]。不过，随着同态加密算法研究的进一步深入，将来一定能够研究出高效的密文检索方法，即采用同态加密方法才能够最有效地实现密文搜索。

10.2.3 密钥管理

由于加密本身不能保证防止数据丢失，因此密钥管理是云计算系统需要用以保护数据的一种核心机制，也是云计算环境建设的重点和难点。

相对于一般的信息安全系统，多租户、多角色和多层次的云计算平台特征，以及资源的所有权和控制权分离的特点，导致面向云计算的密钥管理更加困难。目前，尚缺乏有效的技术手段保证，因此，需要开展深入研究并提出有效的解决方案。

10.3　云安全与大数据

大数据概念是早在 1980 年，由著名未来学家阿尔文·托夫勒提出的概念。2009 年，美国互联网数据中心证实大数据时代的来临。随着谷歌 MapReduce 和 GFS 的发布，大数据不再仅用来描述大量的数据，还涵盖了处理数据的速度。

目前，关于大数据的通用定义是：大数据是指所涉及的数据量规模巨大到无法通过目前主流软件工具在合理时间内获取、管理、处理，并通过挖掘辅助企业进行经营决策。大数据可以分为大数据技术、大数据工程、大数据科学和大数据应用四大部分。

大数据在近年越来越火热，大数据已经成为当前学术界和产业界的研究热点，正影响着人们的日常生活方式、工作习惯及思考模式。

在大数据时代，云计算和大数据的结合已经成为主流趋势。大数据需要灵活的计算环境，而云计算可以为大数据的快速生成和批量分析提供技术保障。同时，大数据时代的到来为云技术的发展尤其是云安全技术的发展带来新的机遇与挑战。

目前大数据的发展仍然面临着许多问题。其中，安全与隐私问题是人们公认的关键问题之一。与云计算中的数据安全问题相比，解决大数据安全与隐私保护问题更为棘手。因为在云计算中，虽然云服务提供商掌控着数据的存储与运行环境，但用户仍然可以通过加密等手段保护自己的数据。而在大数据的背景下，很多云服务运营商如 Google，既是大数据的生产者，又是大数据的存储者、管理者和使用者。因此，单纯通过技术手段限制运营商对用户信息的使用，实现用户隐私保护是极其困难的。

当前很多组织都认识到大数据的安全问题。比如，2012 年云安全联盟组建了大数据工作组，旨在寻找针对数据中心安全和隐私问题的解决方案。2014 年中国电子技术标准化研究院发布《大数据标准化白皮书》[19]，白皮书指出：大数据时代，必须考虑大数据安全与隐私问题。

目前，大数据的存储和处理框架主要是分布式计算平台，如云计算。然而，大数据的分布式处理加大了数据泄露的风险。这主要体现在如下四个方面[20]：①大数据成为网络攻击的主要目标。一方面，大数据意味着其是更敏感的数据；另一方面，数据的大量汇集，无形中降低了黑客的进攻成本。②大数据加大隐私信息的泄露风险。数据集中存储增加了泄露风险，同时，目前多数基于大数据的分析都未考虑到其中涉及的个体隐私问题。③大数据威胁现有的存储和安防措施。大数据的大小会影响安全控制措施能否正确运行。安全防护手段的升级速度无法跟上数据量非线性增长的步伐时，就会暴露大数据安全防护的漏洞。④大数据技术可被应用到攻击手段中。大数据分析技术可以使黑客的攻击更加精准。同时，黑客可以利用大数据发起僵尸网络攻击。

大数据系统也可以存储敏感数据，因此在加密数据上进行计算，可以保护数据的机密性。由于数据量比较大，进行数据压缩是至关重要的一个操作。但是加密和压缩是相互矛盾的。一个有用的解决方案是确保数据压缩的空间收益和加密数据的机密性。

总之，在将大数据转移至云上时，需要采取相应的保护措施，确保用户既能享受云计算的灵活性，又能获得可靠的云安全策略。比如，在涉及大数据安全性时，用户应当依据数据的敏感度进行分类，并对它们采取不同等级的保护措施。然而，大数据应用所产生的隐私问题和大数据系统存在的安全防范方面，目前还没有实质性进展和突破。

10.4　可信云计算

可信计算是由可信计算组织（TCG）提出和发展的概念，TCG 对可信的定义是：可信是一种期望，在这种期望下设备按照特定目的以特定方式运转。TCG 针对不同的终端类型和平台形式制订了一系列的完整性规范，这些规范所定义的可信平台模块（TPM）通常以硬件的形式被嵌入各种终端，用于提供更可信的运算基础。总的来说，可信计算平台在整个计算设施中建立了一个验证体系，通过确保每个终端的安全性来提升整个计算机系统的安全性。

可信平台模块是可信计算中的关键部件，是以密码技术为核心，具有计算与存储功能，支持数据保护、身份证明和完整性度量，并且可对软件的完整性度量提供度量报告。对于可信计算技术而言，它最重要的应用是保护软件的完整性。

可信计算技术最初是用于在个人平台上提供隐私和信任的，但随着云计算成为主流计算的趋势下，可信计算技术被引入云计算，用来解决云计算的安全问题，即以可信赖方式向用户提供云服务。

可信计算技术与虚拟化技术的结合正逐步成为确保云基础设施安全性的研究热点之一。比如，Kong 等人[21]以虚拟化技术与可信计算技术的结合为基础，通过强化虚拟机器之间的隔离，增强虚拟机上用户数据的机密性，以期达到使云服务提供商无法控制虚拟机器的机密性。Sadeghi 等人[22]认为可信计算技术可以解决外包数据的机密性和完整性问题。沈昌祥院士[23]认为，引入可信根和信任传递的概念到可信云计算框架，可实现对云服务的完整性度量和验证。Aslam 等人[24]在公共 IaaS 平台中对虚拟机可信连接进行了验证，只有主机处于可信状态下才能访问虚拟机镜像。

还有研究者将可信计算技术与虚拟机技术相结合，构建基于可信计算基（TCB）的可信云计算平台，从根本上降低云计算的安全风险。比如，Santos 等人[25]提出了一个可信云计算平台。通过此平台可以为用户提供一个密闭的箱式执行环境，确保用户虚拟机运行的安全性。

李虹等人提出了可信云安全技术概念[26]，即将可信云和安全云相融合，可信云侧重于可信模式识别技术及计算，安全云侧重于可信密码学及计算，使彼此更加安全。

目前，基于云的可信计算研究主要集中在以下四个方面：①可信云计算平台安全体系结构，虚拟机技术和可信计算技术相结合，确保云计算安全的平台；②可信云计算平台完整性的度量和保护，可信云计算平台是云服务的载体，云计算平台的可信性直接影响到云平台的其他服务的可信性；③可信云计算平台远程匿名证明，云计算平台是否可信最终由远程方进行验证；④可信云计算平台云用户统一身份认证，这是云用户向云服务的身份证明过程。目前的身份认证技术中，安全强度较高的联盟认证多数依赖于 PKI 来实施，而这种方式由于 PKI 建设成本大，证书管理繁杂，证书验证需大量计算，同时证书链交换通信开销也大，因此需要研制一种无中心的认证机制来解决上述问题。

10.5　云安全标准及其测评体系

建立以测评为核心的云安全标准及其测评体系是实现云计算安全的重要支柱之一。云计算安全标准是度量云用户安全目标与云服务商安全服务能力的尺度，也是安全服务提供商构建安全服务的重要参考。云计算安全评测体系则针对云计算中动态性与多方参与的特点，提供相应的云服务安全能力的计算和评估方法。

目前，建立云计算安全标准及其测评体系的挑战在于以下几点[23]：①云计算安全标准应支持更广义的安全目标。云计算安全标准不仅应支持用户描述其数据安全保护目标、指定其所属资产安全保护的范围和程度，还要支持用户的安全管理需求。②云计算安全标准应支持对灵活的和复杂的云服务过程的安全评估。标准应针对云计算中动态性与多方参与的特点，提供相应的云服务安全能力的计算和评估方法。同时，标准应支持云服务的安全水平等级化，便于用户直观理解与选择。比如不同企业的 PaaS 平台所提供的数据加密算法和强度等确保数据安全的技术不会完全一样，即不同企业 PaaS 平台为实现相同功能所采用技术存在多样性。但是，安全风险评测方法及标准的制订应该建立在统一评价标准之上。③云计算安全标准应规定云服务安全目标验证的方法和程序。验证的核心是服务商提供正确执行的证据，如可信审计记录等。

10.6　云安全体系与技术框架

云安全体系及技术架构主要是从系统的角度出发，研究安全云平台的结构、组织与运行模式等方面的技术，同时研究支持实施安全云的相关技术。

目前，主要云服务供应商如 IBM、Amazon 及云安全标准组织（如 CSA）都提出了自己的安全体系及技术架构。研究者也纷纷发表自己的研究成果，如 Zissis 等人[27]提出了一种结合公钥基础设施、轻量目录访问协议和单点登录等技术的云计算解决方案。该方案引入可信的第三方提供安全认证，并根据云计算系统分层的特性，分别给物理层、IaaS、PaaS 和 SaaS 提供安全认证。冯登国等人[28]提出一个包含云计算服务体系和云计算安全标准及测评体系两大部分的云计算安全框架。这个框架可以为用户的安全目标提供技术支撑。然而，目前还没有一个公认的通用云安全体系和技术架构。

10.7　云安全形式化验证

形式化方法是一种用于规范、设计和验证计算机系统的严格基于数学的方法。它具有精确性高、二义性小、利于自动化实现以及易于对规格说明进行正确性验证等优点。

形式化验证是指用数学方法表达系统的规范和性质，根据数学理论证明所设计的系统满足规范或具有所期望的性质。

利用形式化方法对云服务的形式语义进行刻画，有利于明确云服务与云环境之间的作用机理，进而对云计算中变化的影响进行分析，保证服务的准确开发、成功部署和高效运行，使云计算的计算能力以最可靠、最高效的方式得到体现。

尽管很多学者利用形式化方法对云服务进行了大量的研究，但是由于云计算是一个新的研究领域，还有很多问题需要进一步解决和完善。

比如，存储类云服务是以数据存储为主的云服务，若可以利用形式化方法对云存储服务进行安全性评估，则可以将该评测方法推广到一般云服务的数据安全性评估中。

10.8　数据完整性验证

云存储是云计算提供的一种基本服务，在该服务中，用户可以将自己的数据委托给云服务器保管，需要时从服务器上取回，数据的可靠性与完整性完全依赖于云服务器。云存储服务不同于本地存储，数据一旦脱离用户的控制，用户就可能担心其完整性和可用性，服务器的任何差错都可能导致用户数据的损坏或丢失。

对于云存储系统来说，如果服务器能够向用户证明自己的服务质量，确保用户数据的完整性和可用性，无疑可以增加用户对于存储服务的信心。因此，云存储服务器如何有效地向用户证明其数据完整无损地保存在服务器中，而且随时可以取回，成为云计算中需要解决的一个关键问题。

云数据的完整性证明技术可以有效地解决云存储服务器的数据存储服务质量证明问题。

10.9　数据多副本技术

企业采用云运算时，将相当重视云端安全问题，特别是数据私密性、完整性以及可用性。因此，云端数据在储存时，应建立多个数据副本，并支持异地备援，以降低数据遗失的风险。

目前，GFS 和 HDFS 中数据普遍采用三个副本来保证冗余。这是一个简单有效但不是最优的方法。原因是，三个副本份浪费了大量存储空间，在集群规模较小时可能不是那么明显，但是对于大规模集群就比较明显了。假设按照 1GB 存储空间的成本按 1\$来计算，如果数据规模是 5TB，那么两个备份（10TB）和三个备份（15TB）的成本差距为 5000\$[29]。

针对三个副本存在的问题，研究者一直在探讨能否使用类似的策略在不降低存储可靠性的前提下降低存储副本数目。比如二代 Google 分布式文件系统 Colossus[30]，即 GFS2 中使用里德-所罗门擦除码来实现成本更低的可靠存储。Microsoft 的 Azure 平台采用擦除码技术来降低存储成本[31]。

Facebook 在开源 Hadoop 的基础上也实现了一套基于擦除码的 RAID 方案，并公布了它的基于 Hadoop HDFS 的 RAID 实现[32]。其基本思路是，存放在 HDFS 上的数据分为热数据和冷数据两种。热数据一般存放三个备份，因为这些数据经常会被用到，所以多备份除了高效冗余外还能起到负载均衡的作用。对于冷数据，并一定要在 HDFS 里面保存 3 个副本。比如对于不太冷的数据块 A/B/C，通过 XOR（异或操作）方式产生 Parity（检验值）数据块，原来的数据块 A/B/C 各保留 2 个副本，Parity 数据块也有 2 个副本，这样，副本系数就从 3 减小到了 2.6（理论值）。 对于很冷的数据，由 10 个数据块通过里德-所罗门（Reed Solomon）算法生成 4 个 Parity 文件，对于原来的数据块，只保留 1 个副本，Parity 数据块有 2 个副本，这样，副本系数就降到 1.2。按照这种方式，对同样的数据，通常能够节约 25%～30%的 HDFS 集群的存储空间。

总之，HDFS 通过智能副本放置模型提高系统可靠性和高效性，使得 HDFS 不同于其他分布式文件系统，高带宽利用率且具有机架感知的副本放置策略进一步优化了系统。

采用多副本技术，尽管可以降低数据遗失的风险，但是这样的做法将可能造成较高的成本，故如何有效地存储副本将是未来一个重要的研究议题。

参考文献

[1] 张鹏. 形式化方法在云计算中的应用研究[D]. 长春：吉林大学, 2014.

[2] Rivest R L, Adleman L, Dertouzos M L. On data banks and privacy homomorphisms[J]. Foundations of Secure Computation, 1978, 4(11): 169-180.

[3] Paillier P. Public-key cryptosystems based on composite degree residuosity classes[M]. Proc Eurocrypt. Berlin：Springer, 1999, 547(1): 223-238.

[4] Rivest R L, Shamir A, Adleman L. A method for obtaining digital signatures and public-key cryptosystems[J]. Communications of the ACM, 1978, 21(2): 120-126.

[5] Haridas D, Venkataraman S, Varadan G.Security analysis of modified Rivest scheme[J]. Journal of Mathematical Cryptology, 2014, 8(3): 297-303.

[6] Gentry C. Fully homomorphic encryption using ideal lattices[C]. The 41st ACM Symposium on Theory of Computing, Bethesda, 2009, (9): 169-178.

[7] Smart N P. Identity-based authenticated key agreement protocol based on Weil pairing[J]. Electronics Letters, 2002, 38(13): 630-632.

[8] Van Dijk M, Centry C, Halevi S, et al. Fully homomorphic encryption over the integers[M]. Lecture Notes in Computer Science. Berlin：Springer, 2009, (4): 24-43.

[9] Loftus J, May A, Smart N P, et al. On CCA-secure somewhat homomorphic encryption[M]. Selected Areas in Cryptography. Berlin：Springer, 2012,(7118): 55-72.

[10] 沈志荣，薛巍，舒继武. 可搜索加密机制研究与进展[J]. 软件学报, 2014, (4): 880-895.

[11] Boneh D, Di Crescenzo G , Ostrovsky R, et al. Public key encryption with keyword search[M]. Advances in Cryptology Eurocrypt. Berlin：Springer, 2004, 3027(16): 506-522.

[12] Baek J, Safavi-Naini R, Susilo W. Public key encryption with keyword search revisited[M]. Lecture Notes in Computer Science. Berlin：Springer, 2005: 1249-1259.

[13] Ostrovsky R, Skeith III W. Private searching on streaming data[J]. Journal of Cryptology, 2007, 20(4): 397- 430.

[14] Song D, Wagner D, Perrig A. Practical techniques for searches on encrypted data[C]. IEEE Symposium on Proceedings Security and Privacy，Berkeley, 2000: 44- 55.

[15] Li J, Wang Q, Wang C, et al.Fuzzy keyword search over encrypted data in cloud computing[C]. IEEE International Conference on Computer Communications, San Diego, 2010: 1-5.

[16] Wang C, Cao N, Li J, et al. Secure ranked keyword search over encrypted cloud data[C]. IEEE 30th International Conference on Distributed Computing Systems, Genoa, 2010, 41(3): 253-262.

[17] Kamara S, Lauter K. Cryptographic cloud storage[M]. Financial Cryptography and Data Security. Berlin：Springer, 2010: 136- 149.

[18] 宋伟, 彭智勇, 王骞, 等. Mimir: 一种基于密文的全文检索服务系统[J]. 计算机学报, 2014, 37(5): 1170- 1183.

[19] 中国电子技术标准化研究院. 大数据标准化白皮书[J/OL]. http://www.cac.gov.cn/files/pdf/baipishu/BigdataStandardization.pdf.

[20] 大数据给信息安全带来了新的挑战与机遇[J/OL]. http://www.ciotimes.com/bi/sjck/81614.html.

[21] Kong J Z. A practical approach to improve the data privacy of virtual machines[C]. IEEE 10th International Conference on Computer and Information Technology, Bradford, 2010: 936-941.

[22] Sadeghi A R, Schneider T, Winandy M. Token-based cloud computing: Secure outsourcing of data and arbitrary computations with lower latency[C]. Int'l Conf. on Trust and Trustworthy Computing. Berlin: Springer-Verlag,2010: 417-429.

[23] 云计算安全框架的分析[J/OL]. http://www.e-gov.org.cn/wangluoanquan/news004/201407/151107.html.

[24] Aslam M, Gehrmann C, Björkman M. Security and trust preserving VM migrations in public clouds[C]. IEEE 11th International Conference on Trust, Security and Privacy in Computing and Communications, Liverpool, 2012: 869- 876.

[25] Santos N, Gummadi K P, Rodrigues R. Towards trusted cloud computing[C]. Proceedings of the 2009 Conference on Hot Topics in Cloud Computing, 2009.

[26] 李虹，李昊. 可信云安全的关键技术与实现[M]. 北京: 人民邮电出版社, 2010.

[27] Zissis D, Lekkas D. Addressing cloud computing security issues[J]. Future Generation Computer Systems, 2012, 28(3): 583- 592.

[28] 冯登国，张敏，张妍，等. 云计算安全研究[J]. 软件学报, 2011, 22(1): 71-83.

[29] HDFS-RAID 使用 Erasure Code 来实现 HDFS 的数据冗余[J/OL]. http://yanbohappy.sinaapp.com/?p=106.

[30] Schneider D, Hardy Q. Under the hood at google and facebook[J]. IEEE Spectrum, 2011, 48(6): 63-67.

[31] Huang C, Simitci H, Xu Y K, et al. Erasure coding in windows azure storage[C]. USENIX Conference on Technical Conference, Boston, 2012: 2.

[32] Sathiamoorthy M, Asteris M, Papailiopoulos D, et al. Xoring elephants: Novel erasure codes for big data[C]. Proceedings of the 39th International Conference on Very Large Data Bases, Trento, 2013, 6(5): 325-336.

附录　常用术语中英文对照

A

AAA（Authentication，Authorization and Accounting）　认证、授权和计费

AC（Access Control）　访问控制

ACE（Aliyun Cloud Engine）　阿里云服务引擎

ACL（Access Control List）　访问控制列表

ACM（Access Control Module）　访问控制模块

AD（Active Directory）　活动目录

Amazon　亚马逊公司

AMI（Amazon Machine Images）　Amazon 机器镜像

APaaS（Application Platform as a Service）　应用部署和运行平台

APEC（Asia-Pacific Economic Cooperation）　亚太经济合作组织

API（Application Programming Interface）　应用程序接口

ARP（Address Resolution Protocol）　地址解析协议

AS（Authentication Server）　身份鉴别服务器

ASE（Asymmetric Searchable Encryption）　非对称加密检索

ATM（Asynchronous Transfer Mode）　异步传输模式

Audit　审计/稽核

Authentication　身份验证

Authenticator　认证符

Availability　可用性

Average Response Time　平均响应时间

AWS（Amazon Web Services）　亚马逊 Web 服务

B

B/S（Browser/Server）　浏览器/服务器

B2B（Business-to-business）　企业对企业之间的营销关系

Back-end Driver　后端设备驱动

Beacon　信标

BitTorrent　比特流

Botnet　僵尸网络

Broad Network Access　广泛的网络访问

Burst　浪涌

C

C/S（Client/Server）　客户/服务器

CA（Certificate Authority）　认证授权

CaaS（Communications as a Service） 通信即服务

CCIF（Cloud Computing Interoperability Forum） 云计算互操作论坛

CCM（Cloud Controls Matrix） 云控制矩阵

CCSK（Certificate of Cloud Security Knowledge） 云端服务风险标准

CCSRA（Cloud Computing Security Risk Assessment） 云端服务风险评估

CDMI（Cloud Data Mamangement Interface） 云数据管理接口

CDN（Content Delivery Network） 内容分发网络

Chunk 块

Cisco 思科公司

Cloud Auditor 云审计者

Cloud Audit 云审计/云稽查

Cloud Broker 云代理

Cloud Bursting 云爆发

Cloud Carrier 云载体

Cloud Computing Service 云计算服务

Cloud Computing Technologies 云计算技术

Cloud Computing 云计算

Cloud Consumer 云消费者

Cloud Provider 云提供者

Cloud Security 云安全

Cloud Storage 云存储

Cloud Carrier 云载体提供者

Cluster Computing 集群计算

CMM（Capability Maturity Model for Software） 软件成熟度模型

Community Cloud 社区云

Concurrent Users 并发用户数

Confidentiality 机密性

Control 控制

Council of Europe 欧盟理事会

COW（Copy On Write） 写时复制

CPU（Central Processing Unit） 中央处理器

Credentials 证书

CRM（Customer Relationship Management） 客户关系管理

Cryptographic Cloud Storage 加密的云存储

CSA （Cloud Security Alliance） 云安全联盟

CSC（Cloud Signaling Coalition） 云信令联盟

CW（Chinese Wall） 中国墙

D

DAS（Direct Attach Storage） 直接附加存储（一种直接连接于主机服务器的存储方式）

Data Integrity 数据完整性

Data Outsourcing　数据外包

DBR（Dos Boot Record）　DOS 引导记录

DDoS（Distributed Denial of Service）　分布式拒绝服务

Delegation Token　授权令牌

Dell　戴尔公司

Device Model　设备模型

DHCP（Dynamic Host Configuration Protocol）　动态主机配置协议

Digital Signature　数字签名

Distributed Computing　分布式计算

Divisible Load Theory　可划分负载理论

DMTF（Distributed Management Task Force）　分布式管理任务组

DNS（Domain Name System）　域名系统

DoS（Denial of Service）　拒绝服务

DP（Differential Privacy）　差分隐私

DVFS（Dynamic Voltage and Frequency Scaling）　动态电压和频率缩放

E

EBS（Elastic Block Storage）　弹性块存储

EC2（Elastic Compute Cloud）　弹性计算云

ECS（Elastic Compute Service）　弹性计算服务

EDP（Elastic Data Processing）　弹性数据处理

EMC　易安信公司

ENIAC（Electronic Numerical Integrator and Computer）　电子数字积分计算机

Erasure Code　擦除码

Error Rate　错误率

EU Data Protection Directive　欧盟数据保护指令

Eucalyptus　桉树

F

FC（Fabric Controller）　结构控制器

FIPS（Federal Information Processing Standard）　美国联邦信息处理标准

Front-end Driver　前端设备驱动程序

FTA（Fault Tree Analysis）　基于故障树分析

FTPS（File Transfer Protocol Security）　安全文件传输协议

Full Virtualization　全虚拟化

Fully Homomorphic Encryption　全同态加密

G

GAE（Google App Engine）　Google 应用引擎

Gartner　甘特纳公司

GFS（Google File System）　Google 文件系统

Google　谷歌公司

GPU（Graphics Processing Unit）　图形处理器

GRE（Generic Routing Encapsulation） 通用路由封装

Grid Computing 网格计算

GSSAPI（Generic Security Service Application Program Interface） 通用网络安全系统接口

Guest OS 客户操作系统

H

HA（High Availability） 高可用性

HDFS（Hadoop Distribute File System） Hadoop 分布文件系统

HMAC（Hash-based Message Authentication Code） 散列运算消息认证码

Homomorphic Cryptograph 同态加密

Host OS 宿主操作系统

HP（Hewlett-Packard） 惠普公司

HPC（High Performance Computer） 高性能计算机

HSM（Hardware Security Modules） 硬件安全模块

HTC（High Throughput Computing） 高吞吐计算

HTML（HyperText Markup Language） 超文本标记语言

HTTPS（Hypertext Transfer Protocol Secure） 超文本传输安全协议

HVM（Hardware Virtual Machine） 硬件虚拟域

Hybrid Cloud 混合云

Hypervisor 虚拟机管理器

I

IaaS（Infrastructure as a Service） 基础设施即服务

IAM（Identity and Access Management） 身份认证和访问管理

IBM（International Business Machines Corporation） 国际商业机器公司

IDC（International Data Corporation） 国际数据公司

IDD（Isolated Driver Domain） 独立设备驱动域

IDE（Integrated Development Environment） 集成开发环境

Ideal Lattice 理想格

IEC（International Electro Technical Commission） 国际电工委员会

Inhouse Cloud 内部云

Intel 英特尔公司

Internet 因特网

IP（Internet Protocol） 因特网互联协议

IPaaS（Integration Platform as a Service） 集成 PaaS 平台

ISACA（Information Systems Audit and Control Association） 美国信息系统审计和控制协会

iSCSI（Internet SCSI） 互联网式 SCSI（通过网络来连接，但主要是用来给服务器扩展硬盘空间）

ISO（International Organization for Standardization） 国际标准化组织

IT（Information Technology） 信息技术

ITU（International Telecommunication Union） 国际电信联盟

K

K-anonymity　K-匿名

KDC（Key Distribution Center）　密钥分发中心

L

LAN（Local Area Network）　局域网络

LDAP（Lightweight Directory Access Protocol）　轻型目录访问协议

L-diversity　L-多样性

Limited Look ahead Control　有限先行控制

LRU（Least Recently Used）　最近最少使用页面置换算法

LVS（Linux Virtual Server）　Linux 虚拟服务器

M

MA（Machine Address）　机器地址

MA（Monitor Agent）　监视代理

Maintainability　可维护性

MBR（Master Boot Record）　主引导记录

MD5（Message-Digest Algorithm 5）　消息摘要算法第五版

MDS（Monitoring and Discovery Service）　监视数据分析服务

Measured Service　可测量服务

MFA（Multi-Factor Authentication）　多因子认证

Microsoft　微软公司

Middleware　中间件

MITM（Man In the Middle）　中间人攻击

MMU（Memory Management Unit）　内存管理单元

Multi-Tenant　多租户

N

NaaS（Network as a Service）　网络即服务

NAS（Network-Attached Storage）　网络存储设备

NASA（National Aeronautics and Space Administration）　美国国家航空航天局

Native Driver　原生设备驱动

Netscape　网景公司

Network Level　网络级

Network Middlebox　网络中间盒

Network　网络

NIST（National Institute of Standards and Technology）　美国国家标准与技术研究院

Node　节点

O

OASIS（Organization for the Advancement of Structured Information Standards）　结构化信息标准促进组织

OCC（Open Cloud Consortium）　开放云计算联盟

ODPS（Open Data Processing Service）　开放数据处理服务

OECD（Organization for Economic Cooperation and Development） 经济合作暨发展组织

Off-Premises　场外服务

OGF（Open Grid Forum） 开放网格论坛

On-Demand Self-Service　按需自助服务

On Premises　场内服务

Onsite Private Cloud　现场私有云

Oracle　甲骨文公司

OS（Operating System）　操作系统

OSS（Open Storage Service）　开放存储服务

OTS（Open Table Service）　开放结构化数据服务

Outsourced Private Cloud　外包私有云

OVF（Open Virtualization Format）　开放虚拟化格式规范

P

P2P（Peer-to-Peer）　对等计算

PA（Physical Address）　物理地址

PaaS（Platform as a Service）　平台即服务

PAM（Pluggable Authentication Module）　可插拔认证模块

Para Virtualization　半虚拟化

Parallel Computing　并行计算

PC（Personal Computer）　个人计算机

Peak Response Time　峰值响应时间

PEKS（Public-key Encryption with Keyword Search）　带关键字搜索的公钥加密

Penetration Test　渗透测试

PIR（Private Information Retrieval）　私有信息检索

PKI（Public Key Infrastructure）　公钥基础设施

Platform Virtualization　平台虚拟化

PPTP（Point to Point Tunneling Protocol）　点对点隧道协议

Predicate Encryption　谓词加密

Presence Service Testing　存在服务测试

Privacy Homomorphism　隐私同态

Private Cloud　私有云

Private Key　保密的私钥

Public Cloud　公有云

Public Key　公共密钥

Public Key Obfuscation　公钥混淆

Q

QoS（Quality of Service）　服务质量

R

RAID（Redundant Array of Independent Disks）　独立磁盘冗余阵列

Rapid Elasticity　快速的弹性

RBAC（Role-Based Access Control） 基于角色的访问控制

RDF（Resource Description Framework） 资源描述框架

RDS（Relational Database Service） 关系型数据库服务

Redundancy 冗余

Reed Solomon Erasure Code 里德-所罗门擦除码

Reliability 可靠性

Requests Per Second 每秒请求数

Resource Pooling 资源池

Resource Virtualization 资源虚拟化

REST（Representational State Transfer） 表现层状态转化

RISC（Reduced Instruction Set Computer）精简指令集计算机

Role 角色

Router 路由器

RPC（Remote Procedure Call Protocol） 远程过程调用协议

S

S3（Simple Storage Service） 简单存储服务

SaaS（Software as a Service） 软件即服务

SAE（Sina App Engine） 新浪云应用引擎

SAML（Security Assertion Markup Language） 安全断言标记语言

SAN（Storage Area Network） 存储区域网络

Sandbox 沙箱

SAS（Serial Attached SCSI） 序列式 SCSI

SASL（Simple Authentication and Security Layer） 简单认证和安全层

SCS（Security as a Cloud Service） 安全云

SCSI（Small Computer System Interface） 小型计算机系统接口

SDK（Software Development Kit） 软件开发工具包

SE（Searchable Encryption） 可搜索加密

Secure Shell Protocol 安全外壳协议

Service 服务

Session Hijack 会话劫持

Session Key 会话密钥

SHA（Secure Hash Algorithm） 安全散列算法

SLA（Service Level Agreement） 服务级别协议

SMAPI（System Management Application Program Interface） 简单信报应用程序接口

SMC（Secure Multiparty Computation） 安全多方计算

SNIA（Storage Networking Industry Association） 存储网络工业协会

SOA（Service Oriented Architecture） 面向服务的体系结构

SOAP（Simple Object Access Protocol） 简单对象访问协议

Software Virtualization 软件虚拟化

SQL（Structured Query Language） 结构化查询语言

SQS（Amazon Simple Queue Service） 简单队列服务

SSD（Solid State Drives） 固态硬盘

SSE（Symmetric Searchable Encryption） 对称检索加密

SSH（Secure Shell） 安全外壳

SSL（Secure Sockets Layer） 安全套接层

SSO（Single Sign On） 单点登录

ST（Service Ticket） 服务票证

STE（Simple Type Enforcement） 简单类型强制

Storage Virtualization 存储虚拟化

Subnet 子网

Super Computer 超级计算机

System Key 系统密钥

T

TaaS（Testing as a Service） 测试即服务

TCB（Trusted Computing Base） 可信计算基

TCG（Trusted Computing Group） 可信计算工作组

TCP（Transmission Control Protocol） 传输控制协议

TE（Type Enforcement） 类型强制

Tenant 租户

TGS（Ticket-Granting Service） 票证许可服务

TGT（Ticket-Granting Ticket） 票证许可票据

Throughput in KB/second 每秒吞吐量

Ticket 票据

Timestamp 时间戳

TLB（Translation Look Aside Buffer） 转换旁路缓存，也称快表

TLS（Transport Layer Security） 传输层安全协议

Token 令牌

TPM（Trusted Platform module） 可信平台模块

Two-step Verification 两步认证机制

U

UCI（Unified Cloud Interface） 统一云接口

UI（User Interface） 用户界面

URL（Uniform Resource Locator） 统一资源定位器

Utility Computing 效用计算

V

VA（Virtual Address） 虚拟地址

VLAN（Virtual Local Area Network） 虚拟局域网

VM Escape 虚拟机逃逸

VM Hopping 虚拟机跳跃

VM Introspection 虚拟机自省技术

VM（Virtual Machine） 虚拟机

VMM（Virtual Machine Monitor） 虚拟机监控器

VPC（Virtual Private Cloud） 虚拟私有云

VPN（Virtual Private Network） 虚拟专业网络

W

WAN（Wide Area Network） 广域网

Web Service　Web 服务

WWW（World Wide Web） 万维网

X

XACML（eXtensible Access Control Markup Language） 可扩展访问控制标记语言

XML（Extensible Markup Language） 可扩展标记语言

Y

Yahoo　雅虎公司